长江上游生态与环境系列

长江上游区域气候

李跃清　岑思弦　赖　欣　张粟瑜　著

科学出版社

北　京

内 容 简 介

本书围绕长江上游区域气候变化问题，全面系统地分析了 1990～2020 年长江上游地区平均温度、最低温度和最高温度，不同等级降水强度、降水次数，以及干旱少雨、暴雨洪涝、高温热浪等极端天气气候的多尺度时空分布及其变化特征；通过国际耦合模式比较计划 CMIP6，评估不同模式对长江上游气温和降水的模拟能力，在优选多模式模拟的基础上，开展三种情景下长江上游地区 2023～2082 年这 60 年气温和降水变化的预估分析，并针对未来极端降水显著增加、气温明显升高的区域响应，提出长江上游地区气候变化的应对建议，对长江上游地区科学应对气候变化及其影响有重要的指导意义和应用价值。

本书可作为高等院校气象类及相关专业学生的参考书，也可作为气象、农业、水利、林业和环境等部门相关专业科研、业务和管理人员的参考用书。

审图号：GS 川（2025）116 号

图书在版编目（CIP）数据

长江上游区域气候 / 李跃清等著. -- 北京 ：科学出版社，2025. 6.
（长江上游生态与环境系列）. -- ISBN 978-7-03-080213-2

Ⅰ. P468.2

中国国家版本馆 CIP 数据核字第 2024TE4590 号

责任编辑：郑述方 李小锐 / 责任校对：韩卫军
责任印制：罗 科 / 封面设计：墨创文化

科学出版社 出版

北京东黄城根北街 16 号
邮政编码：100717
http://www.sciencep.com

四川煤田地质制图印务有限责任公司印刷
科学出版社发行 各地新华书店经销

*

2025 年 6 月第 一 版 开本：787×1092 1/16
2025 年 6 月第一次印刷 印张：19
字数：451 000
定价：298.00 元
（如有印装质量问题，我社负责调换）

序

长江发源于青藏高原的唐古拉山脉，自西向东奔腾，流经青海、四川、西藏、云南、重庆、湖北、湖南、江西、安徽、江苏、上海等 11 个省（自治区、直辖市），在崇明岛附近注入东海，全长 6300 余千米。其中，宜昌以上为上游，宜昌至湖口为中游，湖口以下为下游。长江流域总面积达 180 万 km²，2019 年长江经济带总人口约 6 亿，地区生产总值占全国的 42%以上。长江是我们的母亲河，镌刻着中华民族五千年历史的精神图腾，支撑着华夏文明的孕育、传承和发展，其地位和作用无可替代。

宜昌以上的长江上游地区是整个长江流域重要的生态屏障。三峡工程的建设及上游梯级水库开发的推进，对生态环境的影响日益显现。上游地区生态环境结构与功能的优劣及其所铸就的生态环境的整体状态，直接关系着整个长江流域尤其是中下游地区可持续发展的大局，尤为重要。

2014 年国务院正式发布了《关于依托黄金水道推动长江经济带发展的指导意见》，确定长江经济带为"生态文明建设的先行示范带"。2016 年 1 月 5 日，习近平总书记在重庆召开的推动长江经济带发展座谈会上指出，"当前和今后相当长一个时期，要把修复长江生态环境摆在压倒性位置，共抓大保护，不搞大开发""要在生态环境容量上过紧日子的前提下，依托长江水道，统筹岸上水上，正确处理防洪、通航、发电的矛盾"。因此，科学反映长江上游地区真实的生态环境情况，客观评估 20 世纪 80 年代以来人类活跃的经济活动对这一区域生态环境产生的深远影响，并对其可能的不利影响采取防控、减缓、修复等对策和措施，都亟须可靠、系统、规范科学数据和科学知识的支撑。

长江上游独特而复杂的地理、气候、植被、水文等生态环境系统和丰富多样的社会经济形态特征，历来都是科研工作者的研究热点。近 20 年来，国家资助了一大批科技和保护项目，在广大科技工作者的努力下，长江上游生态环境问题的研究、保护和建设取得了显著进展，其中最重要的就是对生态环境的研究已经从传统的只关注生态环境自身的特征、过程、机理和变化，转变为对生态环境组成的各要素之间及各圈层之间的相互作用关系、自然生态系统与社会生态系统之间的相互作用关系，以及流域整体与区域局地单元之间的相互作用关系等方面的创新性研究。

为总结过去，指导未来，科学出版社依托本领域具有深厚学术影响力的 20 多位专家策划组织了"长江上游生态与环境系列"丛书，围绕生态、环境、特色三个方面，将水、土、气、冰冻圈和森林、草地、湿地、农田以及人文生态等与长江上游生态环境相关的国家重要科研项目的优秀成果组织起来，全面、系统地反映长江上游地区的生态环境现状及未来发展趋势，为长江经济带国家战略实施，以及生态文明时代社会与环境问题的治理提供可靠的智力支持。

从书编委会成员阵容强大、学术水平高。相信在编委会的组织下，本系列将为长江上游生态环境的持续综合研究提供可靠、系统、规范的科学基础支持，并推动长江上游生态环境领域的研究向纵深发展，充分展示其学术价值、文化价值和社会服务价值。

中国科学院院士 秦大河

2020 年 10 月

前　言

近百年以来，全球气候经历了以变暖为主的显著变化，随之带来的影响不仅涉及自然环境，也渗透到经济社会和人民生活等诸多方面，是全方位、多尺度和长时间的，未来呈现日益加剧的基本趋势。因此，气候变化及其影响已成为当今国际上广泛关注的重大问题。

我国地形复杂，气候多样，旱涝严重，灾害多发，是气候变化及其影响的典型区域。其中，长江上游作为我国重要的生态屏障、江河源区、气候敏感区和主要的灾害上游区、安全脆弱区、防御关键区，以及我国长江经济带的重点区域、西部大开发的前沿阵地，在特殊的地形、地貌和大气环境下，气候系统的多圈层相互作用非常剧烈、广泛，且随着全球气候持续变暖，其极端温度和降水事件频繁出现，山洪、泥石流、崩塌和滑坡等灾害也不断加剧，对区域人民生命财产安全、自然资源合理开发利用、经济社会可持续发展带来了巨大的危害，也给周边及其下游地区造成了严重的影响。实际上，长江上游在西部乃至全国的生态、环境、经济和社会中都占据着不可替代的独特地位，其气候变化及其影响已成为一个重大现实问题和战略问题。因此，科学认识长江上游区域气候变化，无论对于国家防灾减灾、环境保护、共同安全事业发展，还是对于气候变化、生态环境、灾害防御科技进步都具有突出的理论意义和应用价值。

本书针对长江上游区域气候变化问题，在已有成果的基础上，基于整体、系统的角度，全面开展长江上游区域气候变化的对比分析研究。书中研究内容均在2023年前完成，故对天气情景模拟预估从2023年开始。全书共6章，李跃清、岑思弦负责全书的组织、设计、协调和技术把关。其中，第1章绪论，李跃清、岑思弦为主要作者；第2章长江上游区域气候状况，李跃清、岑思弦为平均气温、最高气温和最低气温年、季和月气候特征相关内容的主要作者，赖欣、张粟瑜为不同等级降水年、季和月气候特征相关内容的主要作者；第3章长江上游区域气候变化，李跃清、岑思弦为平均气温、最高气温和最低气温年、季和月时间尺度气候变化的主要作者，赖欣、张粟瑜为不同等级降水年、季和月时间尺度气候变化的主要作者；第4章长江上游极端天气气候事件，李跃清、岑思弦、赖欣、张粟瑜为主要作者；第5章长江上游区域气候模拟评估，李跃清、岑思弦为气候模式对气温模拟能力评估的主要作者，赖欣、张粟瑜为气候模式对降水模拟能力评估的主要作者；第6章长江上游区域气候变化预估，李跃清、岑思弦、赖欣、张粟瑜为主要作者。

本书得到国家重大专项"第二次青藏高原综合科学考察研究"任务一"西风—季风协同作用及其影响"专题三"地气相互作用及其气候影响"（2019QZKK0103）和专题五"西风-季风协同作用及其影响"（2019QZKK0105）的资助。在编写过程中，也得到不少专家学者的大力支持和热心帮助，在此表示诚挚谢意。

　　如何在全球气候变暖的情况下，根据国家全局应对框架，结合区域响应特征，做好长江上游气候变化的综合应对，由此丰富气候变化科学理论和应用技术，为国家和西部繁荣和谐、可持续发展作出自己应有的贡献，这是写作此书的初衷。但是，由于水平有限、时间紧迫，书中疏漏在所难免，恳请读者指正赐教。

李跃清　岑思弦

2025 年 3 月于成都

目　　录

第1章 绪 论

1.1 长江上游概况

长江发源于"世界屋脊"青藏高原的唐古拉山脉各拉丹冬峰西南侧，干流向东流经中国 11 个省（市、区），在崇明岛附近汇入东海，全长约 6300km，是我国最长的河流，世界第三大河。从长江源头到湖北宜昌南津关为长江上游，位于我国西南部，河道总长为 4511km，约占长江总长度的 71.4%，流域覆盖宽广，流域面积约 100.5 万 km²，占长江全流域面积的 55.6%，经纬度范围为 90°E～112°E，24°N～36°N，涉及四川省、青海省、云南省、重庆市、贵州省、甘肃省、西藏自治区、湖北省和陕西省 9 省（市、区）（潘开文等，2004；王玉宽等，2005），是我国藏、羌、彝等少数民族的聚集地，也是我国重要的农牧区。长江上游地势高亢，地形西高东低，东西落差巨大，地貌特征复杂，处于我国地貌格局的第一和第二阶梯。其中，西藏、青海南部、四川西部高原和横断山脉北部处于第一阶梯，海拔在 3500～5000m，是长江流域最高一级台阶，地形总体趋势是西北高、东南低，地貌特征以高原浅谷和高山峡谷为主。云贵高原、秦巴山地、四川盆地和鄂黔山地属于第二阶梯，海拔在 500～2000m，地势与西部台阶相比明显降低，以中山为主，低山次之，水系稠密，多为北东和北西向。长江上游拥有丰富的水资源，水能资源理论蕴藏量居全国之首，是长江和全国水资源保护的核心地区。长江上游森林覆盖率高，生物多样性极为丰富，汇集了我国西南、青藏高原和华中三大动植物区系的繁多种类，是我国重要的生物多样性和水源涵养区，也是我国青藏高原、云贵高原——川滇两大生态屏障区的基本组成部分。长江上游更是长江流域经济带的重要区域，我国西部大开发的前沿阵地。

长江上游特殊的地形和地理位置造就了其复杂多变的气候类型。由于横跨两大地势阶梯，区内发育有高原、山地、丘陵、平原、山间低地、盆地、干热河谷等地形地貌，东西地势差异大，纬度地带性和垂直地带性交叉重叠，气候类型复杂多样，东部地区属于北亚热带季风气候和中亚热带湿润季风气候，西北部为山地高原气候，横断山地属于亚热带高原季风气候。长江上游既受东南季风和西南季风影响，又受青藏高原影响，是气候变化的敏感区。由于大气变化比我国中东部复杂得多，气象数值模式等在该区域的预报能力下降，因此长江上游也是我国天气气候预测预报的薄弱区。每年下半年，特别是汛期，暴雨、洪涝、高温、干旱等天气气候灾害频繁，影响突出。长江上游地质构造复杂，新构造运动强烈，活动断裂发育，地震频发，岩体破裂，加之季节性降水强度大，造成崩塌、滑坡和泥石流等灾害频发，是我国山地地质灾害最严重的区域。

在全球气候变暖背景下，长江上游极端温度和降水事件频繁出现，并诱发山洪、泥石流、崩塌、滑坡等地质灾害，对区域人民的生命财产安全和自然资源的合理开发利用造成了巨大影响，也对区域及其周边生态系统的结构造成了重大影响。因此，开展长江上游区域气候变化的研究，对保护与修复长江上游生态环境、促进长江上游生态环境的可持续发展、构建长江上游生态屏障具有重要的科学指导意义。同时，也对长江上游防灾减灾，长江上游经济带高质量发展和"一带一路"建设稳步推进具有重要的应用价值。

1.2 国内外研究进展

长江上游年降水量总体呈现由东南向西北逐渐减少的空间分布，三江源是降水量最少的区域（周德刚等，2009；Guo et al.，2013；冯亚文等，2013；汪曼琳等，2016；王雨茜等，2017）。基于观测站点选择的不同，长江上游降水量时间变化分析结果存在明显的差异。早期的研究表明，2000 年前长江上游年降水量有增多的趋势，除秋季降水显著下降以外，其余季节的降水呈上升趋势，尤其是冬季上升最显著（王艳君等，2005）。之后的研究指出，长江上游的年降水量呈减少的趋势（汪曼琳等，2016），但季节变化存在差异，如孙甲岚等（2012）针对 1961~2005 年降水的研究表明，长江上游春、夏、秋、冬四个季节的降水都是下降趋势，其中冬、春季的下降更明显；王雨茜等（2017）分析 1962~2012 年的降水结果表明，长江上游春季和冬季降水为上升趋势；冯亚文等（2013）的研究结果类似，但还指出除春季和冬季外，夏季降水也呈微弱上升的趋势，这是因为长江上游的降水 1~8 月都是以上升趋势为主，而 9~12 月则是以下降趋势为主。未来长江上游的降水呈现出增加的趋势，并且高排放情景下降水的增加更显著（程雪蓉，2019；秦鹏程等，2019；Yue et al.，2021）。这些结果的差异一方面来源于站点选择不同，另一方面也与研究时段的不同有密切的关系。

长江上游极端天气气候事件频繁发生，旱涝有着明显的年代际变化特征（刘志雄和肖莺，2012），区域内干旱状况整体呈加剧的趋势，干旱次数和程度均加剧，长江上游东部干旱趋势最为严重，西北部呈变湿趋势（王雨茜等，2017）。更多的研究集中在长江上游的极端降水，其空间分布类似于年降水的分布，也呈现出由东南向西北减少的空间分布，并且三江源是极端降水最少的区域（Su et al.，2008）。长江上游极端强降水的频率和强度都呈增加的趋势，但这种增加的趋势低于长江中下游地区（Li et al.，2021）。长江上游不同区域极端降水的变化也存在着差异，如长江上游西部极端降水呈显著上升趋势，而长江上游南部的极端降水呈减少趋势（Tao et al.，2021）。长江上游年最大降水在 1998 年以后有显著增加的趋势，雨日频次在 1975 年后开始出现减少趋势，且在 20 世纪 80 年代中期变得显著。夏季最大降水在 1960~1985 年有所减少，之后增加，而夏季雨日频次在 1985 年以后显著减少（Zhang et al.，2008）。这些研究都集中在长江上游流域，而位于长江上游的中国西南地区，其降水的时空变化特征也有大量的研究（王遵娅等，2004）。

西南地区的降水总体呈东多西少、南多北少的空间分布特征，高值区位于四川盆地的雅安和滇西南，且这两个区域四季降水也最多（张琪和李跃清，2014；卢佳玉等，2017）。西南地区年降水以减少趋势为主，四季中夏、秋季的降水量呈减少趋势，而春、冬季的降水量呈现出增多趋势（张琪和李跃清，2014）。西南地区的降水减少和气温升高加剧了干旱发展速度和频次（韩兰英等，2014）。西南地区年雨日、春季雨日和秋季雨日呈东北—西南向的"偏少—偏多—偏少"分布，夏季雨日呈"西多东少"分布，冬季与夏季相反。不同等级降水日数则具有相似的空间分布特征，均呈现出"南高北低、东高西低"的分布特征，中雨日和小雨日呈明显减少趋势，但暴雨日、大雨日均呈增加趋势，极端降水天气日益突出（张琪和李跃清，2014；卢佳玉等，2017）。西南地区的极端降水量和强度也呈现出"东多西少、南多北少"的空间分布，其中四川盆地与云贵高原的极端降水频次和强度较大（袁文德和郑江坤，2014；陈子凡等，2022）。自 20 世纪 60 年代以来，西南地区极端降水频次有增加趋势，20 世纪 60 年代极端降水呈缓慢上升趋势，20 世纪七八十年代则略有减少，20 世纪 90 年代开始明显上升，而 21 世纪则呈明显减少的趋势。1960 年以来，极端降水量在总降水量中的比重不断增加（丁文荣，2014）。

长江上游年平均气温总体呈现出从东南向西北逐渐降低的空间分布，年平均气温最高的区域集中在长江上游的南部和东部，西北部最低（周德刚等，2009；王雨茜等，2017）。长江上游流域大部分区域年平均温度呈上升趋势，并以 20 世纪 90 年代的升温幅度最为显著，四季中秋、冬季平均气温呈现明显的上升趋势，增温区主要分布在长江源区和金沙江流域（王艳君等，2005；孙甲岚等，2012）。此外，长江上游年平均最高温度和最低温度都呈显著升高的趋势，并且最高温度的最高值与最低值、最低温度的最高值与最低值都呈显著增高的趋势（Guan et al.，2017；Niu et al.，2020；Yuan et al.，2021）。CMIP5 结果分析表明：未来长江上游的气温呈显著上升趋势，其中 RCP2.6 情景下的升高幅度最小，而 RCP4.5 情景下在 20 世纪 60 年代后升温幅度变缓，RCP8.5 情景下的气温持续升高（程雪蓉，2019；秦鹏程等，2019），最高温度与最低温度未来也都呈显著升高的趋势（Yue et al.，2021）。

西南地区年平均气温、年平均最高气温、年平均最低气温的空间变化具有很好的整体一致性，年平均气温、年平均最高气温在 20 世纪 60 年代至 80 年代中期经历了一个由高变低的过程后，20 世纪 80 年代后期呈明显上升趋势；而年平均最低气温从 20 世纪 70 年代就开始呈单调上升趋势（刘晓冉等，2008）。年平均日最高气温、年平均日最低气温自 20 世纪 80 年代中期以来呈升温态势，在 1998 年达到 50 年最高值（班军梅等，2006）。冬季西南地区的平均温度在 20 世纪 80 年代中期以前都处于偏冷位相，之后变为偏暖位相，特别是在 20 世纪 90 年代中期以后增暖明显加强。在 20 世纪 70 年代后期之前，夏季平均温度呈降温趋势，之后温度开始上升，尤其是 20 世纪 90 年代大幅上升（蒋兴文和李跃清，2010）。西南地区暖日数与冷日数均在云南西南部和重庆北部变化趋势显著相反，暖夜数与冷夜数则在西南绝大部分区域变化趋势相反。近 41 年暖指数（暖日数、暖夜数）均呈显著增加趋势；冷指数（冷日数、冷夜数）均呈显著减少趋势（罗玉等，2016）。在全球高温热浪事件频发下，西南地区夏季高温热浪频次大致从东南向西北减少，空间差异显著，高值区主要位于四川盆地东部和云南南部；而四川盆地西部、云南西北部和西藏很少出现高温热浪事件。近几十年，西南地区高温热浪总体显著增多，并表现出明显的年际、年代际变化特征（黄小梅等，2020）。

但是，已有关于长江上游气温和降水的研究主要集中在长江上游流域及西南地区等区域，针对长江上游的整体分析较少，对比研究也不多。随着全球气温变暖，长江上游气温和降水也有着明显的变化，其区域气候响应显著，也很有特色，并且，由于长江上游的地理区位优势，其在国家生态、环境，以及经济、社会的整个大格局中占据重要而特殊的地位。因此，针对长江上游区域气候变化的全面系统研究非常必要。本书在已有成果的基础上，对于长江上游区域气候变化进行系统研究，全面分析 1990～2020 年长江上游区域气温和降水的多尺度变化，包括平均温度、最低温度和最高温度的多尺度时空变化特征，不同等级降水的多尺度时空变化特征。针对近几年极端天气气候的发生发展，进一步分析长江上游高温热浪和干旱洪涝等极端天气气候的变化特征。并通过国际耦合模式比较 CMIP6 的多模式模拟结果，预估长江上游区域 2023～2082 年的气温和降水变化。本书对深入认识长江上游区域气候变化及有效应对其未来影响具有重要的科学意义，也对生态环境安全与保护，实现长江上游区域可持续高质量发展具有重要的参考价值。

1.3　资料与方法

1.3.1　资料

（1）台站观测数据：国家气象中心提供的中国长江上游（90°E～120°E，24°N～49°N）1990～2020 年的 687 个观测站逐日降水资料，692 个观测站日平均温度、日最高温度和日最低温度资料。

（2）CMIP6 全球气候模式的历史模拟试验数据集，选取 1990～2014 年的逐日降水、平均温度、最高温度和最低温度资料。

（3）CMIP6 全球气候模式的气候预估试验数据，选取 2023～2082 年的逐日降水、平均温度、最高温度和最低温度资料。

1.3.2　方法

1. 降水指标

（1）暴雨：日降水量大于等于（≥）50mm；大雨：日降水量大于等于（≥）25mm且小于（<）50mm；中雨：日降水量大于等于（≥）10mm 且小于（<）25mm；小雨：日降水量大于（>）0mm 且小于（<）10mm。

（2）降水强度：降水量与降水天数之比。

（3）降水次数：日降水量大于（>）0mm 的天数。

2. 高温热浪指标

（1）高温热浪：以中国气象局的日最高气温高于 35℃ 为 1 个高温日，连续 3d 及以上的高温天气为该站的一次高温热浪事件，统计各站达到高温热浪日数（只要连续 3d 高温维持，则作为一次高温热浪事件，若大于 3d，也只作为一次高温热浪事件）。

（2）高温热浪频次：站点 1 年中出现高温热浪过程的次数。

（3）高温热浪强度：站点在 1 次高温热浪过程持续时间内日最高温度大于 35℃的温度累积之和。

中国气象局将高温预警分为三级，当连续 3d 日最高气温超过 35℃时发布高温黄色预警，24h 内气温超过 37℃和 40℃则分别发布高温橙色和红色预警。

3. 干旱指数

干旱指数（Z）是一种旱涝分析方法，被国家气候中心用于旱涝监测。由于某一时段的降水量一般并不服从正态分布，假设月、季降水量服从皮尔逊（Pearson）III 型分布，则其概率密度分布为

$$P(X) = \left[\beta^{\alpha} \Gamma(\alpha) \right]^{-1} (X-a)^{\alpha-1} e^{-(X-a)\beta} \tag{1.3.1}$$
$$\left(a \leqslant X < \infty, \alpha > 0, \beta > 0 \right)$$

对降水量 X 进行正态化处理，可将概率密度函数 PearsonIII 型分布转换为以 Z 为变量的标准正态分布，其转换公式为

$$Z_i = \begin{cases} \varphi_i, & C_s = 0 \\ \dfrac{6}{C_s} \left(\dfrac{C_s}{2} \varphi_i + 1 \right)^{\frac{1}{3}} - \dfrac{6}{C_s} + \dfrac{C_s}{6}, & C_s \neq 0 \end{cases} \tag{1.3.2}$$

式中，C_s 为偏态系数；φ_i 为标准变量，均可由降水资料序列计算求得，即

$$\begin{cases} C_s = \dfrac{\sum\limits_{i=1}^{n}(X_i - \bar{X})^3}{n\sigma^3} \\ \varphi_i = \dfrac{X_i - \bar{X}}{\sigma} \end{cases} \tag{1.3.3}$$

其中，

$$\begin{cases} \sigma = \sqrt{\dfrac{1}{n}\sum\limits_{i=1}^{n}(X_i - \bar{X})^2} \\ \bar{X} = \dfrac{1}{n}\sum\limits_{i=1}^{n}X_i \end{cases} \tag{1.3.4}$$

用以上方法求出 Z 值，根据 Z 变量的正态分布划分 7 个旱涝等级并确定其相应的界限值，可作为各级的旱涝指标，如表 1.3.1 所示。本书分别统计了第 1、2、3 级的洪涝总次数和第 5、6、7 级的干旱总次数，分别代表长江上游区域洪涝和干旱次数。

表 1.3.1 Z 指数的旱涝等级

等级	类型	Z 值范围
1	特涝	$1.645 \leqslant Z$
2	大涝	$1.0367 \leqslant Z < 1.645$

续表

等级	类型	Z 值范围
3	偏涝	$0.5244 < Z < 1.0367$
4	正常	$-0.5244 \leqslant Z \leqslant 0.5244$
5	偏旱	$-1.0367 < Z < -0.5244$
6	大旱	$-1.645 < Z \leqslant -1.0367$
7	特旱	$Z \leqslant -1.645$

4. 模式评估

在对 CMIP6 气候模式模拟能力的评估中，采用 Taylor（2001）提出的方法对各模式进行评分：

$$S = \frac{4(1+R)^4}{\left(\hat{\sigma}_{\mathrm{f}} + \dfrac{1}{\hat{\sigma}_{\mathrm{f}}}\right)^2 (1+R_0)^4} \tag{1.3.5}$$

式中，R 是模式模拟值与台站观测值之间的空间相关系数；R_0 是可以达到的最大相关系数（这里 $R_0 = 1$）；$\hat{\sigma}_{\mathrm{f}}$ 是模式模拟值与台站观测值空间标准差的比值。

利用上述方法，分别计算用所选各模式模拟长江上游年平均暴雨强度及次数、大雨强度及次数、中雨强度及次数、小雨强度及次数、平均气温、最高气温和最低气温，以及各个季节的平均气温、最高气温和最低气温的评分值，并将评分值进行从高到低排序，从中选取排序靠前的模式进行后续预估分析。

5. 经验正交函数

经验正交函数（empirical orthogonal function，EOF）分解是大气科学领域常用的时空分析方法，既能保留原始数据提供的大部分信息，又能起降维作用，可以有效浓缩空间场信息。EOF 分解基于气象变量场的资料集中识别出其相互正交的主要空间分布型，并用少数几个新变量序列反映该原始场的变化信息。

将一个具有 m 个网格点、n 个样本数的气象要素场记为

$$\boldsymbol{X}_t = (x_{1t}, x_{2t}, \cdots, x_{mt})^{\mathrm{T}} \quad (t = 1, 2, \cdots, n) \tag{1.3.6}$$

寻找一组正交基向量，可将 $\boldsymbol{X}_t$ 表示为

$$\boldsymbol{X}_t = \sum_{k=1}^{K} \alpha_k(t) \boldsymbol{V}_k + \varepsilon_t \tag{1.3.7}$$

式中，$\boldsymbol{V}_k$ 是 m 维向量，不随时间变化，且能尽可能地准确表达 $\boldsymbol{X}_1$, $\boldsymbol{X}_2$, $\cdots$, $\boldsymbol{X}_n$，被称为空间模态或者空间型；$\alpha_k(t)$ 是 $\boldsymbol{V}_k$ 在 $\boldsymbol{X}_t$ 中的权重，为式（1.3.7）展开的时间系数。

同时在整个计算过程中需要满足以下条件：

$$\boldsymbol{V}_i \cdot \boldsymbol{V}_j = \begin{cases} 0, & i \neq j \\ 1, & i = j \end{cases} \quad (i, j = 1, 2, \cdots, m) \tag{1.3.8}$$

即 $V^\mathrm{T}V = I$，V_1，V_2，$\cdots$ 需要依次建立，首先要寻找单位长度的向量 V_1，它使展开式

$$X_t = \alpha_1(t)V_1 + \varepsilon_1 \tag{1.3.9}$$

的剩余误差平方和的样本平均值达到最小，即 $E_1 = \dfrac{1}{n}\sum_{t=1}^{n}\sum_{i=1}^{m}\varepsilon_{it}^2$ 达到最小。最后化简得

$$\Sigma V_1 = \lambda V_1 \tag{1.3.10}$$

式中，$\Sigma = \left\langle X_1 | X_1^\mathrm{T} \right\rangle$，是协方差矩阵。为了使展开式（1.3.9）中的 E_1 达到最小，式（1.3.10）中的拉格朗日乘数 λ 应是 Σ 的最大特征值，记为 $\lambda = \lambda_1$。V_1 应是 Σ 的最大特征值 λ_1 对应的特征向量，对应的时间系数为 $\alpha_1(t) = X_1^\mathrm{T}V_1$ 或 $V_1^\mathrm{T}X_1$。

由此推导得到，V_k 是 Σ 第 k 最大特征值对应的特征向量，即满足：

$$\Sigma V_k = \lambda_k V_k \quad (k = 1, 2, \cdots, m) \tag{1.3.11}$$

将 λ_k 按照从大到小顺序排列，最后分别利用

$$\frac{\lambda_k}{\sum\limits_{k=1}^{m}\lambda_k} \times 100\% \tag{1.3.12}$$

和

$$\frac{\sum\limits_{k=1}^{k}\lambda_k}{\sum\limits_{k=1}^{m}\lambda_k} \times 100\% \tag{1.3.13}$$

计算第 k 个空间模态的方差贡献率和前 k 个空间型的累计方差贡献率。

1.4　小　　结

长江上游位于我国西南部，为从长江源头到湖北宜昌南津关一段，河道总长 4511km，流域面积约 105 万 km^2，经纬度范围 90°E～112°E，24°N～36°N，涉及四川省、青海省、云南省、重庆市、贵州省、甘肃省、西藏自治区、湖北省和陕西省 9 省（市、区），在我国占据着独特的重要地位，不仅是我国地形、地质、冰雪、生态、环境、大气、江河等的区位关键区，也是我国农业、牧业、科技、经济、社会等发展重要区。长江上游是我国天气气候变化及其灾害影响的敏感区，也是我国大气科学预报理论研究和业务技术的重点区和薄弱区，在国家防灾减灾、共同安全中有着举足轻重的地位。

在全球气候变暖背景下，长江上游气候变化既表现出基本的普遍性特征，又存在不同的区域性特色。虽然关于该区域气候变化及其可能影响研究已取得了不少有意义的进展，但是还不能很好地满足现实的需求。目前，一方面需要进一步认识长江上游区域气候变化的整体特征及其内在关系，另一方面需要深入揭示长江上游区域气候变化的差异

性及其多样性。因此，本书基于气象台站观测资料、CMIP6 全球气候模式历史模拟试验数据和未来气候预估试验数据，通过观测分析、统计诊断，以及模拟效果评估、优选模式预估等手段，分析长江上游不同降水和温度的气候状况、区域气候变化特征，预估长江上游未来气候变化及其可能影响，并提出有关对策建议，为长江上游应对区域气候变化提供科学、具体、实用的针对性成果，也为深入研究长江上游区域气候变化问题奠定良好的科技基础。

第 2 章　长江上游区域气候状况

2.1　年代气候概况

2.1.1　暴雨年平均气候特征

图 2.1.1 是 1990～2020 年长江上游年平均暴雨强度的空间分布特征。1990～2020 年的 31 年间，四川中东部、陕西南部、重庆、贵州、云南北部、湖北西部、湖南西部和广西北部等地暴雨强度较强，大部分区域达到 65mm/d 以上，其中四川东部的暴雨强度最强，达到 70mm/d 以上，尤其是江油市附近达到 86.67mm/d；其次广西北部的暴雨强度也在 70mm/d 以上，桂林市为一大值中心，达到 83.55mm/d。湖南西部的暴雨强度也较强，沅陵县附近达到 81.92mm/d。西藏东部的暴雨强度在察隅县、波密县、林芝市（巴宜区）、错那市和安多县等区域达到 50mm/d 以上，其中波密县最强，达到 90.21mm/d，其次错那市达到 80.48mm/d，安多县的暴雨强度最弱，仅为 54.2mm/d。此外，四川西北部的甘孜藏族自治州（简称甘孜州）石渠县、新龙县和阿坝藏族羌族自治州（简称阿坝州）红原县等也有较强暴雨发生，其中新龙县的强度达到 65mm/d，石渠县的强度达到 62.13mm/d。

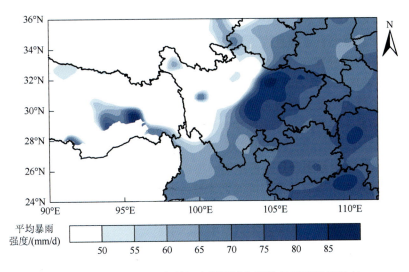

图 2.1.1　1990～2020 年长江上游区域年平均暴雨强度气候态

图 2.1.2 是 1990～2020 年长江上游年平均暴雨次数的空间分布特征。1990～2020 年的 31 年间，长江上游的暴雨主要集中在四川中东部、重庆北部、贵州南部、云南西北部、湖北西南部、湖南西部和广西北部等，大部分区域的暴雨次数达到 3 次以上，其中广西

北部的暴雨次数还超过 5 次，桂林市暴雨次数最多，达到 7.32 次。四川东北部的万源市和中部的雅安市也是暴雨中心，暴雨次数分别达到 4.82 次和 4.27 次。贵州安顺市的暴雨次数也达到 4.5 次。云南的暴雨次数主要集中在德宏傣族景颇族自治州（简称德宏州），达到 3.65 次，另外贡山独龙族怒族自治县（简称贡山县）也达到 2.43 次。西藏东部的暴雨稀少，仅在察隅县至嘉黎县一带、错那市、隆子县和安多县出现暴雨。

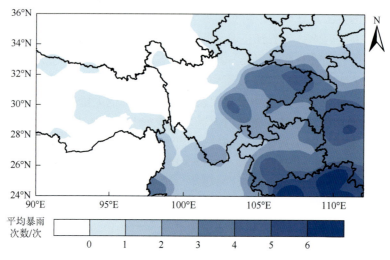

图 2.1.2　1990～2020 年长江上游区域年平均暴雨次数气候态

2.1.2　大雨年平均气候特征

图 2.1.3 是 1990～2020 年长江上游年平均大雨强度的空间分布特征。1990～2020 年的 31 年间，四川中东部及南部、陕西南部、重庆、贵州、云南北部、湖北西部、湖南西

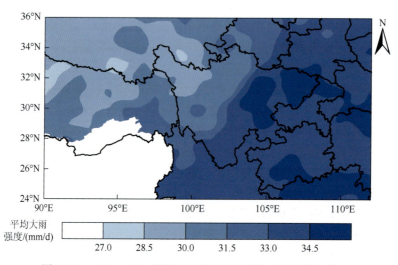

图 2.1.3　1990～2020 年长江上游区域年平均大雨强度气候态

部和广西北部等区域大雨强度较强，大部分区域在 33mm/d 以上，其中四川江油市大雨强度最强，达到 35.15mm/d，其次四川东北部到湖南常德市一带的大雨强度较强，达到 34.5mm/d 以上。贵州南部和广西北部的大雨强度也较强，贵州贵阳市到广西柳州市一带也达到 34.5mm/d 以上。西藏东部的大雨强度较弱，大部分区域在 28.5mm/d 以上，其中察隅县附近的大雨强度达到 32mm/d，错那市达到 31.76mm/d。青海三江源的大雨强度相对较弱，大部分区域仅 28.5mm/d，青海曲麻莱县附近的大雨强度最强，达到 31.12mm/d，而青海杂多县和达日县还各有一小值中心，其强度分别为 28.19mm/d 和 28.37mm/d。

　　图 2.1.4 是 1990～2020 年长江上游年平均大雨次数的空间分布特征。1990～2020 年的 31 年间，长江上游的大雨集中在四川中东部及南部、云南北部、重庆、贵州、湖北西部、湖南西部和广西北部等，大部分区域的大雨次数达到 6 次以上，其中广西东北部的大雨次数最多，桂林市和蒙山县达到 14 次以上。云南北部的大雨次数主要集中在德宏州、保山市和怒江傈僳族自治州（简称怒江州）等，其中瑞丽市为大值中心，大雨次数达到 13.79 次，贡山县也较多，大雨次数达到 12.28 次。湖南西部大雨也较频繁，安化县的大雨次数达到 11 次以上。西藏东部和三江源的大雨次数非常少，仅西藏察隅县至嘉黎县一带和拉萨市附近较多，达到 2 次以上，其中波密县的大雨次数最多，达到 4 次。

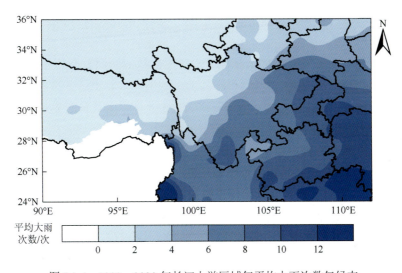

图 2.1.4　1990～2020 年长江上游区域年平均大雨次数气候态

2.1.3　中雨年平均气候特征

　　图 2.1.5 是 1990～2020 年长江上游年平均中雨强度的空间分布特征。1990～2020 年的 31 年间，长江上游较强的中雨强度集中在四川中东部及南部、陕西南部、重庆、贵州、云南北部、湖北西部、湖南西部和广西北部等，强度超过 15.2mm/d，其中广西东北部到湖南南部等在 15.6mm/d 以上，湖南芷江侗族自治县（简称芷江县）为大值中心，强度达到 15.8mm/d。陕西南部至湖北西部等地中雨强度达到 15.6mm/d 以上，尤其是陕西汉中市到湖北宜昌市一带达到 15.8mm/d。云南大理市—元谋县—泸西县一带中雨强度也超过

15.6mm/d。西藏东部较弱，大部分区域的中雨强度达到 14mm/d 以上，其中察隅县最强，达到 15.4mm/d，其次拉萨也达到 15.19mm/d。三江源的中雨强度最弱，大部分区域在 13.6mm/d 左右，其中沱沱河的强度最弱，仅为 13.35mm/d。

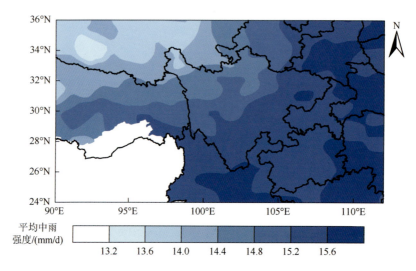

图 2.1.5　1990～2020 年长江上游区域年平均中雨强度气候态

　　图 2.1.6 是 1990～2020 年长江上游年平均中雨次数的空间分布特征。1990～2020 年的 31 年间，长江上游的中雨集中在四川中西部、云南北部、重庆、贵州、湖南西部、湖北西部和广西北部等，大部分区域的中雨次数达到 18 次以上，其中云南德宏州、保山市和怒江州等中雨发生最频繁，贡山县为大值中心，中雨次数为 41.62 次；其次瑞丽市的中雨次数也较多，达到 36 次。广西北部和湖南西部大部分区域的中雨次数超过 27 次，其中广西桂林市和蒙山县最多，达到 34 次。湖北西南部的中雨次数也较多，来凤县最多，

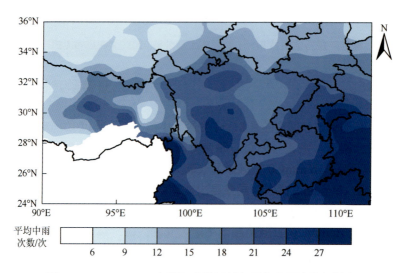

图 2.1.6　1990～2020 年长江上游区域年平均中雨次数气候态

为 27 次。四川西部中雨也频发，其中汉源县附近的中雨次数达到 26 次，马尔康市附近达到 23.24 次。西藏东部的中雨较少，大部分区域的中雨次数在 9 次以上，错那市至嘉黎县一带较多，达到 18 次以上，林芝市巴宜区的中雨次数最多，为 22 次；八宿县和错那市较少，分别为 7.12 次和 6.39 次。三江源的中雨最少，大部分区域的中雨次数仅在 6 次以上，沱沱河为 6.42 次。

2.1.4　小雨年平均气候特征

图 2.1.7 是 1990～2020 年长江上游年平均小雨强度的空间分布特征。1990～2020 年的 31 年间，四川西部、云南北部、重庆、贵州东部、湖北西部、湖南西部和广西北部等地小雨强度较强，大部分区域超过 2.4mm/d，其中云南怒江州、德宏州和保山市最强，达到 2.8mm/d 以上，贡山县和腾冲市各为一大值区，都达到 3.23mm/d。广西东北部和湖南西部大部分区域的小雨强度也较强，达到 2.8mm/d 以上，湖南安化县为一大值中心，达到 3mm/d，广西桂林市和蒙山县的小雨强度也达到 2.9mm/d。四川西部大部分区域的小雨强度达到 2.6mm/d 以上，其中红原县、康定市和会理市分别达到 2.78mm/d、2.75mm/d和 2.7mm/d。贵州西部的小雨强度相对较弱，毕节市附近为 2.02mm/d。西藏东部大部分区域的小雨强度超过 2mm/d，察隅县至波密县和贡嘎县至索县一带较强，达到 2.4mm/d以上；拉萨市附近的小雨强度最强，达到 2.55mm/d；而错那市较弱，仅为 1.64mm/d。三江源的小雨强度较弱，大部分区域在 1.8mm/d 以上，其中沱沱河和玛多县的小雨强度最弱，分别为 1.78mm/d 和 1.75mm/d。

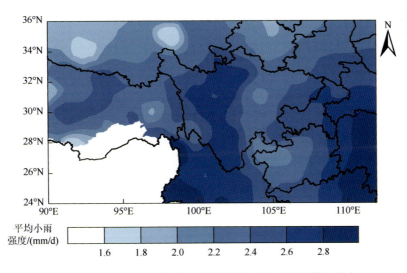

图 2.1.7　1990～2020 年长江上游区域年平均小雨强度气候态

图 2.1.8 是 1990～2020 年长江上游年平均小雨次数的空间分布特征。1990～2020 年的 31 年间，四川中西部及东南部、重庆、贵州、湖北西南部、湖南西部和广西北部等小雨次数较多，大部分区域超过 140 次，其中四川西北部、四川东南部和贵州最多，大部

分在 170 次以上，贵州毕节市的小雨次数最多，为 211.6 次，其次四川石渠县也较多，达到 194.1 次。云南北部小雨次数主要集中在怒江州，达到 155 次以上，贡山县有一大值中心，为 170 次。西藏东部的小雨次数较多，大部分区域超过 140 次，错那市、林芝市至嘉黎县一带还达到 170 次以上，其中错那市的小雨次数最多，达到 221.5 次。三江源的小雨也很频繁，大部分区域超过 140 次，清水河一带的小雨次数达到 170 次以上。

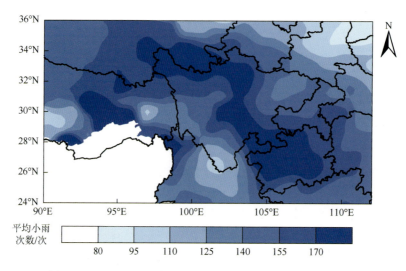

图 2.1.8　1990～2020 年长江上游区域年平均小雨次数气候态

2.1.5　平均气温年平均气候特征

图 2.1.9 是 1990～2020 年长江上游年平均气温的空间分布特征。从图 2.1.9 可知，1990～2020 年的 31 年间，长江上游年平均气温大部分区域都高于 0℃，主要呈现出从西

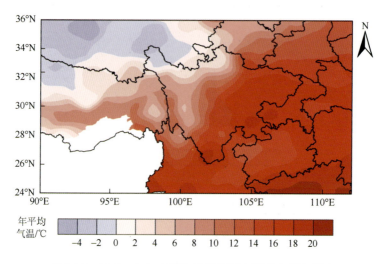

图 2.1.9　1990～2020 年长江上游区域年平均气温气候态

北向东南逐渐增温的状态，尤其是沿云南北部经川西高原到陕西南部一线增温更加迅速，东南侧的年平均气温显著高于西北侧。四川中东部、云南北部、贵州、重庆、陕西南部、广西北部、湖南和湖北西部等是超过 14℃ 的区域，其中广西北部最高，温度高于 20℃。此外，长江上游沿岸还存在高温区域，如攀枝花市附近和宜宾市到重庆市西部还分别存在两个高于 18℃ 的中心，中心分别在攀枝花市和江津区，温度分别达到 21.0℃ 和 18.7℃。西藏的年平均气温除那曲市部分区域以外，其余区域都高于 0℃，其中林芝市南部的气温还超过 10℃，中心出现在察隅县，温度超过 12℃。年平均气温低于 0℃ 的区域在三江源附近，主要包括玉树藏族自治州（简称玉树州）、海西蒙古族藏族自治州（简称海西州）和果洛藏族自治州（简称果洛州）等，温度低于–4℃ 的中心出现在青海曲麻莱县五道梁附近。

2.1.6　最高气温年平均气候特征

图 2.1.10 是 1990～2020 年长江上游年平均最高气温的空间分布特征。由图 2.1.10 可知，1990～2020 年的 31 年间，长江上游年平均最高气温都高于 0℃，呈现出由西北向东南增温的空间分布。云南北部、四川中东部、贵州、重庆、广西北部、陕西南部、湖南和湖北西部等地的年平均最高气温几乎都高于 20℃，尤其是云南和广西北部还有高于 24℃ 的高温区。长江沿岸也有多个高温中心，其中攀枝花市附近出现了高于 26℃ 的高温中心；四川宜宾市、重庆江津区和重庆云阳县到湖北兴山县等附近存在温度超过 22℃ 的区域。此外，四川甘孜州西部以巴塘县为中心，也出现了温度高于 20℃ 的区域，巴塘县达到 22.2℃。西藏的最高温度也较高，尤其是西藏东部都高于 16℃，察隅县高于 19℃。年平均最高气温低于 10℃ 的区域主要出现在青海三江源，中心位于青海曲麻莱县五道梁附近，最高气温低于 3℃。

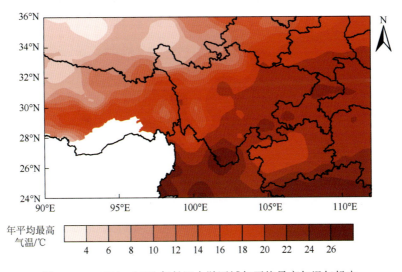

图 2.1.10　1990～2020 年长江上游区域年平均最高气温气候态

2.1.7　最低气温年平均气候特征

图 2.1.11 是 1990~2020 年长江上游年平均最低气温的空间分布特征。从图 2.1.11 可看出，1990~2020 年的 31 年间，云南北部经川西高原到陕西中部一线是增温最明显的区域，其东南侧气温显著高于西北侧，东南侧包括四川中东部、云南北部、重庆、贵州、广西北部、陕西南部、湖南和湖北西部等，最低气温都高于 10℃，最大值出现在广西北部，有高于 16℃ 的高值中心。长江上游沿岸也存在最低气温的高值区，四川宜宾市到重庆奉节县等附近存在高于 14℃ 的区域，四川攀枝花市附近则有高于 12℃ 的区域，攀枝花市高于 15℃。西藏东南部的最低温度也高于 0℃，尤其是林芝市察隅县还高于 7℃。最低气温低于 0℃ 的区域出现在三江源附近和西藏西北部，中心在清水河附近，低于 −10℃。总体上，年平均最低气温呈现出由西北向东南增温的空间分布。

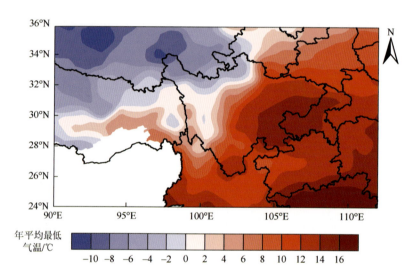

图 2.1.11　1990~2020 年长江上游区域年平均最低气温气候态

2.2　季节气候概况

2.2.1　暴雨季节平均气候特征

图 2.2.1 是 1990~2020 年长江上游暴雨强度的季节空间分布特征。春季[图 2.2.1（a）]，四川东部、重庆、贵州、湖北西部、湖南西部和广西北部等大部分区域的暴雨强度超过 65mm/d，其中广西东北部最强，桂林市为大值中心，强度达到 76.86mm/d。四川叙永县至广元市一带的暴雨强度也较强，超过 70mm/d，宜宾市最强达到 76.78mm/d。云南北部大部分区域的暴雨强度超过 60mm/d，维西傈僳族自治县（简称维西县）为大值中心，达到 70mm/d。西藏暴雨仅出现在察隅县附近，暴雨强度达到 65mm/d 以上。

　　夏季［图 2.2.1（b）］，长江上游的暴雨范围进一步扩张，四川中东部、重庆、贵州、湖北西部、湖南西部和广西北部等暴雨强度较强，大部分区域超过 70mm/d，其中四川中东部、湖北西北部、湖南西部、贵州西南部和广西北部等暴雨强度还达到 75mm/d 以上，广西融安县最强达到 89.61mm/d，其次是四川江油市的暴雨强度达到 88.66mm/d，湖南沅陵县也较强，达到 87.31mm/d，贵州安顺市和凯里市的暴雨强度分别达到 76mm/d 和 78mm/d。云南北部大部分区域都达到 60mm/d 以上，且暴雨范围比春季明显扩大，在瑞丽市出现大值中心，暴雨强度达到 67.66mm/d。西藏东部的暴雨集中在林芝市至嘉黎县一带，暴雨强度达到 50mm/d 以上，其中林芝市最强达到 75.29mm/d，嘉黎县也达到 55mm/d。

　　秋季［图 2.2.1（c）］，长江上游东部的暴雨强度较夏季有一定减弱，西部的暴雨区域有所扩大且强度较夏季明显增强。四川中东部、陕西南部、重庆、贵州、湖北西部、湖南西部和广西北部等大部分区域的暴雨强度超过 65mm/d，四川中东部、贵州西南部和湖北中西部达到 75mm/d 以上，其中湖北钟祥市附近最强，达到 86mm/d，其次四川江油市附近暴雨强度也达到 82.95mm/d，贵州兴仁市还有大值中心，达到 79.74mm/d。此外，云南北部大部分区域的暴雨强度超过 65mm/d，大理市最强，达到 70.24mm/d。西藏东部的暴雨区域较春季明显增多，察隅县、波密县、米林市、错那市和安多县等暴雨强度都达到 50mm/d 以上，波密县为大值中心，达到 96.44mm/d，错那市是另一大值中心，暴雨强度达到 80.48mm/d。

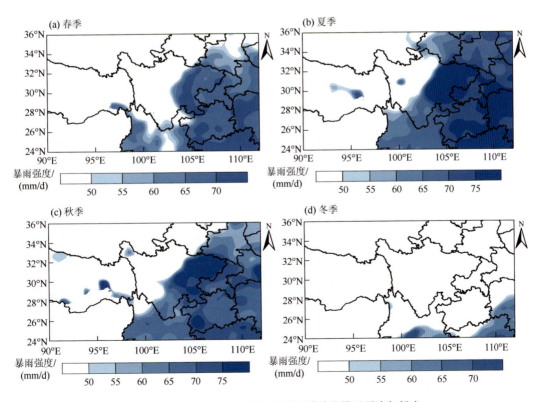

图 2.2.1　1990～2020 年长江上游区域季节暴雨强度气候态

　　冬季［图 2.2.1（d）］，长江上游的暴雨范围明显缩小，主要集中在湖南西南部、广西东北部和云南南部等，大部分区域的暴雨强度达到 55mm/d 以上。云南南部的暴雨主要集中在其中部，景东彝族自治县（简称景东县）为大值中心，强度达到 90mm/d，云南西北部的贡山县也有暴雨发生，强度达到 60.75mm/d。广西东北部的暴雨也较强，其中蒙山县强度最大，达到 70mm/d。湖南的暴雨主要在西南部，邵阳市强度最强，达到 65mm/d。

　　图 2.2.2 是 1990～2020 年长江上游暴雨次数的季节空间分布特征。春季［图 2.2.2（a）］，长江上游的暴雨主要集中在湖南西部和广西北部等，大部分区域的暴雨次数达到 1 次以上，广西东北部暴雨最多，超过 2 次，桂林市是大值中心，暴雨次数达 2.6 次。云南怒江州的暴雨也较多，贡山县是大值中心，次数达到 1.43 次。湖南中西部也有暴雨发生，其中安化县的暴雨次数达到 1.38 次。四川的暴雨春季较少，主要集中在其东部，川东北达州市的暴雨次数为 0.6 次。西藏的暴雨仅出现在东南部，察隅县的暴雨次数为 0.4 次。

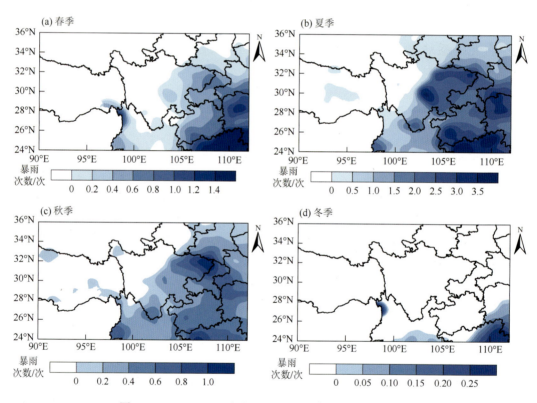

图 2.2.2　1990～2020 年长江上游区域季节暴雨次数气候态

　　夏季［图 2.2.2（b）］，长江上游的暴雨次数明显增多，四川中东部、重庆、贵州南部、湖北西南部、湖南西部和广西北部等暴雨次数较多，大部分区域超过 2 次，广西北部的暴雨次数最多，大部分达到 3 次以上，凤山县附近甚至达到 4.6 次。四川中部和东北部的暴雨较多，暴雨次数达到 2.5 次以上，其中雅安市是大值中心，暴雨次数为 3.49 次，其次万源市附近也达到 3.1 次。湖南的暴雨也增多，主要集中在西北部，暴雨次数在 3 次以上，其中湖南桑植县、沅陵县较多，达到 3.31 次。贵州的暴雨在南部较多，其中兴仁市次数达到 3 次。云南主要集中在德宏州和保山市等，暴雨次数达 1 次以上，其中瑞丽市最多，为 2.52 次。西藏的夏季暴雨次数少，主要在林芝市至嘉黎县一带。

秋季［图 2.2.2（c）］，长江上游的暴雨发生次数整体减少。四川东北部、广西西北部、云南德宏州和保山市等暴雨次数较多，达到 0.6 次以上，其中四川巴中市的暴雨次数最多，达到 1.17 次，其次广西凤山县和云南瑞丽市也分别达到 1 次和 0.76 次。四川南部的暴雨次数也较多，达 0.4 次以上，会理市最多，达 0.5 次。值得注意的是，西藏秋季暴雨发生的区域较夏季有所增多，主要集中在察隅县至波密县、米林市、错那市和安多县等区域。

冬季［图 2.2.2（d）］，长江上游的暴雨次数明显减少，主要集中在湖南西南部、广西北部和云南部分区域，其中广西东北部和云南西北部等暴雨次数较多，为 0.25 次以上，尤其是云南贡山县最多，达到 0.38 次；其次是广西蒙山县的暴雨次数达到 0.3 次。整体上，冬季长江上游的暴雨次数较少，但局地也有发生。

2.2.2　大雨季节平均气候特征

图 2.2.3 是 1990~2020 年长江上游大雨强度的季节空间分布特征。春季［图 2.2.3（a）］，四川东部、重庆、贵州、云南北部、湖北西部、湖南西部和广西北部等大雨强度较强，大部分区域都超过 32.5mm/d，四川东部、贵州东南部、广西北部、湖南西北部等大雨强度还在 34mm/d 以上，其中四川巴中市最强，为 34.89mm/d。云南西部的怒江州、德宏州、保山市和东部泸西县的大雨强度也较强，泸水市为大值中心，达到 34.78mm/d，泸西县附近也达 34mm/d。西藏东部大部分区域和青海囊谦县等大雨强度在 28mm/d 以上，其中西藏八宿县至青海囊谦县一带最强，达到 34mm/d 以上，且八宿县和囊谦县为大值中心，分别为 35.96mm/d 和 36.12mm/d；西藏错那市和安多县还存在两个大值中心，其大雨强度分别为 34.13mm/d 和 33.2mm/d。

夏季［图 2.2.3（b）］，长江上游的大雨强度范围有一定的向西北扩展的趋势。四川东部及南部、陕西南部、重庆、贵州、云南北部、湖北西部、湖南西部和广西北部等大雨强度较强，大部分区域在 33mm/d 以上，四川东北部、雅安市和成都市一带，湖南西北部和湖北西南部的大雨强度达到 35mm/d 以上，四川达州市附近出现 35.68mm/d 的大值中心，其次广西凤山县和湖南安化县还存在 35.5mm/d 的大值中心。西藏东部大部分区域的大雨强度超过 27mm/d，其中林芝市最强达到 33.28mm/d；安多县和错那市相对较弱，分别只有 28mm/d 和 28.26mm/d。三江源的大雨强度最弱，但也在 27mm/d 以上，其中玉树州较强，达到 32.33mm/d。

秋季［图 2.2.3（c）］，长江上游东部的大雨强度有减弱趋势，但西部较夏季呈增强趋势。四川东部及南部、陕西南部、重庆、贵州、云南北部、湖南西部、湖北西部和广西北部等大雨强度在 32.5mm/d 以上，其中四川绵阳市到成都市及四川东北部、重庆北部、陕西南部、广西北部、贵州中部等高于 34mm/d，尤其是重庆北部万州区附近达到 35.14mm/d。此外，云南西北部泸水市的大雨强度也较大，达到 34.65mm/d。西藏东部大部分区域达到 29.5mm/d 以上，其中林芝市、米林市的大雨强度为 36.17mm/d，错那市和安多县也较强，分别达到 34mm/d 和 33.4mm/d。三江源的大雨强度较弱，仅在青海沱沱河有明显大雨，其强度达到 29mm/d。

　　冬季 [图 2.2.3（d）]，长江上游的大雨强度向东南明显缩小，主要集中在云南中部、贵州东部、广西北部和湖南西部等，陕西南部仅有小部分区域有大雨。云南中北部、广西北部等大雨强度达到 32mm/d 以上，其中广西柳州市最强，为 34.5mm/d。此外，陕西汉中市、石泉县有较强的大雨，最大强度达 33.34mm/d。西藏冬季的大雨稀少，仅在东南部的察隅县、波密县和南部的错那市有大雨，错那市的大雨强度为 29.47mm/d，波密县和察隅县在 27mm/d 左右。

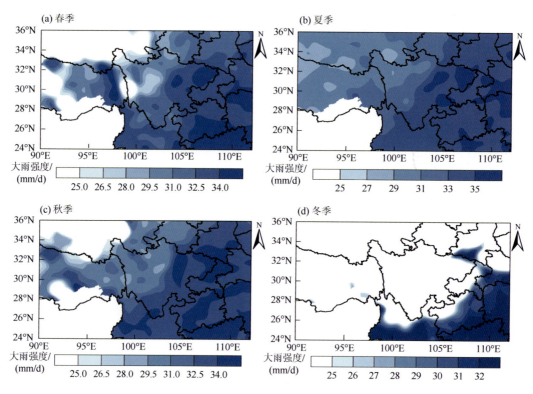

图 2.2.3　1990～2020 年长江上游区域季节大雨强度气候态

　　图 2.2.4 是 1990～2020 年长江上游大雨次数的季节空间分布特征。春季[图 2.2.4(a)]，长江上游只有青海大雨稀少，其余区域都有大雨发生，广西东北部、云南西北部和湖南西部等大雨次数达到 3.5 次以上，尤其是广西桂林市和贺州市更频繁，达到 5.5 次，其次是云南怒江的贡山县大雨次数达到 4.95 次。湖南安化县的大雨也较多，次数达到 4.5 次。四川大雨较少，主要集中在东部和中部，四川东部的大雨次数在 2 次左右；雅安市也较多，达到 1 次。西藏东南部的大雨次数达到 1 次以上，其中察隅县和林芝市巴宜区最多，达到 1.5 次。

　　夏季 [图 2.2.4（b）]，长江上游的大雨次数增多。云南北部、四川南部及东部、重庆、贵州、湖北西部、湖南西部和广西北部等大雨次数达到 4 次以上，并且广西北部到贵州黔西南布依族苗族自治州（简称黔西南州）、四川川西南山地和云南德宏州还超过 5 次，其中云南德宏州和保山市最多，在瑞丽市出现大雨次数大值中心，达到 8 次。广西凤山县和贵州兴仁市的大雨次数也分别达到 6.74 次和 6.2 次。四川西昌市、会理市大雨次数达到 6.2 次，雅安市也达到 4.5 次。长江上游西部大雨次数较少，西藏东部部分区域在 1 次以上，其中拉萨市达到 1.97 次，林芝市为 1.5 次，而八宿县和错那市较少，大雨次数分别只有 0.28 次和 0.19 次。此外，三江源的大雨次数最少，青海沱沱河仅为 0.13 次。

秋季［图 2.2.4（c）］，长江上游的大雨次数减少，四川南部及东部、云南西部、重庆北部、贵州南部、湖北西南部、湖南西北部和广西北部等大雨次数较多，大部分区域在 2 次以上，尤其是云南德宏州和保山市等还达到 2.5 次以上，瑞丽市最多，达 3.24 次。重庆万州区和湖北恩施土家族苗族自治州（简称恩施州）的大雨次数也达到 2.37 次，四川会理市是大值中心，达到 2.42 次。广西和贵州的大雨次数相比夏季明显减少，不过广西凤山县仍达 2 次左右。青藏高原的大雨次数较少，仅西藏林芝市附近达到 1 次。

冬季［图 2.2.4（d）］，长江上游的大雨次数骤减，主要集中在云南北部、广西北部、贵州、湖南西部、湖北西部、重庆北部、四川东北部和西藏东南部等，其中云南北部、广西北部、湖南西部和贵州东南部的大雨次数高于 0.2 次，尤其是云南贡山县最多达到 1.83 次，其次在广西贺州市和湖南道县附近也达到 1.6 次。西藏东部主要集中在察隅县和错那市，大雨次数分别达到 0.1 次和 0.03 次。

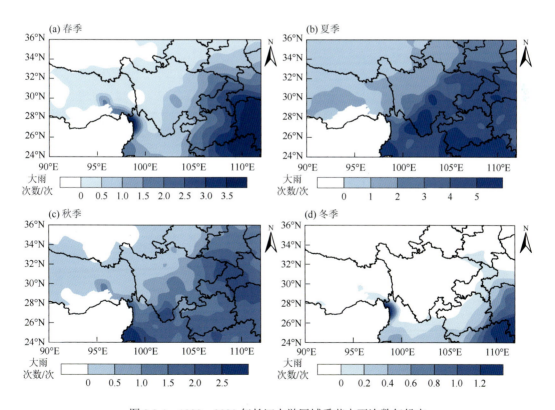

图 2.2.4　1990～2020 年长江上游区域季节大雨次数气候态

2.2.3　中雨季节平均气候特征

　　图 2.2.5 是 1990～2020 年长江上游中雨强度的季节空间分布特征。春季[图 2.2.5（a）]，四川东部及南部、陕西南部、重庆、贵州、云南北部、湖北西部、湖南西部和广西北部等中雨强度较强，大部分区域在 15mm/d 以上，重庆中部、湖北西南部、湖南西部、贵州东部和广西北部等区域中雨强度还达到 15.5mm/d 以上，其中湖南桑植县为大值中心，达 15.95mm/d。云南怒江州北部、迪庆藏族自治州（简称迪庆州）中部和楚雄彝族自治州（简称楚雄州）大部分区域中雨强度达到 15.5mm/d 以上，贡山县为大值中心，达到 15.83mm/d。四川东北部广元市和邻水县附近的中雨强度也达到 15.5mm/d。西藏东部大部分区域在 12.5mm/d 以上，察隅县至波密县一带中雨强度还达到 15mm/d 以上，其中波密县附近最强，达到 15.92mm/d。青海三江源的中雨强度较弱，仅超过 11.5mm/d，杂多县至玉树州一带较强，达到 14mm/d 以上，杂多县的中雨强度最强，为 15.17mm/d。

　　夏季［图 2.2.5（b）］，长江上游的中雨强度在一定程度上增强，四川东部及南部、陕西南部、重庆、贵州北部及西部、云南北部、湖北西部、湖南西部和广西北部等大部分区域在 15.5mm/d 以上，陕西南部、湖北西北部和四川东部部分区域达 16mm/d 以上，其中陕西石泉县和汉中市为大值中心，中雨强度分别达到 16.28mm/d 和 16.2mm/d，其次四川南充市也是大值中心，达到 16.04mm/d。西藏东部大部分区域中雨强度在 14.5mm/d 以上，拉萨市至察隅县一带还达到 15mm/d 以上，其中察隅县最强，达 15.6mm/d。三江源的中雨强度在 13mm/d 以上，而青海沱沱河较弱，为 13.47mm/d。

　　秋季［图 2.2.5（c）］，长江上游的中雨强度有所减弱，四川东部及南部、陕西南部、重庆、贵州、云南北部、湖北西部、湖南西部和广西北部等较强，大部分区域在 15mm/d 以上，湖北西部、重庆北部、贵州东部、湖南西部和广西北部还达到 15.5mm/d 以上，贵州榕江县和湖南芷江县一带为大值区，湖南芷江县有中雨强度大值中心，达到 16.31mm/d。云南德宏州和保山市等中雨强度也达 15.5mm/d 以上。西藏东部大部分区域都在 13.5mm/d 以上，其中察隅县中雨强度最强，达到 15.6mm/d。三江源的中雨强度较弱，但大部分区域都在 13mm/d 以上，其中青海玛多县为小值区，中雨强度仅为 12.21mm/d。

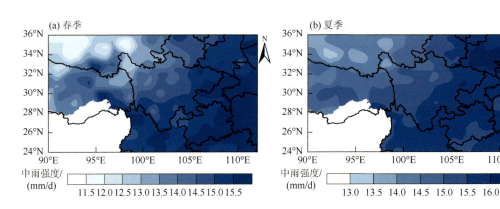

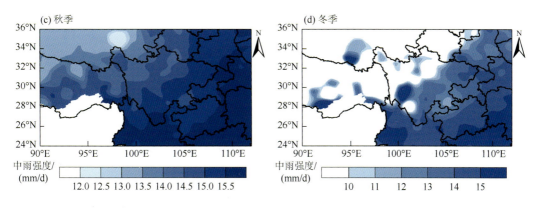

图 2.2.5　1990～2020 年长江上游区域季节中雨强度气候态

冬季［图 2.2.5（d）］，长江上游的中雨强度整体减弱，四川西南部及东北部、重庆北部、贵州、云南北部、湖北西部、湖南西部和广西北部等大部分区域在 14mm/d 以上，其中四川稻城县最强达到 16.97mm/d。其次，湖南西南部和广西北部的中雨强度也超过 16mm/d。云南怒江州、德宏州、保山市和大理白族自治州（简称大理州）的中雨强度也较强，大部分区域超过 15mm/d，其中泸水市最强，达到 15.66mm/d。西藏东部察隅县至波密县一带、错那市、隆子县、拉萨市和嘉黎县等中雨强度较强，达到 12mm/d 以上，尤其是隆子县附近最强，为 23.36mm/d。三江源中雨较少，仅出现在青海杂多县至曲麻莱县一带，中雨强度达到 11mm/d 以上，其中杂多县达到 15.97mm/d。

图 2.2.6 是 1990～2020 年长江上游中雨次数的季节空间分布特征。春季［图 2.2.6（a）］，长江上游全域都有中雨发生，其中四川北部及东北部、重庆、贵州东部、云南西北部、湖北西南部、湖南西部和广西北部等大部分区域的中雨次数超过 6 次，云南怒江州、德宏州和保山市等中雨最频繁，尤其是贡山县达到 13.61 次。其次，湖南道县、广西桂林市和贺州市也较多，达到 13 次。西藏东部察隅县至波密县一带的中雨次数超过 6 次，其中波密县最多，达到 8 次。三江源的中雨次数相对较少。

夏季［图 2.2.6（b）］，长江上游的中雨次数明显增多，四川中西部及南部、云南北部、贵州南部、湖北西南部和广西北部等中雨较频繁，大部分区域超过 10 次，其中云南怒江州、德宏州和保山市等是中雨较多的区域，瑞丽市最多，达到 22 次。四川的中雨次数九龙县最多，达到 16.64 次；广西最多在凤山县，为 15 次；贵州兴仁市也较多，达到 14 次。西藏东部大部分区域中雨次数超过 6 次，嘉黎县附近出现大值区，达到 14.18 次。三江源的中雨次数超过 4 次，青海沱沱河和玛多县分别为 5.32 次和 5.55 次。

秋季［图 2.2.6（c）］，长江上游的中雨次数明显减少，中雨次数较多的区域主要集中在四川中东部、云南北部、重庆、贵州北部、湖北西部等，大部分区域超过 5 次，其中云南怒江州、德宏州和保山市等中雨次数较多，贡山县最多为 7.87 次。其次，湖北恩施州和重庆长寿区也较多，分别为 6.74 次和 6.5 次。四川的中雨次数在会理市和九龙县较多，分别达到 6.43 次和 6 次；红原县附近也为一大值中心，达到 6.05 次。西藏东部大部分区域的中雨次数超过 2 次，波密县至嘉黎县一带较多，达到 4 次以上，波密县最多，达到 5 次。三江源的中雨次数较少，部分区域达到 1 次以上，玛多县和沱沱河最少，仅为 0.9 次和 0.71 次。

冬季 [图 2.2.6 (d)]，长江上游的中雨次数继续减少，且中雨区域明显缩小。云南北部、贵州东部、湖北西南部、湖南西部和广西北部等中雨次数较多，大部分区域超过 1 次，其中云南贡山县最多，为 5.35 次。广西东北部和湖南西部等中雨次数也较多，大部分区域达到 4 次以上，湖南邵阳市最多，达到 4.5 次。西藏东部的中雨稀少，仅在察隅县至波密县、米林市、错那市至嘉黎县一带出现，察隅县的中雨次数相对较多，达到 1 次。三江源的中雨次数也很少，仅出现在青海杂多县至曲麻莱县一带。

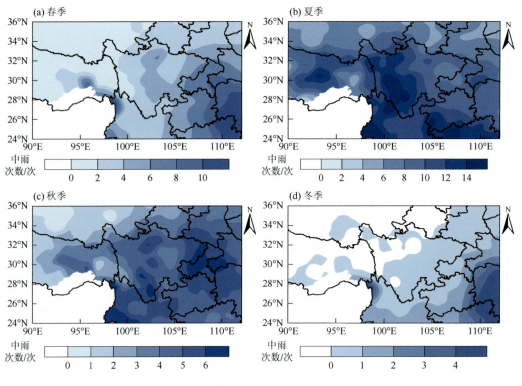

图 2.2.6 1990～2020 年长江上游区域季节中雨次数气候态

2.2.4 小雨季节平均气候特征

图 2.2.7 是 1990～2020 年长江上游小雨强度的季节空间分布特征。春季[图 2.2.7(a)]，四川中北部及东部、重庆、贵州北部及东部、湖北西部、湖南西部和广西北部等小雨强度较强，大部分区域超过 2.5mm/d，湖北西南部、湖南西部和广西东北部等还超过 3mm/d，其中湖南邵阳市和道县最强，达到 3.3mm/d。云南怒江州、德宏州和保山市等小雨强度较强，尤其是贡山县最强，为 3.47mm/d。四川松潘县和雅安市附近的小雨强度也较强，分别达到 2.7mm/d 和 2.63mm/d。西藏东部大部分区域小雨强度超过 1.5mm/d，察隅县至波密县一带还超过 2.5mm/d，其中波密县最强，达到 2.9mm/d。三江源的小雨强度较弱，沱沱河最弱，仅为 0.96mm/d，但三江源大部分区域超过 1mm/d。

夏季［图 2.2.7（b）］，长江上游小雨强度有一定增强。四川西部、云南北部、贵州南部和广西北部等小雨强度较强，大部分区域超过 3.4mm/d，其中云南德宏州和保山市等较强，腾冲市附近出现大值中心，达到 3.82mm/d。其次，四川理塘县附近还存在大值区，小雨强度达到 3.75mm/d。西藏东部大部分区域小雨强度超过 2.9mm/d，嘉黎县—索县—丁青县一带还达到 3.4mm/d 以上，其中嘉黎县为大值中心，达到 3.72mm/d。三江源大部分区域小雨强度超过 2.9mm/d，但沱沱河和玛多县较弱，分别只有 2.82mm/d 和 2.68mm/d。

秋季［图 2.2.7（c）］，长江上游小雨强度有所减弱，四川西北部、四川南部及东部、重庆、陕西南部、湖北西南部、湖南西北部和云南北部等大部分区域超过 2.6mm/d，其中云南德宏州和保山市较强，瑞丽市最强，达到 3.17mm/d，重庆万州区和湖北恩施州的小雨强度也较强，达到 2.9mm/d。西藏东部大部分区域小雨强度超过 2mm/d，波密县、嘉黎县—索县—丁青县一带较强，达到 2.3mm/d 以上。三江源的小雨强度较弱，尤其是玛多县和沱沱河最弱，分别为 1.68mm/d 和 1.6mm/d，但三江源大部分区域还是在 1.7mm/d 以上。

冬季［图 2.2.7（d）］，长江上游的小雨强度最弱。云南北部、四川东部、重庆、贵州、湖北西部、湖南西部和广西北部等较强，大部分区域小雨强度超过 1.2mm/d，其中云南怒江州、德宏州和保山市等最强，超过 1.8mm/d，尤其是贡山县达到 2.74mm/d。广西东北部和湖南西部小雨强度也较强，在 1.8mm/d 以上，其中湖南安化县和道县达到 2.6mm/d。西藏东部小雨强度较弱，大部分区域在 0.6mm/d 以上，其中察隅县最强，达到 1.6mm/d。三江源的小雨强度最弱，其中沱沱河仅为 0.27mm/d，但三江源大部分区域都在 0.3mm/d 以上。

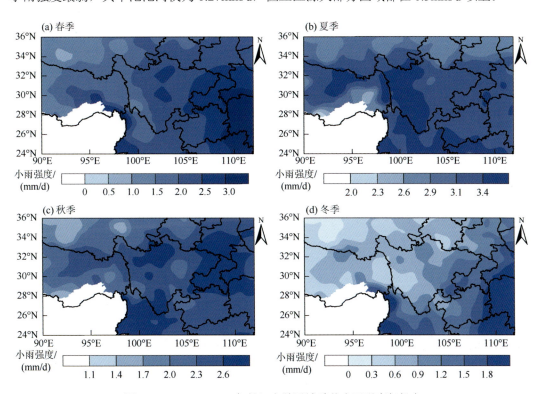

图 2.2.7　1990～2020 年长江上游区域季节小雨强度气候态

图 2.2.8 是 1990～2020 年长江上游小雨次数的季节空间分布特征。春季 [图 2.2.8（a）]，四川西北部及中部、云南西北部、贵州、湖南西部和广西北部等小雨次数较多，大部分区域超过 45 次，其中四川石渠县最多，达到 57.66 次，其次红原县、松潘县也较多，达到 56.24 次，雅安市附近小雨也较频繁，达到 53 次。贵州则是毕节市的小雨次数较多，达到 55.42 次。云南北部小雨次数较多的区域在怒江州，贡山县最多，为 49 次。西藏东部的小雨次数也较多，大部分区域超过 30 次，察隅县至嘉黎县一带、丁青县和错那市还超过 50 次，其中错那市最多，达到 69.1 次，其次米林市和林芝市也达到 61 次。三江源大部分区域小雨次数超过 35 次，尤其清水河附近达到 50 次以上。

夏季 [图 2.2.8（b）]，长江上游小雨次数较多的区域主要集中在三江源、西藏东部、四川西部和云南北部等，大部分区域超过 45 次，西藏东部察隅县—错那市—那曲市一带还达到 60 次以上，尤其是错那市小雨频繁，达到 79.68 次，林芝市也较多，为 64 次。云南怒江州的小雨次数超过 55 次，贡山县最多，达到 63.97 次。青海杂多县—曲麻莱县—四川石渠县一带也超过 60 次。相比之下，四川东部、重庆、贵州、湖北西部、湖南西部和广西北部等小雨次数较少，仅 30 次以上，其中贵州威宁彝族回族苗族自治县（简称威宁县）较多，达到 46 次，独山县也达到 43 次。

秋季 [图 2.2.8（c）]，长江上游小雨次数的中心向东南方向偏移，四川、贵州、重庆和云南北部等较多，大部分区域的小雨次数超过 35 次，其中四川西北部、中部及东南部和贵州西部等还超过 45 次，四川雅安市最多，为 53.26 次，其次石渠县也达到 48.12 次。云南怒江州北部的小雨次数也较多，贡山县出现大值中心，达到 40 次以上。西藏东部大部分区域的小雨次数超过 30 次，波密县、米林市、嘉黎县、丁青县和错那市较多，超过 40 次，其中嘉黎县最多，为 45.99 次。三江源的小雨次数也较多，超过 30 次。

冬季 [图 2.2.8（d）]，长江上游小雨次数较多的区域主要集中在四川中东部、重庆、贵州、湖北西南部、湖南西部和广西北部等，大部分区域超过 30 次，四川东南部、贵州和湖南西部还达到 42 次以上，尤其是贵州毕节市最多，达到 61.34 次。云南北部主要集中在怒江州和迪庆州，大部分区域的小雨次数超过 18 次，贡山县最多，达到 28.01 次。西藏东部的小雨次数较少，大部分区域在 12 次以上，错那市和波密县—米林市—嘉黎县一带较多，达到 24 次以上，其中嘉黎县最多，为 32.5 次。三江源大部分区域小雨次数超过 18 次，清水河镇—玛多县—达日县一带较多，超过 27 次。

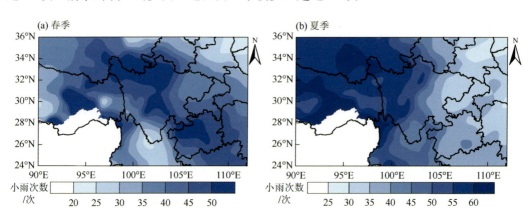

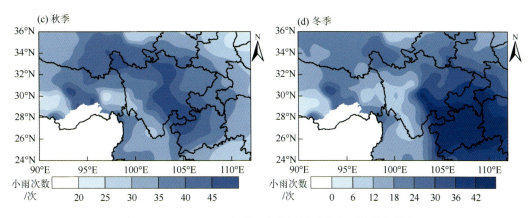

图 2.2.8　1990～2020 年长江上游区域季节小雨次数气候态

2.2.5　平均气温季节平均气候特征

图 2.2.9 是 1990～2020 年长江上游平均气温的季节空间分布特征。春季[图 2.2.9（a）]，云南北部经川西高原到陕西中部一线的东南侧平均气温高于 10℃，包括云南北部、四川中东部、重庆、贵州、广西北部、湖北西部和陕西南部等，其中云南北部和广西北部存在平均气温高于 20℃的高温区。长江沿岸也存在高温区，四川宜宾市到重庆市有高于 18℃的高值区。攀枝花市附近的温度也较高，有高于 20℃的区域，中心攀枝花市达到 23.9℃。西藏大部分区域的温度高于 0℃，尤其是西藏东部，最高平均气温出现在林芝市，中心在察隅县，温度达到 11.5℃。最低平均气温出现在青海三江源和西藏西北部，低温中心在青海曲麻莱县五道梁，低于–4℃。春季平均气温体现出由西北向东南增温的空间分布。

夏季 [图 2.2.9（b）]，长江上游平均气温的分布类似于春季，也呈现出由西北向东南增温的空间分布。相对春季，夏季长江上游的平均气温显著升高，整个区域平均气温都升高到 0℃以上。云南北部经川西高原到陕西北部东南侧，包括四川中东部、云南北部、重庆、广西北部、甘肃南部、陕西南部、贵州、湖南和湖北西部等平均气温都升高到 20℃以上，其中四川东南部、重庆、广西北部、湖南和湖北西部等升高到 26℃以上，是升温比较明显的区域。长江沿岸攀枝花市附近区域平均气温也有所上升，有高于 22℃的区域，其中攀枝花市还高于 25.5℃。四川甘孜州西部巴塘县到得荣县附近区域的温度也较周边偏高，巴塘县和得荣县分别达到 19.9℃和 21.7℃。平均温度较低的区域出现在云南北部经川西高原到陕西北部西北侧，基本低于 20℃。西藏大部分区域的平均温度都高于 10℃，尤其是林芝市还高于 16℃，高温中心察隅县达到 18.8℃。平均气温最低的区域位于三江源，仍在 0℃以上，中心青海曲麻莱县五道梁达到 5.3℃。

秋季 [图 2.2.9（c）]，长江上游的平均气温出现显著降低趋势，云南北部经川西高原到陕西北部东南侧区域（包括四川中东部、云南北部、贵州、重庆、广西北部、甘肃南部、陕西南部、湖南和湖北西部等）平均气温高于 10℃，最高平均气温位于广西北部，中心高于 22℃。长江沿岸也存在高值中心，四川宜宾市到重庆奉节县等有高于 18℃的区域，其中重庆万州区达到 19.3℃。攀枝花市附近区域有所降低，但还有高于 18℃的高值

区，其中攀枝花市达到 19.9℃。云南北部经川西高原到陕西北部西北侧大部分区域低于
10℃。西藏大部分区域的平均温度高于 6℃，尤其是林芝市还出现高于 10℃的高值区，
中心察隅县达到 13.4℃。平均气温低于 0℃的区域出现在三江源，低温中心在青海曲麻莱
县五道梁，达到-4.3℃。秋季平均气温也展现出由西北向东南增温的空间分布。

　　冬季 [图 2.2.9（d）]，长江上游的平均气温继续降低，低于 0℃的区域由三江源向东
南方向扩展，包括青海、西藏北部及西南部、四川西北部、甘肃南部和陕西北部等，平
均气温降到 0℃以下，其中低于-10℃的区域主要在青海三江源，青海曲麻莱县五道梁最
低，为-14.6℃。西藏中南部、四川盆地及川西高原中南部、重庆、云南北部、贵州、广
西北部、陕西南部、湖北和湖南西部等地的平均气温都高于 0℃，大部分区域还高于 6℃，
平均气温较高的区域主要为四川中东部、重庆、云南北部、贵州、广西北部和湖南西部
等，尤其是云南北部与广西北部还存在高于 12℃的区域。长江沿岸存在温度高值区，其
中四川宜宾市、重庆忠县附近都有高于 8℃的区域，中心江津区达到 9.4℃。攀枝花市附
近也较同纬度其他区域偏高，有大于 12℃的高值区，中心攀枝花市达到 14.6℃。西藏中
南部的温度高值区出现在林芝市，其中察隅县达到 5.5℃。

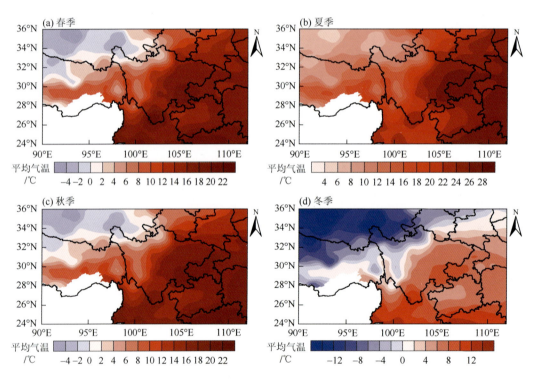

图 2.2.9　1990～2020 年长江上游区域季节平均气温气候态

2.2.6　最高气温季节平均气候特征

　　图 2.2.10 是 1990～2020 年长江上游最高气温的季节空间分布特征。春季 [图 2.2.10（a）]，
长江上游最高气温都高于 0℃，云南北部经川西高原到陕西北部东南侧相对较高，包括四

川中东部、云南北部、重庆、贵州、广西北部、陕西南部、湖南和湖北西部等，都高于20℃。最高气温最高的区域主要位于云南北部和攀枝花市附近，存在高于28℃的中心，其中盐边县达到31.2℃。此外，长江上游四川巴塘县附近也存在一小范围高值区，中心巴塘县的最高气温为22.9℃。西藏除西北部小部分区域以外最高气温都高于10℃，贡嘎县和察隅县分别出现高值中心，都达到17.8℃。最高气温最低的区域出现在青海三江源，基本低于8℃，中心青海曲麻莱县五道梁只有2.9℃。整体上，长江上游最高气温呈现由西北向东南增温的空间分布。

夏季[图2.2.10（b）]，长江上游的最高气温显著升高，云南北部经川西高原到陕西北部东南侧，包括四川中东部、云南北部、重庆、贵州、甘肃南部、陕西南部、广西北部、湖南和湖北西部等都升高到26℃以上，尤其是四川东部、陕西南部、重庆、贵州东部、湖北西部、湖南西部和广西北部等地最高气温基本超过30℃，广西北部还超过32℃。重庆万州区到湖北巴东县的长江沿岸还存在高于32℃的区域，最大值在重庆开州区，高达33.7℃。四川攀枝花市和云南附近最高气温也较周边偏高，出现高于28℃的高温区，最高的区域在云南巧家县，达到32.0℃。四川甘孜州西部白玉县到得荣县还存在高于24℃的高值区。西藏大部分区域的最高气温也高于20℃，主要包括31°N以南的西藏东部，最高的区域在林芝市，尤其察隅县达到24.5℃。云南北部经川西高原到陕西北部西北侧也明显升高，但三江源还是最高气温相对最低的区域，最低中心在青海曲麻莱县五道梁，但也达到11.8℃。夏季长江上游最高气温在空间分布上也是由西北向东南增温。

秋季[图2.2.10（c）]，长江上游最高气温明显下降，此时云南北部经川西高原到陕西南部东南侧，包括四川中东部、云南北部、贵州、广西北部、重庆、陕西南部、湖北和湖南西部等都高于18℃，其中最高气温较高的区域主要位于广西北部，有高于26℃的中心。长江沿岸还存在高值区，其中四川攀枝花市附近有高于24℃的区域，中心在四川盐边县，达到26.5℃。四川东部和重庆的最高气温下降比较显著，已低至20℃，仅宜宾市附近还存在高于22℃的区域。四川甘孜州西部白玉县到得荣县附近较周边区域也偏高，是超过18℃的高值区，中心得荣县达到23.5℃。西藏的最高气温也明显降低，30°N以南大部分区域高于16℃，林芝是最高的区域，中心在察隅县，达到20.5℃。三江源仍是最高气温相对最低的区域，最高气温整体低于10℃，最低中心位于青海曲麻莱县五道梁，低至2.9℃。整体上，秋季长江上游的最高气温也呈现出由西北向东南增温的空间分布。

冬季[图2.2.10（d）]，长江上游的最高气温进一步降低，此时西藏西北部和青海三江源附近区域降低到0℃以下，是最低的区域，其中心青海曲麻莱县五道梁最低，达到-6.5℃，其余区域的最高温度高于0℃。最高气温较高的区域位于云南北部到四川南部攀枝花市附近，基本高于16℃，并且攀枝花市附近存在高于20℃的区域，中心盐边县高达23.0℃。四川中东部、重庆、贵州东部和湖南西部等最高气温显著降低，在10~12℃。四川甘孜州西部，以巴塘县和得荣县为中心还存在高于12℃的高值区，另一高值区在丹巴县附近，也高于12℃。西藏的最高气温除林芝市以外基本降低到10℃以下，林芝市的高温中心在察隅县。空间上，冬季长江上游最高气温同样呈现出由西北向东南增温的特征。

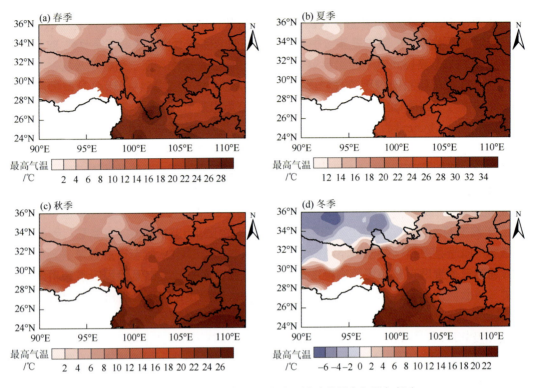

图 2.2.10　1990～2020 年长江上游区域季节最高气温气候态

2.2.7　最低气温季节平均气候特征

图 2.2.11 是长江上游最低气温的季节空间分布特征。春季 ［图 2.2.11（a）］，长江上游最低气温呈现出由西北向东南增温的空间分布。低于 0℃的区域主要在西藏西北部、青海和四川西北部部分区域，最低气温中心还是位于三江源，其中青海曲麻莱县五道梁达到−11.3℃，是长江上游最低气温最低的区域。其余区域的最低气温都高于 0℃，其中四川中东部、重庆、云南北部、贵州、广西北部、湖南和湖北西部等都高于 10℃。最低气温最高的区域在广西北部，高于 16℃。长江沿岸存在最低气温的高值区，四川宜宾市到重庆丰都县附近高值区高于 14℃，而四川攀枝花市附近的高值区高于 12℃，其中攀枝花市还高于 17.5℃。此外，以四川巴塘县为中心的长江沿岸还存在高于 4℃的最低气温高值区，尤其是巴塘县达到 7℃。西藏拉萨市、林芝市和昌都市等的最低气温也高于 0℃，其中林芝市最高，察隅县达到 7.2℃。

夏季 ［图 2.2.11（b）］，长江上游的最低气温都高于 0℃，云南北部经川西高原到陕西北部东南侧，包括四川中东部、云南北部、贵州、重庆、广西北部、甘肃南部、陕西、湖南和湖北西部等都高于 14℃，其中四川东部、重庆、贵州东部、广西北部、湖南和湖北西部等还高于 20℃，最高的区域位于广西北部，高于 24℃。长江沿岸也存在高值区，如四川攀枝花市附近有高于 18℃的高值区，中心在云南巧家县，达到 22.6℃。此外，四川甘孜州西部长江沿岸的巴塘县到得荣县附近的最低气温也较周边偏高，高于 12℃，得荣县更是达到 16.8℃。西藏拉萨市、林芝市及昌都市等的最低气温升高到 10℃以上，尤其是林芝市，其中心察隅县达到 15.1℃。三江源虽然最低气温高于 0℃，但仍是长江上游最低气温最低的区域，中心青海曲麻莱县五道梁只有 0.4℃。

秋季［图 2.2.11（c）］，长江上游的最低气温开始显著降低，此时低于 0℃的区域在西藏西北部、青海和四川阿坝北部，其中最低在三江源，中心青海曲麻莱县五道梁达到 −9.3℃。四川中东部、云南北部、贵州、重庆、广西北部、陕西南部、湖南和湖北西部等的最低气温高于 10℃，最高在广西北部，有高于 18℃的区域。长江沿岸四川宜宾市到重庆涪陵区附近还存在高于 16℃的高值区，中心沙坪坝区高于 17℃。四川攀枝花市附近下降到 12℃左右，但中心攀枝花市还是达到 15.7℃。西藏拉萨市、林芝市和昌都市的最低气温高于 0℃，尤其是林芝市，其中心察隅县达到 8.9℃。

冬季［图 2.2.11（d）］，长江上游的最低气温下降到一年中最低，高于 0℃的区域主要有四川中东部、云南北部、贵州、重庆、广西北部、湖南和湖北西部等，最高还是在广西北部，高于 8℃。长江沿岸也存在最低气温的高值区，四川宜宾市到重庆长寿区附近是高于 6℃的高值区，其中沙坪坝区还达到 7.5℃。此外，攀枝花市附近还存在另一高于 4℃的高值区，中心云南巧家县高达 9.6℃。最低气温低于 0℃的区域包括西藏、青海、四川甘孜州及阿坝州、甘肃和陕西中北部等，其中西藏拉萨市、林芝市和昌都市等高于−10℃，其余区域则低于−10℃。青海基本低于−14℃，尤其是三江源为长江上游最低气温最低的区域，最低气温甚至低于−20℃，中心清水河镇低至−24.0℃。

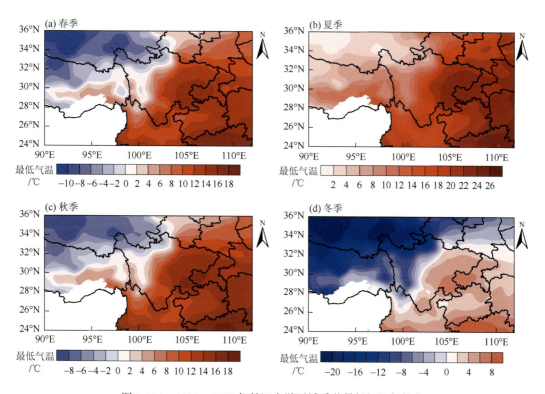

图 2.2.11　1990～2020 年长江上游区域季节最低气温气候态

2.3　各月气候概况

2.3.1　暴雨各月气候特征

图 2.3.1 是 1990～2020 年长江上游暴雨强度 1～12 月的空间分布特征。1 月[图 2.3.1（a）]，长江上游的暴雨主要集中在云南中部和广西东北部，暴雨强度达到 68mm/d 以上，其中云南景东县最强，达到 93.96mm/d，其次广西柳州市附近也超过 70mm/d。此外，云南贡山县的暴雨强度也达到 63.5mm/d。

2 月[图 2.3.1（b）]，长江上游暴雨主要集中在湖南南部和广西东北部等，暴雨强度超过 62mm/d，尤其是广西蒙山县最强，达到 71.97mm/d。此外，云南贡山县暴雨强度也达到 60.92mm/d。

3 月[图 2.3.1（c）]，长江上游的暴雨范围比前两个月有所扩张，西藏察隅县、重庆中部、湖南中部和广西东北部等的暴雨强度超过 65mm/d，其中广西柳州市最强，达到 76.45mm/d，其次西藏察隅县也达到 72.85mm/d，湖南安化县附近还达到 70mm/d。此外，重庆涪陵区也是暴雨强度的大值中心，达到 69.27mm/d。

4 月[图 2.3.1（d）]，长江上游的暴雨范围继续增大，四川东部、重庆中部、贵州大部分区域、湖北西南部、湖南西部和广西北部等暴雨强度超过 59mm/d，其中广西凤山县最强，达到 77.88mm/d，其次湖南安化县附近也达到 74.0mm/d，四川绵阳市也有大值中心，暴雨强度达到 73.28mm/d。另外，贵州思南县和安顺市也各有一大值中心，分别达到 71.95mm/d 和 71mm/d。西藏的暴雨分布与 3 月类似，暴雨中心还是出现在察隅县附近，其强度达到 72.49mm/d。此外，云南的暴雨主要在腾冲市附近，其强度达到 60.6mm/d。

5 月[图 2.3.1（e）]，长江上游的暴雨范围进一步扩大且强度也有所增强，四川中东部、重庆、贵州、湖北西部、湖南西部和广西北部等暴雨强度超过 59mm/d，广西桂林市最强，达到 79.95mm/d，其次四川宜宾市的暴雨强度达到 78.15mm/d，湖南沅陵县至芷江县一带还达到 76.62mm/d。此外，贵州安顺市也达到 71mm/d。云南西北部的暴雨范围明显扩大且强度增强，其中云南泸水市附近出现暴雨强度的大值中心，达到 69.94mm/d，景东县也达到 68mm/d。西藏的暴雨分布与 3、4 月类似，但强度减弱，同样在察隅县附近出现暴雨中心，其强度仅为 56mm/d。

6 月[图 2.3.1（f）]，长江上游的暴雨范围继续扩大且强度明显增强，四川中东部及南部、重庆、贵州、云南北部、广西北部、陕西南部、湖南西部和湖北西部等都是暴雨发生地。四川中东部、重庆、湖南西部、湖北西部、贵州和广西北部等暴雨强度超过 70mm/d，其中广西融安县最强，为 92.35mm/d，其次湖南沅陵县附近也是大值中心，达到 87.25mm/d。四川的暴雨强度最强在射洪市，为 84.97mm/d。此外，云南楚雄市的暴雨强度也达到 74mm/d，而西北部贡山县仅为 50mm/d。

7 月[图 2.3.1（g）]，长江上游的暴雨范围进一步扩大，四川中东部及南部、重庆、贵州、云南北部、广西北部、甘肃南部、陕西南部、湖南西部和湖北西部等都是暴雨发生地，其中四川中东部、湖北西南部、湖南西北部、贵州中部和广西东北部等的暴雨强度超过 80mm/d，湖南西北部最强，尤其是沅陵县达到 89.09mm/d。广西东北部也较强，其中桂林市附近达到 89mm/d。四川绵阳市到乐山市一带也是暴雨强度的高值区，江油市最强，达到 88.85mm/d，南江县和雅安市也较强，分别达到 86mm/d 和 83mm/d。此外，贵州贵阳市附近也是暴雨强度中心，达到 80mm/d。青藏高原西藏嘉黎县为暴雨中心，其强度达到 55.89mm/d。

8 月 [图 2.3.1（h）]，长江上游的暴雨同样集中在四川中东部及南部、重庆、贵州、云南北部、广西北部、甘肃南部、陕西南部、湖南西部和湖北西部等。四川中东部、重庆中部及西南部、湖北西南部、湖南西北部、贵州南部和广西北部等的暴雨强度超过 75mm/d，四川广元市到乐山市一带最强，尤其是平武县达到 92.31mm/d。湖南西北部和湖北西南部也较强，湖南沅陵县最强，为 83.62mm/d，广西北部的柳州市也达到 82.09mm/d。贵州的暴雨强度较之前有所减弱，但安顺市仍达到 74mm/d。四川南部和云南北部的暴雨强度相对较弱，但大部分区域都在 60mm/d 以上，其中云南景东县达到 71mm/d。青藏高原西藏波密县附近为暴雨中心，其强度达到 75.33mm/d。

9 月 [图 2.3.1（i）]，长江上游的暴雨主要在四川中东部及南部、重庆、贵州、云南北部、广西北部、陕西南部、湖南西北部和湖北西部等，其中四川东部、重庆、湖北西南部、湖南北部、贵州西南部和广西北部的暴雨强度超过 70mm/d。四川中东部是高值区，其中南江县最强，达到 85.61mm/d，另外平武县和雅安市也分别达到 82mm/d 和 80mm/d。贵州西南部也是暴雨强度的大值区，兴仁市达到 81.22mm/d。云南北部的暴雨强度相对较弱，大部分区域仅在 60mm/d 以上。青藏高原西藏北部安多县附近为暴雨中心，其强度为 54.2mm/d。

10 月 [图 2.3.1（j）]，长江上游东部的暴雨范围明显缩小，强度也有所减弱，暴雨主要在四川东部、陕西南部、贵州、重庆、云南北部、广西北部和湖南西部等，其中云南西北部、四川东北部、陕西南部、重庆北部、贵州北部及西南部、湖南西部和广西北部等暴雨强度超过 65mm/d，广西蒙山县至贺州市一带是高值区，达到 86mm/d。贵州西南部的暴雨强度也较强，兴仁市达到 82.92mm/d。云南泸水市和楚雄市也是暴雨强度的高值中心，分别为 78.86mm/d 和 74mm/d。此外，四川东北部的暴雨强度中心在通江县和阆中市，分别为 77.78mm/d 和 74mm/d。西藏的暴雨主要出现在察隅县、波密县、错那市和米林市附近，其中波密县最强，为 96.44mm/d，错那市和米林市分别为 80.48mm/d 和 74.0mm/d，察隅县暴雨强度最弱，仅为 59mm/d。

11 月 [图 2.3.1（k）]，长江上游暴雨范围继续减小且强度减弱，只出现在云南德宏州和保山市、四川东北部、湖北西南部、贵州北部及东部、湖南西部和广西北部等，暴雨强度超过 56mm/d，贵州道真仡佬族苗族自治县（简称道真县）是高值中心，达到 83.13mm/d，云南腾冲市是另一高值中心，暴雨强度达到 80.88mm/d。广西东北部柳州市的暴雨也较强，强度在 74.0mm/d 以上。此外，四川的暴雨出现在巴中市南江县附近，强度达到 59.52mm/d。

12 月 [图 2.3.1（l）]，长江上游的暴雨主要集中在湖南西南部和广西东北部等，暴雨强度超过 60mm/d，其中广西蒙山县最强，达到 74.38mm/d，其次是湖南武冈市，为 66.0mm/d。此外，云南泸西县附近也有暴雨出现，其强度超过 60mm/d。

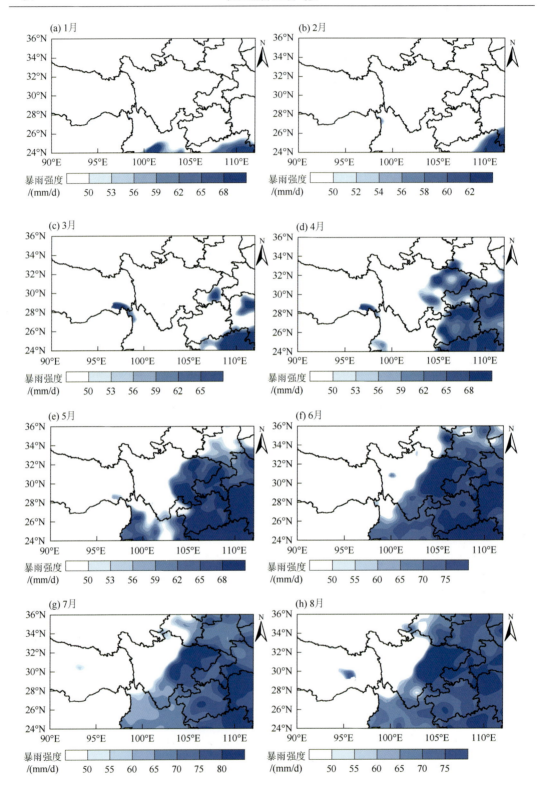

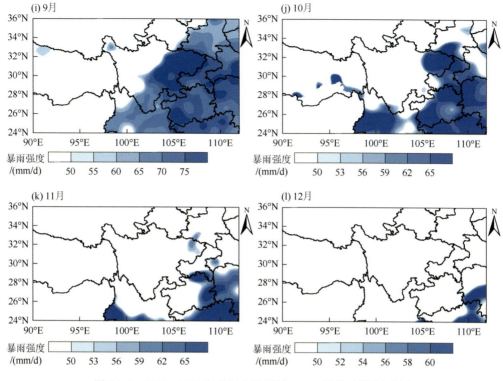

图 2.3.1　1990～2020 年长江上游区域 1～12 月暴雨强度气候态

　　图 2.3.2 是 1990～2020 年长江上游暴雨次数 1～12 月的空间分布特征。1 月[图 2.3.2（a）]，长江上游的暴雨仅集中在云南中北部和广西东北部。广西东北部的暴雨次数超过 0.1 次，其中广西蒙山县最多，为 0.2 次。

　　2 月［图 2.3.2（b）］，广西东北部和云南西北部暴雨次数增多，在 0.06 次以上，云南贡山县的暴雨次数最多，为 0.32 次，其次广西桂林市也达到 0.119 次。

　　3 月［图 2.3.2（c）］，长江上游的暴雨主要在云南怒江州及迪庆州、广西东北部和湖南西部等，大多数区域的暴雨次数超过 0.2 次，其中云南贡山县最多，达到 0.64 次，其次广西桂林市的暴雨次数也达到 0.33 次。青藏高原的暴雨出现在西藏察隅县附近区域。

　　4 月［图 2.3.2（d）］，长江上游的暴雨次数开始大幅度增多，云南怒江州、德宏州和保山市，四川中东部，重庆，湖北西南部，湖南西部，贵州和广西东北部等暴雨次数超过 0.05 次，其中广西桂林市最多，为 0.69 次，其次湖南安化县也是频发区，暴雨次数达到 0.43 次。青藏高原西藏察隅县附近的暴雨次数也超过 0.25 次。

　　5 月［图 2.3.2（e）］，长江上游的暴雨范围扩大且次数持续增多。四川东部、重庆、贵州东部、湖北西南部、湖南西部和广西北部的暴雨次数超过 0.3 次，其中广西东北部是暴雨最频繁的区域，广西桂林市的暴雨次数最多，达到 1.62 次；其次，湖南沅陵县也是大值区，达到 0.91 次。云南北部和西藏察隅县附近暴雨相对较少，但云南怒江州、德宏州和保山市等的暴雨次数较多，达到 0.2 次以上，其中贡山县和瑞丽市分别达到 0.52 次和 0.43 次。

　　6 月［图 2.3.2（f）］，长江上游的暴雨范围进一步扩大，且次数有所增加。四川东部及南部、陕西南部、重庆、贵州、湖北西南部、湖南西部和广西北部等暴雨次数超过 0.6 次。广西北部和贵州南部最多，达到 1.2 次以上，其中广西桂林市最多，为 2.3 次，贵州安顺市也达到 1.6。湖南西北部暴雨次数也较多，其中安化县最多，达到 1.48 次。云南北部相对较少，大部分区域暴雨次数超过 0.2 次，其中云南瑞丽市最多，达到 0.86 次。

7 月［图 2.3.2（g）］，长江上游的暴雨主要发生在四川中东部及南部、甘肃南部、陕西南部、重庆、贵州、云南北部、湖北西部、湖南西部和广西北部等，大部分区域暴雨次数超过 0.4 次，其中四川中东部、湖南西北部、贵州西南部和广西北部部分区域还超过 1.2 次，广西凤山县最多，暴雨次数达到 1.53 次，其次是四川雅安市和绵阳市，分别为 1.49 次和 1.44 次，湖南桑植县也较多，达到 1.44 次。相对而言，云南北部暴雨次数较少，大部分区域在 0.2 次左右，而德宏州和保山市等较多，暴雨次数达到 0.4 次以上，其中瑞丽市最多，为 0.97 次。此外，西藏仅在嘉黎县出现暴雨，次数为 0.032 次。

8 月［图 2.3.2（h）］，长江上游的暴雨主要集中在四川中东部及南部、甘肃南部、陕西南部、重庆、贵州、云南北部、湖北西部、湖南西部和广西北部等。四川中东部是暴雨发生最多的区域，暴雨次数超过 0.6 次，其中四川中部尤为频繁，雅安市最多，为 1.68 次。重庆、湖北西部、湖南西部和广西北部等暴雨次数超过 0.4 次，其中广西凤山县最多，达到 0.9 次，湖北五峰土家族自治县（简称五峰县）也较多，达到 0.7 次。云南北部暴雨次数相对较少，大部分区域仅在 0.2 次以上，但德宏州和保山市相对较多，瑞丽市还达到 0.8 次。此外，西藏暴雨稀少，主要发生在波密县至林芝市巴宜区一带，暴雨次数仅为 0.055 次。

9 月［图 2.3.2（i）］，长江上游的暴雨明显减少，主要出现在四川中东部及南部、陕西南部、重庆、贵州、云南北部、湖北西部、湖南西部和广西北部等，大部分区域暴雨次数超过 0.2 次。其中，四川东部最多，达到 0.6 次以上，中心万源市则达到 0.87 次。湖北西南部、贵州南部和广西西北部等暴雨次数也较多，达到 0.3 次以上，广西凤山县最多，达 0.6 次。云南北部的暴雨主要集中在元谋县附近、德宏州和保山市，暴雨次数在 0.2 次以上，其中元谋县达到 0.52 次。此外，四川西北部的石渠县和西藏北部的安多县也有暴雨出现，但次数仅有 0.032 次。

10 月［图 2.3.2（j）］，长江上游的暴雨范围有所缩小且次数明显减少，四川东北部、云南德宏州和保山市、贵州中部、湖北西南部、湖南西北部和广西北部等暴雨次数较多，超过 0.2 次，云南德宏州最多，其中瑞丽市达到 0.35 次。四川东北部也是暴雨频发的区域，中心万源市的暴雨次数达到 0.29 次。此外，广西凤山县还达到 0.3 次。西藏东部的察隅县、波密县、错那市和米林市附近有暴雨发生，但次数很少，察隅县、波密县和错那市的暴雨次数为 0.05 次以上。

11 月［图 2.3.2（k）］，长江上游的暴雨区域与次数继续减少，云南德宏州和保山市、贵州东部、湖南西部和广西北部等是主要发生地，大部分区域暴雨次数超过 0.06 次。广西东北部和湖南西部最多，暴雨次数达到 0.14 次以上，其中广西桂林市最多，达到 0.3 次，其次湖南安化县的暴雨次数也达到 0.14 次。

12 月［图 2.3.2（l）］，长江上游的暴雨显著减少，为一年中暴雨次数最少的月份，且主要集中在广西东北部和湖南西南部等，暴雨次数超过 0.04 次，广西柳城县最多，达到

0.085 次，其次湖南通道侗族自治县（简称通道县）的暴雨次数达到 0.064 次。此外，云南泸西县附近也有少量暴雨发生。

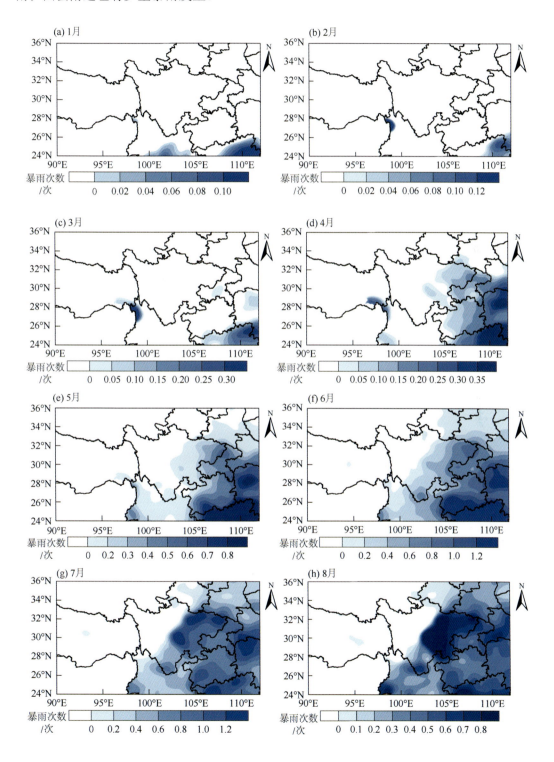

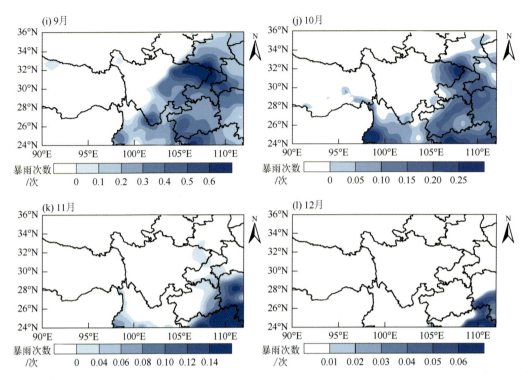

图 2.3.2　1990～2020 年长江上游区域 1～12 月暴雨次数气候态

2.3.2　大雨各月气候特征

图 2.3.3 是 1990～2020 年长江上游大雨强度 1～12 月的空间分布特征。1 月 [图 2.3.3（a）]，长江上游的大雨主要集中在云南中北部、贵州南部及东部、湖南西部和广西北部等，大部分区域的大雨强度超过 31mm/d。云南中北部和广西北部最强，玉溪市是最强中心，大雨强度达到 40.48mm/d，其次是云南广南县和广西柳州市，大雨强度达到 34mm/d。西藏的大雨出现在察隅县，其强度超过 25mm/d。

2 月 [图 2.3.3（b）]，长江上游的大雨出现在云南德宏州及保山市、广西北部、贵州东南部、湖南西部、湖北西南部和陕西南部等，大部分区域的大雨强度超过 32mm/d。广西北部和湖南西南部最强，最强中心广西凤山县为 42mm/d，其次湖南道县也达到 36mm/d。此外，云南德宏州和保山市等大雨强度也较强，腾冲市最强，为 35mm/d。西藏东部仅在察隅县、波密县和错那市出现大雨，强度超过 27mm/d，其中错那市的大雨强度最强，达到 29.47mm/d。

3 月 [图 2.3.3（c）]，长江上游的大雨范围有所增大，主要在四川东北部、陕西南部、云南西北部、贵州、重庆、湖南西部、湖北西部和广西北部等，大部分区域的大雨强度超过 30mm/d，其中贵州遵义市最强，为 34.9mm/d，其次广西融安县的大雨强度也较强，达到 34.52mm/d，云南泸水市也是大雨强度较强的地区，达到 34.21mm/d。四川东北部的大雨强度中心出现在巴中市，达到 33.59mm/d。西藏察隅县附近的大雨强度明显较强，其中察隅县达到 33mm/d。

4 月 ［图 2.3.3（d）］，长江上游的大雨范围进一步扩大，主要出现在四川中东部、陕西南部、贵州、重庆、云南北部、湖南西部、湖北西部和广西北部等，大部分区域的大雨强度超过 31mm/d，其中四川中东部、贵州、湖南西部和广西北部等还达 33mm/d 以上，四川北川县最强，达到 35.22mm/d，其次广西凤山县和湖南安化县附近也较强，都达 35mm/d。云南德宏州、保山市、怒江州及中部的大雨强度也较强，尤其是景东县最强达到 35mm/d，其次瑞丽市和贡山县也分别达到 34.45mm/d 和 34.39mm/d。西藏的大雨集中在察隅县至波密县一带，强度达 29mm/d 以上，波密县最强，为 33mm/d。

5 月 ［图 2.3.3（e）］，长江上游的大雨范围继续扩大，主要出现在四川大部分区域、甘肃南部、陕西南部、贵州、重庆、云南北部、湖北西部、湖南西部、广西北部和西藏东部大部分区域等。四川东部、重庆、贵州、湖北西部、湖南西部和广西北部等大雨强度超过 32.5mm/d，其中广西柳州市最强，为 36mm/d。四川南充市至万源市一带也较强，中心南充市达到 35.55mm/d。云南北部大部分区域大雨强度超过 32.5mm/d，怒江州、保山市和泸西县等还超过 34mm/d，其中泸西县最强，达到 35mm/d。西藏东部大部分区域和青海囊谦县等大雨强度超过 29.5mm/d，其中西藏察隅县最强，为 36.79mm/d，其次错那市也达到 36.53mm/d，青海囊谦县的大雨强度为 36.39mm/d。

6 月 ［图 2.3.3（f）］，长江上游的大雨范围继续向西北方扩张，且强度也有所增强。四川中东部及南部、陕西南部、重庆、贵州、云南中部、湖北西部、湖南西部和广西北部等大雨强度超过 32.5mm/d，广西凤山县最强，为 36mm/d，四川达州市也较强，达到 35.92mm/d。西藏东部大部分区域、青海南部和东南部大部分区域大雨强度超过 28mm/d，青海玉树州最强，为 37.38mm/d，其次西藏波密县也达到 34.98mm/d。

7 月 ［图 2.3.3（g）］，整个长江上游都有大雨发生，四川中东部及南部、甘肃东南部、陕西南部、重庆、贵州、云南东北部、湖北西部、湖南西部和广西北部等大雨强度超过 34mm/d，其中湖南桑植县最强，为 36.48mm/d。西藏东部和三江源大雨强度较弱，大部分区域仅超过 28mm/d，青海兴海县最强，为 34mm/d，西藏察隅县大雨强度也较强，达到 33.72mm/d。

8 月 ［图 2.3.3（h）］，长江上游的大雨范围有所缩小，四川中东部及南部、甘肃东南部、陕西南部、重庆、贵州、云南北部、湖北西部、湖南西部和广西北部等大雨强度超过 32.5mm/d，其中湖南安化县和广西贺州市最强，达到 36mm/d，其次四川绵阳市也达到 35.9mm/d。西藏东部大部分区域大雨强度超过 28mm/d，波密县最强，达 37.94mm/d，其次那曲市也达到 33mm/d。三江源的大雨主要集中在青海曲麻莱县五道梁和囊谦县至清水河一带，强度超过 28mm/d，其中清水河和五道梁的大雨强度较强，分别达到 31.01mm/d 和 30.83mm/d。

9 月 ［图 2.3.3（i）］，长江上游的大雨范围继续减小。四川中东部及南部、陕西南部、重庆、贵州、云南中部、湖北西部、湖南西部及广西北部等大雨强度较强，大部分区域超过 32.5mm/d，其中陕西南部、四川东北部、重庆、湖南西北部、贵州中南部和广西西北部大部分区域大雨强度还超过 34mm/d，重庆奉节县最强，达 35.83mm/d，湖南桑植县和贵州贵阳市也较强，都达到 35.72mm/d。西藏东部大部分区域大雨强度超过 28mm/d，察隅县、嘉黎县和安多县还超过 32.5mm/d，其中嘉黎县最强，达到 35.02mm/d，其次察隅县也达到 34.64mm/d。三江源的大雨主要集中在青海沱沱河，强度仅为 29mm/d。

10月［图2.3.3（j）］，长江上游的大雨范围进一步缩小，主要集中在四川中东部及南部、陕西南部、重庆、贵州、云南北部、湖北西部、湖南西部和广西北部等，大部分区域大雨强度超过32mm/d，其中云南德宏州、保山市、怒江州和大理市达34mm/d以上，尤其是维西县最强，为36.21mm/d，其次重庆万州区的大雨强度也达到35.45mm/d，广西河池市也较强，达到35.12mm/d。西藏东部的大雨主要集中在林芝市巴宜区、察隅县、昌都市卡若区和错那市等，强度在32mm/d以上，林芝市巴宜市的大雨强度最强，达到45.99mm/d。

11月［图2.3.3（k）］，长江上游的大雨范围明显缩小，且大部分区域的大雨强度有所减弱。大雨主要在四川东北部及南部、陕西南部、重庆、贵州、云南北部、湖北西部、湖南西部和广西北部等，大部分区域大雨强度超过32mm/d，其中贵州毕节市最强，达35.85mm/d，其次陕西汉中市也达到35mm/d。云南德宏州、保山市、怒江州和大理市等大雨强度也较强，达到33mm/d以上，其中贡山县最强，达到35.23mm/d，大理市也达到35mm。西藏察隅县和错那市也有大雨发生，强度较强，超过33mm/d，其中错那市最强，达到39.39mm/d。

12月［图2.3.3（l）］，长江上游的大雨范围集中在贵州东部、湖南西南部和广西北部等，大部分区域大雨强度超过32mm/d，其中湖南长沙市最强，达到36.59mm/d，其次广西贺州市和广西凤山县至贵州榕江县一带也较强，达到35mm/d。云南北部的大雨主要集中在怒江州和其东部，达到26mm/d以上，其中玉溪市最强，为34mm/d，其次贡山县的大雨强度也较强，达到31.56mm/d。

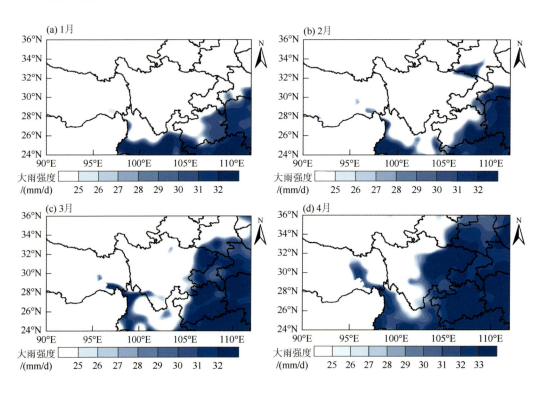

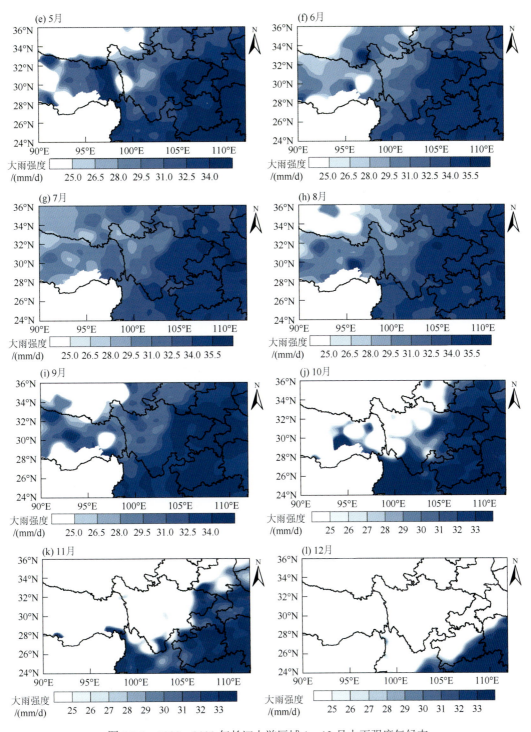

图 2.3.3　1990～2020 年长江上游区域 1～12 月大雨强度气候态

　　图 2.3.4 是 1990～2020 年长江上游大雨次数 1～12 月的空间分布特征。1 月 [图 2.3.4（a）]，长江上游的大雨主要发生在云南北部、贵州东部、湖南西部和广西北部等，广西东北

部，湖南南部，云南怒江州、德宏州和保山市等大雨较多，次数达到 0.2 次以上，云南贡山县是大值中心，大雨次数达到 0.68 次，其次广西贺州市也较多，大雨次数达到 0.65 次。

2 月〔图 2.3.4（b）〕，长江上游的大雨分布基本维持，云南西部及中部、贵州东部、重庆东南部、湖北西南部、湖南西部、陕西南部和广西北部等都有大雨发生，其中广西东北部、湖南西部和云南怒江州的大雨次数最多，大部分区域超过 0.3 次，尤其是云南贡山县最多，达到 1.02 次；其次广西桂林市也较多，达到 0.76 次；此外，湖南安化县附近大雨次数也在 0.4 次以上。西藏东部较少，仅察隅县、波密县和错那市等出现大雨。

3 月〔图 2.3.4（c）〕，长江上游大雨区域有所扩大，四川东部及南部、陕西南部、重庆、贵州、云南北部、湖北西部、湖南西部和广西北部等都有大雨出现，其中云南怒江州、湖南西部和广西东北部等大雨次数最多，大部分区域超过 0.6 次，云南贡山县是大值中心，大雨次数达到 2.14 次，其次湖南道县也达到 1.6 次。此外，西藏东部的大雨主要集中在察隅县至波密县一带，察隅县最多，达到 0.4 次以上。

4 月〔图 2.3.4（d）〕，长江上游大雨范围进一步扩大，四川中东部、陕西南部、贵州、重庆、云南北部、湖南西部、湖北西部和广西北部等都有大雨出现，其中广西东北部、湖北西南部、湖南西部和云南怒江州等大雨次数超过 1 次，较 3 月有所增多，广西贺州市最多，达到 2.04 次，其次云南贡山县的大雨次数也达到 1.76 次。湖南安化县也为大值中心，达到 1.6 次。西藏东部的大雨出现在察隅县至波密县一带，次数超过 0.4 次，察隅县和波密县的大雨次数达到 0.6 次以上。

5 月〔图 2.3.4（e）〕，长江上游的大雨区域明显扩大且次数增多，四川东部、重庆、贵州、湖北西南部、湖南西部和广西北部等大雨次数超过 0.9 次，湖南西部和广西北部还达到 1.8 次以上，其中广西桂林市最多，为 2.59 次。云南北部较少，大部分区域大雨次数超过 0.3 次，其中德宏州和保山市较多，达到 0.9 次以上，瑞丽市是大值中心，大雨次数为 1.4 次。西藏东部大部分区域都有大雨出现，但次数较少，仅在察隅县至波密县一带较多，大雨次数超过 0.3 次，其中波密县最多，达到 0.6 次。

6 月〔图 2.3.4（f）〕，长江上游大雨范围继续扩大，且大雨次数有所增加，四川中东部及南部、陕西南部、重庆、贵州、云南北部、湖南西部、湖北西部和广西北部等大雨次数较多，大部分区域超过 0.9 次，四川南部、云南德宏州和保山市、贵州、湖北西南部、湖南西部和广西北部等还超过 1.8 次，广西桂林市至贺州市最多，达到 2.8 次；云南瑞丽市也有大值中心，达到 2.77 次；贵州盘州市的大雨次数还达到 2.57 次。西藏东部大部分区域也有大雨出现，不过次数较少，波密县为大值中心，大雨次数仅为 0.6 次。

7 月〔图 2.3.4（g）〕，长江上游整个区域都有大雨发生，四川东北部及中南部、云南北部、湖北西南部、贵州西南部和广西北部等大雨较多，大部分区域大雨次数超过 1.5 次，其中云南德宏州和保山市最多，瑞丽市为大值中心，达到 3.38 次，广西凤山县也达到 2.53 次。西藏东部部分区域大雨次数超过 0.3 次，芒康县、墨竹工卡县和林芝市达到 0.6 次以上，其中芒康县超过 0.9 次。三江源都会出现大雨，但仅青海玛沁县附近较多，大雨次数超过 0.3 次。

8 月〔图 2.3.4（h）〕，长江上游大雨范围有所减小，且次数也在一定程度上减少，四川中东部及南部、陕西南部、重庆中部、贵州西南部、云南北部、湖北西部和广西北部等大雨较多，大部分区域大雨次数超过 1.2 次，其中云南德宏州、保山市和丽江市还超过 1.8 次，瑞丽市最多，为 2.73 次。四川雅安市也为大值中心，达到 2.34 次。广西凤山县大雨次数也较多，达到 1.94 次。西藏东部也有大雨出现，但仅芒康县和墨竹工卡县附近较多，次数超过 0.6 次，其余区域大雨次数较少。

9 月 [图 2.3.4（i）]，长江上游大雨范围继续缩小，四川中东部及南部、陕西南部、重庆、贵州西南部、云南北部、湖北西部和广西北部等大雨较多，大部分区域次数超过 0.8 次，云南德宏州和保山市最多，瑞丽市为大值中心，大雨次数达 1.77 次，其次四川会理县也为大值中心，达到 1.68 次，四川东北部万源市也达到 1.34 次。贵州兴仁市大雨次数也较多，达到 1.2 次。西藏东部大雨发生的区域减小，且大雨次数较少，波密县有大值中心，大雨次数为 0.6 次。三江源的大雨主要集中在沱沱河附近，次数较少。

10 月 [图 2.3.4（j）]，长江上游的大雨范围明显缩小，且次数也明显减少。四川东部及南部、重庆北部及东南部、贵州东部、云南北部、湖北西南部、湖南西部和广西北部等大雨较多，大部分区域次数超过 0.6 次，其中云南德宏州和保山市的大雨次数较多，尤其是瑞丽市达到 1.16 次，其次贡山县也达到 1.13 次。重庆奉节县有大值中心，达到 0.87 次。此外，湖南吉首市的大雨次数也达到 0.86 次。西藏东部的大雨出现在察隅县至波密县一带，尤其是波密县的大雨次数达到 0.5 次，错那市和丁青县等也有大雨出现，但次数很少。

11 月 [图 2.3.4（k）]，长江上游的大雨次数和范围都继续减小，四川东北部及中南部、陕西南部、重庆、贵州、云南北部、湖北西部、湖南西部和广西北部等都有大雨出现，其中四川东北部、重庆、贵州东部、云南西北部、湖北西南部、湖南西部和广西北部等大雨次数超过 0.2 次，湖南西部还超过 0.5 次，尤其是常德市达到 0.72 次。云南德宏州和保山市的大雨次数也较多，达到 0.3 次以上。西藏东部的大雨稀少，仅察隅县和错那市出现大雨。

12 月 [图 2.3.4（l）]，长江上游的大雨仅出现在贵州东部、云南西北部及东部、湖南西部和广西北部等，广西东北部和湖南西南部的大雨最多，次数超过 0.3 次，广西贺州市出现大值中心，大雨次数为 0.47 次，其次云南贡山县也是大值中心，大雨次数达到 0.12 次。

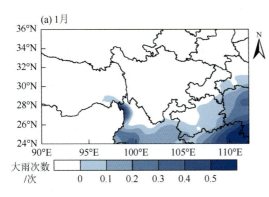

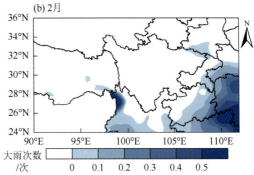

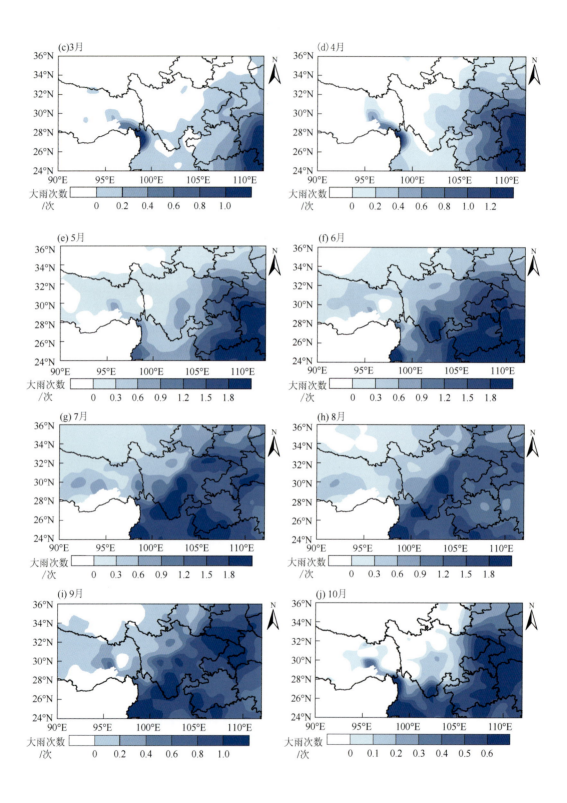

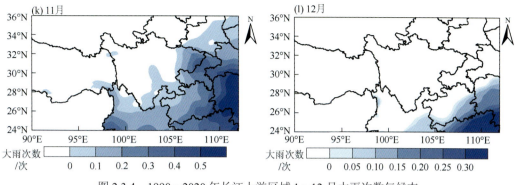

图 2.3.4　1990～2020 年长江上游区域 1～12 月大雨次数气候态

2.3.3　中雨各月气候特征

图 2.3.5 是 1990～2020 年长江上游中雨强度 1～12 月的空间分布特征。1 月[图 2.3.5（a）]，长江上游的中雨主要集中在四川东北部及南部、重庆、贵州、云南北部、湖北西部、湖南西部和广西北部等，大部分区域中雨强度超过 11mm/d。贵州中部及东南部、湖南西南部和广西北部等还超过 15mm/d，广西凤山县最强，为 17mm/d，广西柳州市也达到16mm/d。云南德宏州、保山市、怒江州、大理市和迪庆州大部分区域的中雨强度超过15mm/d，其中云南大理市最强，达到 16.35mm/d。西藏察隅县和错那市也有中雨发生，强度超过 13mm/d，其中察隅县最强，达到 14mm/d。此外，三江源的中雨集中在青海杂多县至曲麻莱县一带，尤其是杂多县中雨强度最强，达到 18.46mm/d。

2 月［图 2.3.5（b）]，长江上游的中雨范围有所扩大，主要集中在四川中东部及西南部、四川甘孜州南部、陕西南部、重庆、贵州、云南北部、湖北西部、湖南西部和广西北部等，大部分区域中雨强度超过 12mm/d，其中四川东北部及理塘县附近、湖北西南部、湖南西部和广西北部等还超过 15mm/d，尤其是四川理塘县最强，达到 17.96mm/d，其次湖北恩施市也达到 15.55mm/d。云南德宏州、保山市、怒江州、大理市和曲靖市等中雨强度也较强，大部分区域超过 15mm/d，贡山县附近最强，达 15.50mm/d。西藏察隅县、波密县、米林市、错那市和嘉黎县有中雨出现，强度超过 12mm/d，其中错那市的中雨强度最强，达到 15.56mm/d，其次察隅县和波密县也达到 14mm/d。三江源的中雨集中在杂多县，其强度为 13.42mm/d。此外，四川西北部的石渠县、色达县和马尔康市附近也有中雨出现，其中雨强度超过 11mm/d，马尔康市还达到 12mm/d 以上。

3 月［图 2.3.5（c）]，长江上游的中雨范围进一步扩大，主要出现在西藏东部、四川、重庆、云南北部、贵州、陕西南部、青海果洛州及玉树州东南部、广西北部、湖南西部和湖北西部等，其中四川东北部及南部、陕西东南部、重庆、贵州、湖北西部、湖南西部、云南北部和广西北部等中雨强度超过 14mm/d，尤其是云南丽江市及迪庆州、广西北部、贵州南部和湖南西部等还超过 15mm/d，其中，云南丽江市最强，达 18.23mm/d。西藏东部部分区域也出现中雨，强度达到 12mm/d 以上，芒康县、察隅县、错那市、波密县和林芝市巴宜区还在 14mm/d 以上，波密县最强，为 15.43mm/d，其次错那市的中雨强度也达到 15.36mm/d。三江源在青海杂多县至囊谦县一带、玛多县和兴海县出现中雨，强度达到 11mm/d 以上。

4月［图 2.3.5（d）］，长江上游的中雨范围与 3 月相比进一步扩大，整个长江上游几乎都出现中雨，其中四川东部、陕西南部、重庆、贵州、湖北西部、湖南西部和广西北部等大部分区域中雨强度超过 15mm/d，尤其是湖南武冈市最强，达到 16.1mm/d，其次广西贺州市及凤山县、湖北荆州市和湖南石门县也达到 16mm/d。云南北部大部分区域中雨强度超过 14mm/d，其中怒江州、德宏州和楚雄州附近较强，达到 15mm/d 以上，贡山县最强，达到 15.98mm/d。西藏东部大部分区域的中雨强度超过 11mm/d，其中察隅县最强，达到 15.92mm/d。三江源的中雨范围明显增大，大部分区域中雨强度达到 12mm/d 以上，其中治多县最强，中雨强度达到 16.55mm/d。

5月［图 2.3.5（e）］，整个长江上游都出现中雨。四川中东部及南部、陕西南部、重庆、贵州、湖北西部、湖南西部、云南北部和广西北部等中雨强度超过 15mm/d，其中湖北西部、重庆东北部和湖南西北部等还超过 16mm/d，尤其湖北来凤县达到 16.42mm/d，其次云南香格里拉市也较强，达到 16.34mm/d，四川广元市还达到 16.11mm/d。西藏东部大部分区域中雨强度都在 12mm/d 以上，尤其是察隅县至波密县一带还超过 15mm/d，波密县最强，达到 16.24mm/d。三江源的中雨强度较弱，大部分区域超过 11mm/d，其中青海杂多县至玉树市一带较强，超过 14mm/d，尤其杂多县的中雨强度最强，达到 15.30mm/d。

6月［图 2.3.5（f）］与 5 月类似，长江上游整个区域都有中雨发生，四川东部、甘肃东南部、陕西南部、重庆、贵州东北部、云南北部、湖北西部、湖南南部和广西东北部等中雨强度较强，大部分区域超过 15.6mm/d，其中陕西西安市、湖北十堰市、四川南充市、广西柳州市北部和云南大理市等中雨强度还超过 16mm/d，尤其是陕西镇安县最强，为 16.52mm/d，其次四川南充市也达到 16.15mm/d。西藏东部中雨强度超过 12.4mm/d，其中波密县—林芝市巴宜区—嘉黎县一带还超过 15mm/d，米林市最强，为 15.57mm/d。三江源的中雨强度较弱，超过 11.6mm/d，其中清水河镇和囊谦县较强，达到 14mm/d。

7月［图 2.3.5（g）］，整个长江上游都出现中雨，强度较 6 月增强，大部分区域都超过 14mm/d。四川东北部及南部、甘肃通渭县华家岭镇—陇南市武都区一带、陕西南部、重庆、贵州西北部、云南东北部及西北部、湖北西北部、湖南西南部和广西东北部等中雨强度较强，大部分区域超过 15.6mm/d，尤其是陕西宝鸡市最强，达到 16.37mm/d，其次重庆涪陵区也达 16mm/d。西藏东部的中雨强度超过 14mm/d，其中察隅县最强，达到 16.04mm/d。三江源大部分区域中雨强度超过 14mm/d，青海达日县最强，为 15mm/d，其次青海曲麻莱县五道梁也达到 14.58mm/d。

8月［图 2.3.5（h）］，长江上游的中雨强度超过 13mm/d，其中四川大部分区域、甘肃南部、陕西南部、重庆、贵州、云南北部、湖北西部、湖南西部和广西北部等较强，都超过 15mm/d，尤其是四川东部、陕西南部和湖北西部部分区域中雨强度还超过 16mm/d，陕西汉中市最强，达 16.64mm/d，其次四川叙永县达到 16.33mm/d，四川达州市和南充市也较强，达到 16.3mm/d。西藏东部中雨强度超过 14mm/d，其中芒康县至察隅县一带、林芝市和拉萨市等较强，超过 15mm/d，芒康县中雨强度最强，达到 15.66mm/d，其次察隅县也较强，达到 15.5mm/d。三江源的中雨强度较弱，但也超过 13mm/d，其中青海曲麻莱县五道梁较强，达到 14.6mm/d。

9 月 ［图 2.3.5（i）］，长江上游的中雨强度有所减弱，超过 12mm/d，其中四川中东部及南部、陕西南部、重庆、贵州、云南北部、湖北西部、湖南西部和广西北部等达到15mm/d 以上，尤其是湖北西部、湖南西部、贵州东南部、广西西北部和云南中部等还超过 16mm/d，湖南吉首市最强，达到 16.54mm/d。西藏东部大部分区域的中雨强度超过14mm/d，其中察隅县—波密县—林芝市巴宜区一带还达到 15mm/d 以上，米林市和波密县最强，达到 15.47mm/d。三江源的中雨强度最弱，大部分区域在 13mm/d 以上，其中青海囊谦县较强，达到 13.5mm/d。

10 月 ［图 2.3.5（j）］，长江上游的中雨范围相比 9 月有所减小，只有青海可可西里和玉树州西北部没有中雨发生。四川东北部及南部、陕西南部、湖北西部、湖南西部、重庆、贵州、云南北部和广西北部等中雨强度较强，大部分区域超过 14.8mm/d，尤其是四川西南部、贵州东部、重庆北部、湖北西南部、湖南西部、广西北部、云南德宏州和保山市等还达到 15.6mm/d 以上，湖南芷江县最强，为 16.62mm/d。西藏东部大部分区域中雨强度达到 13.2mm/d 以上，其中察隅县和错那市—隆子县一带还超过 15.6mm/d，隆子县附近最强，达到 18.29mm/d。三江源大部分区域的中雨强度超过 11.6mm/d，青海玉树市—治多县一带和兴海县附近较强，达到 14mm/d 以上，其中兴海县最强，为 15mm/d。此外，四川西北部石渠县的中雨强度也较强，达到 15.95mm/d。

11 月 ［图 2.3.5（k）］，长江上游的中雨范围明显缩小，出现在西藏东部部分区域、四川中东部及南部、重庆、云南北部、贵州、陕西南部、广西北部、湖南西部和湖北西部等。四川中东部及南部、云南北部、陕西南部、重庆、贵州、湖北西部、湖南西部及广西北部等中雨强度较强，大部分区域超过 14mm/d，其中四川东北部、重庆东北部、湖北西南部、贵州东部及南部、湖南西部、云南北部和广西北部等还超过 15mm/d，贵州榕江县最强，达到 16.16mm/d，其次广西蒙山县也达到 16mm/d。西藏东部的中雨主要在错那市、嘉黎县和察隅县—丁青县一带，强度超过 12mm/d，察隅县的中雨强度最强，达到15mm/d，其次错那市也达 14.19mm/d。三江源的中雨稀少，仅在青海囊谦县和清水河镇出现中雨，其中清水河镇的中雨强度较强，达到 12.73mm/d。

12 月 ［图 2.3.5（l）］，长江上游的中雨范围明显缩小，主要集中在四川东北部、云南北部、重庆、贵州、湖北西部、湖南西部和广西北部等。四川东北部、贵州中东部及南

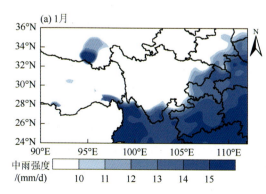

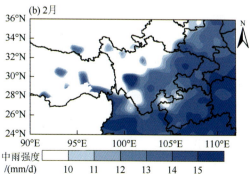

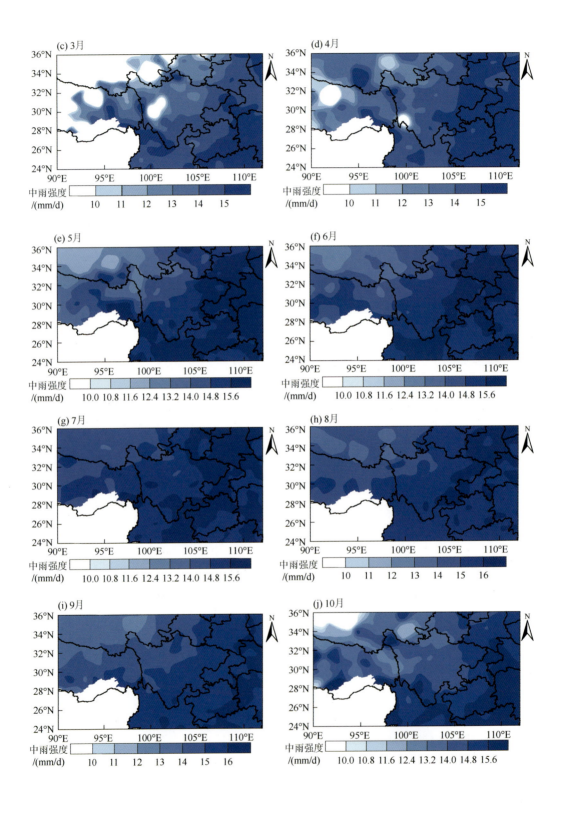

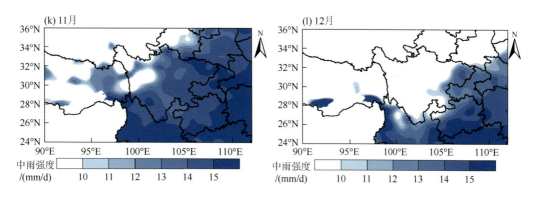

图 2.3.5　1990～2020 年长江上游区域 1～12 月中雨强度气候态

部、湖南西部和广西北部等中雨强度超过 14mm/d，广西凤山县至贵州罗甸县还超过 17mm/d。云南怒江州和保山市中雨强度超过 15mm/d，泸水市最强，达到 16mm/d。西藏东部的中雨集中在察隅县和错那市附近，强度超过 16mm/d，其中错那市中雨强度最强，达到 24.58mm/d，察隅县也达到 19mm/d。

图 2.3.6 是 1990～2020 年长江上游中雨次数 1～12 月的空间分布特征。1 月[图 2.3.6（a）]，长江上游的中雨在西藏东部部分区域、青海玉树州、四川东北部及南部、陕西东南部、重庆、贵州、云南北部、湖南西部、湖北西部和广西北部等出现，其中云南怒江州、湖南西部和广西东北部最多，达到 1.5 次以上，湖南永州市零陵区为大值中心，中雨次数达到 2.08 次，其次云南贡山县也为大值中心，达到 1.67 次。西藏东部仅察隅县—波密县一带、错那市和嘉黎县出现中雨，但次数较少，其中错那市相对最多，中雨次数达到 0.2 次。三江源仅在杂多县—曲麻莱县—清水河镇出现中雨，次数也很少。

2 月［图 2.3.6（b）]，长江上游的中雨区域有所扩大且较 1 月次数有所增多，西藏东部、四川中东部与南部及西北部、陕西南部、重庆、贵州、云南北部、湖北西部、湖南西部和广西北部等都有中雨出现。云南怒江州、湖南西部和广西东北部等中雨次数较多，超过 1.5 次，云南贡山县最多，为 3.18 次，其次湖南道县也较多，达到 2 次。西藏东部察隅县—波密县、米林市、嘉黎县和错那市都有中雨出现，察隅县—波密县一带最多，达到 0.6 次以上。三江源仅在杂多县出现中雨，次数仍很少。

3 月［图 2.3.6（c）]，长江上游的中雨进一步增多，且范围继续扩大，四川东部、重庆、贵州东部、云南西北部、湖北西部、湖南西部和广西北部等中雨次数较多，大部分区域超过 1 次，尤其是湖南西部、广西东北部和云南怒江州超过 2.5 次，云南贡山县最多，达到 5.06 次，其次湖南道县也为大值中心，中雨次数达 4 次。西藏东部的中雨范围明显扩大，察隅县—波密县中雨次数较多，超过 1.5 次，波密县最多，达到 2 次。三江源的中雨主要出现在囊谦县、玛多县—兴海县一带和班玛县附近，但次数依旧很少。

4 月［图 2.3.6（d）]，长江上游的中雨次数整体有所增加，且几乎整个长江上游均有中雨发生。四川北部及中东部、云南西部、陕西南部、重庆、贵州、湖北西部、湖南西部和广西北部等中雨次数超过 1 次，重庆中部、贵州东部、湖北西南部、湖南西部、广西东北部和云南怒江州等还超过 2.5 次，云南贡山县最多，为 4.7 次，其次湖南道县也较多，中雨次数达到 4 次。西藏东部的中雨主要集中在察隅县—波密县，中雨次数超过 2 次，波密县是大值中心，达到 3 次。三江源都出现中雨，但次数很少，青海沱沱河的中雨次数最少，仅 0.065 次。

5 月［图 2.3.6（e）］，长江上游的中雨有所增多，且整个长江上游均有中雨发生。云南西部、四川中东部及北部、甘肃南部、陕西南部、重庆、贵州、湖北西部、湖南西部和广西北部等中雨次数超过 1.5 次，其中四川北部，重庆东南部，贵州东部，湖北西南部，湖南西部，广西北部，云南怒江州、德宏州和保山市等还超过 3.5，广西桂林市为大值中心，达到 5.44 次，其次四川红原县也为大值中心，达到 4.09 次，云南贡山县的中雨次数也较多，达到 3.65 次。西藏东部大部分区域中雨次数超过 0.5 次，察隅县—嘉黎县一带较多，超过 2 次，波密县最多，为 3 次。三江源的中雨次数有所增多，大部分区域超过 0.5 次，但青海曲麻莱县五道梁和玛多县较少，中雨次数分别为0.32 次和 0.16 次。

6 月［图 2.3.6（f）］，长江上游的中雨次数较 5 月有所增多。四川西部及南部，贵州，湖南西南部，广西北部，云南怒江州、德宏州和保山市等超过 4 次，云南瑞丽市最多，为 7.42 次，贡山县也达到 5.16 次，广西桂林市—蒙山县也较多，达到 6 次。此外，四川九龙县出现大值中心，中雨次数为 5.77 次，贵州兴仁市也达到 5.58 次。西藏东部大部分区域的中雨次数超过 2 次，林芝市—嘉黎县—索县一带还超过 3 次，其中嘉黎县最多，为 5.12 次。三江源的中雨次数超过 1 次，其中青海沱沱河一带最少，仅 1.1 次。

7 月［图 2.3.6（g）］，长江上游的中雨继续增多，四川西部及南部、云南北部、贵州南部、广西北部和湖北西南部等中雨次数超过 4 次，四川西南部、云南德宏州和保山市、广西西北部等还超过 5 次，其中云南瑞丽市为大值中心，达到 8.65 次，四川理塘县也为大值中心，达到 6.55 次。西藏东部大部分区域中雨次数超过 3 次，墨竹工卡县最多，达到 5.09 次。三江源大部分区域中雨次数超过 2 次，但青海沱沱河低于 2 次，仅为 1.97 次。

8 月［图 2.3.6（h）］，长江上游的中雨次数较 7 月有所减少，主要集中在四川、云南北部、贵州西南部和广西北部等，大部分区域的中雨次数超过 3 次，四川西南部及中部和云南西北部还超过 4 次，其中云南德宏州和保山市最多，瑞丽市多达 6.92 次。四川雅安市的中雨次数也较多，达到 4.93 次。西藏东部大部分区域的中雨次数超过 2 次，嘉黎县最多，为 4.25 次。三江源大部分区域中雨次数超过 2 次，而青海玛多县最少，仅有 1.87 次。

9 月［图 2.3.6（i）］，长江上游的中雨次数继续减少，且主要集中在四川西部及南部和云南西北部，中雨次数超过 3 次，四川九龙县最多，达到 4.65 次。云南德宏州、保山市、怒江州和丽江市的中雨次数较多，超过 3.5 次，其中瑞丽市和贡山县还分别达到 4.14 次和 4.02 次。西藏东部大部分区域的中雨次数在 1 次以上，林芝市—嘉黎县一带较多，超过 3 次，嘉黎县最多，为 3.61 次。三江源的中雨次数最少，仅大于 0.5 次，青海玛多县和青海沱沱河有小值中心，分别为 0.84 次和 0.57 次。

10 月［图 2.3.6（j）］，长江上游的中雨持续减少，但只有青海玉树州西北部没有中雨出现。云南北部、四川北部与东部及南部、重庆、贵州、湖北西部和湖南西部等中雨次数较多，大部分区域超过 1.8 次。云南怒江州、德宏州、保山市和临沧市北部的中雨次数超过 2.1 次，贡山县最多，为 2.85 次。四川东北部、重庆、湖北西南部及贵州东部超过 2.1 次，其中湖北来凤县最多达 2.8 次，重庆梁平区也达到 2.6 次。此外，四川南部会理市还有大值中心，中雨次数达到 2.45 次，红原县也达到 2.29 次。西藏东部的中雨次数相对较少，其中察隅县—嘉黎县一带较多，超过 0.9 次，波密县最多，达到 2 次。三江源的中雨次数最少，仅有囊谦县附近达到 0.6 次以上。

11 月［图 2.3.6（k）］，长江上游的中雨次数明显减少，三江源、西藏东部和四川西北部部分区域未出现中雨，重庆、湖北西南部、湖南西部和广西北部等中雨次数较多，大部分区域超过 1.2 次，重庆中部、湖北西南部和湖南西北部等还超过 1.5 次，湖南安化县最多，为 2.12 次。西藏东部的中雨次数明显减小，仅波密县较多，达 0.3 次以上。

12 月［图 2.3.6（l）］，长江上游中雨区域进一步减小，仅出现在四川东部及南部、重庆、贵州、云南北部、湖北西部、湖南西部、广西北部和西藏察隅县—波密县、错那市等区域。湖南西部和广西东北部的中雨次数较多，超过 1 次，其中湖南安化县最多，达 1.42 次。

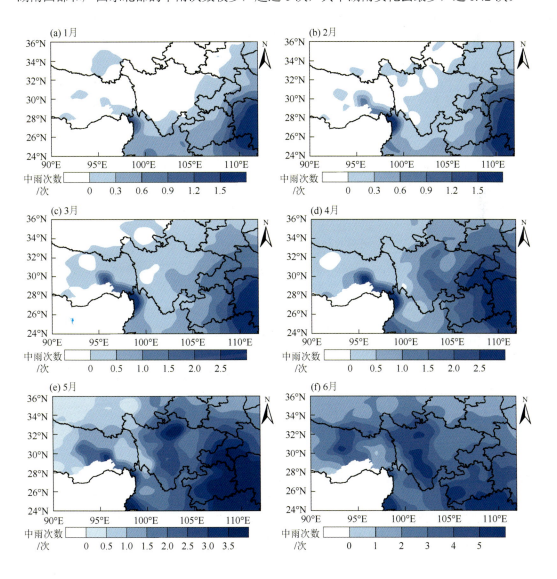

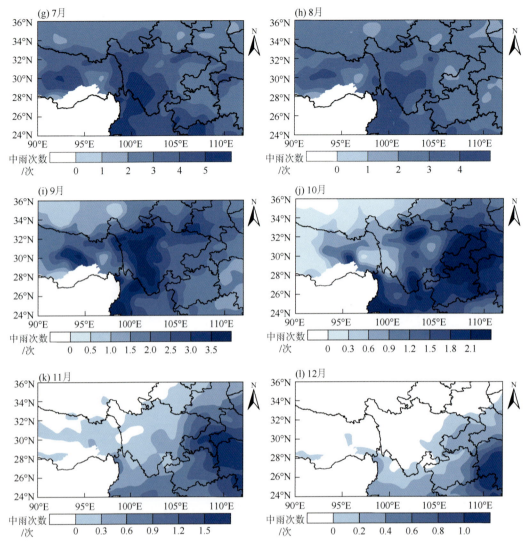

图 2.3.6　1990～2020 年长江上游区域 1～12 月中雨次数气候态

2.3.4　小雨各月气候特征

图 2.3.7 是 1990～2020 年长江上游小雨强度 1～12 月的空间分布特征。1 月[图 2.3.7（a）]，整个长江上游均有小雨发生，四川中东部及南部、重庆、贵州、云南北部、湖北西部、湖南西部和广西北部等小雨强度较强，大部分区域超过 0.9mm/d，湖南西部、贵州东部和广西东北部等还超过 1.8mm/d，其中湖南安化县最强，达到 2.6mm/d。云南怒江州、德宏州、保山市、玉溪市东北部和昆明市西部等小雨强度也较强，超过 1.8mm/d，其中贡山县最强，达到 2.82mm/d。西藏东部大部分区域小雨强度超过 0.3mm/d，察隅县和索县附近较强，超过 0.9mm/d，尤其是察隅县最强，为 1.5mm/d。三江源的小雨强度较弱，但大部分区域超过 0.3mm/d，其中青海杂多县小雨强度较强，达到 0.9mm/d。

2 月 [图 2.3.7（b）]，长江上游的小雨强度有一定增强，云南北部、四川东部、重庆、贵州东部、湖北西部、湖南西部和广西北部等超过 1.2mm/d，湖北西南部、湖南西部和广西东北部等还超过 1.8mm/d，其中湖南安化县和道县达到 2.7mm/d。云南怒江州、德宏州和保山市的小雨强度也较强，超过 1.8mm/d，其中贡山县最强，达到 3.15mm/d。西藏东部大部分区域小雨强度超过 0.6mm/d，察隅县—波密县一带还超过 1.5mm/d，其中察隅县最强，达到 1.8mm/d。三江源大部分区域小雨强度超过 0.3mm/d，杂多县较强，达到 0.9mm/d。

3 月 [图 2.3.7（c）]，长江上游的小雨强度继续增强，云南北部、四川东部、陕西南部、湖北西部、湖南西部、重庆、贵州和广西北部等较强，大部分区域超过 1.5mm/d，湖北西南部、湖南西部和广西东北部还超过 2.4mm/d，其中湖南道县最强，达到 3.3mm/d。云南怒江州的小雨强度也在 2.4mm/d 以上，贡山县最强，为 3.79mm/d。西藏东部大部分区域小雨强度超过 0.6mm/d，察隅县—波密县一带较强，达到 2.7mm/d。三江源的小雨强度最弱，仅超过 0.3mm/d。

4 月 [图 2.3.7（d）]，长江上游的小雨强度保持增强态势，四川中东部、甘肃东南部、陕西南部、重庆、贵州、湖北西部、湖南西部和广西北部等小雨强度超过 2.1mm/d，其中重庆、湖北西南部、湖南西部、贵州东部和广西东北部等还超过 2.7mm/d，湖南安化县最强，达到 3.3mm/d。云南怒江州、德宏州和保山市等小雨强度超过 2.4mm/d，贡山县最强，为 3.51mm/d。西藏东部大部分区域小雨强度达到 0.9mm/d 以上，察隅县—波密县一带最强，达到 3mm/d。三江源的小雨强度最弱，但比 3 月有所增强，大部分区域超过 0.6mm/d。

5 月 [图 2.3.7（e）]，长江上游的小雨强度进一步加强，四川北部红原县及万源市—达州市一带、重庆、贵州、湖北西南部、湖南西部和广西北部等小雨强度最强，大部分区域超过 3.2mm/d，其中贵州榕江县最强，为 3.7mm/d，其次湖北来凤县也较强，达到 3.69mm/d，重庆开州区和湖南邵阳市还达到 3.6mm/d。云南德宏州和保山市等小雨强度超过 3.2mm/d，瑞丽市最强，达到 3.75mm/d。西藏东部大部分区域的小雨强度在 1.6mm/d 以上，其中波密县、林芝市巴宜区、嘉黎县、索县和丁青县最强，超过 2.4mm/d。三江源大部分区域的小雨强度超过 1.6mm/d，较 4 月明显增强。

6 月 [图 2.3.7（f）]，长江上游的小雨强度明显增强，四川、陕西东南部、重庆、贵州、云南北部、湖北西部、湖南西部和广西北部等大部分区域超过 3mm/d，四川中西部及南部、重庆南部、湖北西南部、湖南西北部、贵州南部及东部和广西西北部等还超过 3.5mm/d，其中四川九龙县最强，为 4.01mm/d，其次马尔康市也较强，达到 3.9mm/d。云南德宏州、保山市和曲靖市南部等小雨强度超过 3.5mm/d，瑞丽市还达到 3.91mm/d。西藏东部大部分区域的小雨强度超过 2mm/d，其中嘉黎县最强，达到 3.74mm/d。三江源的小雨强度都超过 2.5mm/d，杂多县最强，达到 3.51mm/d。

7 月 [图 2.3.7（g）]，长江上游大部分区域的小雨强度超过 3mm/d，四川西部及南部、云南北部、贵州南部和广西北部等还超过 3.5mm/d，其中四川稻城县最强，为 4mm/d，其次云南瑞丽市也达到 3.9mm/d。西藏东部拉萨市—索县一带和安多县等小雨强度也较强，超过 3.5mm/d，其中嘉黎县最强，达到 3.74mm/d。三江源大部分区域的小雨强度较强，在 3mm/d 以上。

8月［图2.3.7（h）］，长江上游大部分区域的小雨强度超过2.8mm/d。四川西南部、云南西北部、贵州南部和广西西北部等超过3.6mm/d，其中云南丽江市—四川木里县一带最强，达到3.76mm/d，其次广西凤山县—贵州兴仁市也较强，达到3.71mm/d。西藏东部的小雨强度都超过2mm/d，其中嘉黎县最强，为3.67mm/d。三江源的小雨强度都超过2.4mm/d。

9月［图2.3.7（i）］，长江上游的小雨强度有所减弱，四川、云南西部、陕西南部、重庆、贵州西部、湖北西部和广西西北部较强，大部分区域超过2.8mm/d，四川西北部、南部及青川县—万源市一带，陕西西南部，云南德宏州、保山市和丽江市等小雨强度还超过3.2mm/d，其中四川马尔康市和康定市最强，为3.5mm/d，其次云南腾冲市也较强，达3.45mm/d。西藏东部大部分区域的小雨强度超过2mm/d，嘉黎县和索县还超过3.2mm/d，其中嘉黎县最强，达到3.45mm/d。三江源的小雨强度有所减弱，仅在2mm/d以上。

10月［图2.3.7（j）］，长江上游的小雨强度继续减弱，四川北部、南部及东部，陕西南部，重庆，贵州，云南北部，湖北西部，湖南西部和广西北部等小雨强度超过2.4mm/d，其中四川北部红原县及万源市—达州市一带、陕西安康市附近、重庆、贵州北部和湖北西部等还超过2.8mm/d，湖北恩施州一带最强，达到3.13mm/d。云南怒江州北部、德宏州、保山市和临沧市北部等小雨强度超过2.8mm/d，腾冲市最强，达到3.2mm/d，其次贡山县也达到3.05mm/d。西藏东部大部分区域的小雨强度超过1.2mm/d，察隅县—波密县—索县一带还超过2mm/d，其中波密县最强，为2.6mm。三江源的小雨强度继续减弱，大部分区域超过1.2mm/d。

11月［图2.3.7（k）］，长江上游的小雨强度明显减弱，四川东部、陕西南部、重庆、贵州北部及东部、湖北西部、湖南西部和广西东北部等小雨强度超过2mm/d，湖北西南部、湖南西部、重庆东南部和广西东北部等还超过2.4mm/d，其中湖南安化县最强，为2.6mm/d，其次湖南道县和湖北恩施州也达到2.6mm/d。云南德宏州、保山市、临沧市北部和昆明市等小雨强度较强，超过2mm/d。西藏东部大部分区域的小雨强度在0.8mm/d以上，察隅县—波密县一带、丁青县和嘉黎县较强，超过1.2mm/d，其中波密县的小雨强度最强，达到1.6mm/d。三江源的小雨强度继续减弱，仅在0.4mm/d以上。

12月［图2.3.7（l）］，长江上游小雨强度较强的区域主要集中在四川东部、云南北部、重庆、贵州中东部、湖北西部、湖南西部和广西北部等，超过1.2mm/d，其中湖南西部和广西东北部还超过1.8mm/d，尤其是湖南道县最强，达到2.45mm/d，其次湖南安化县也

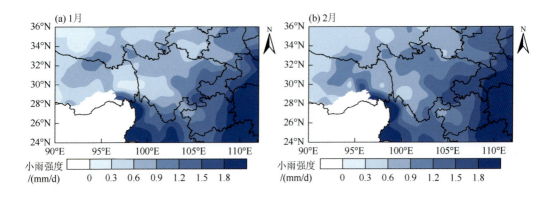

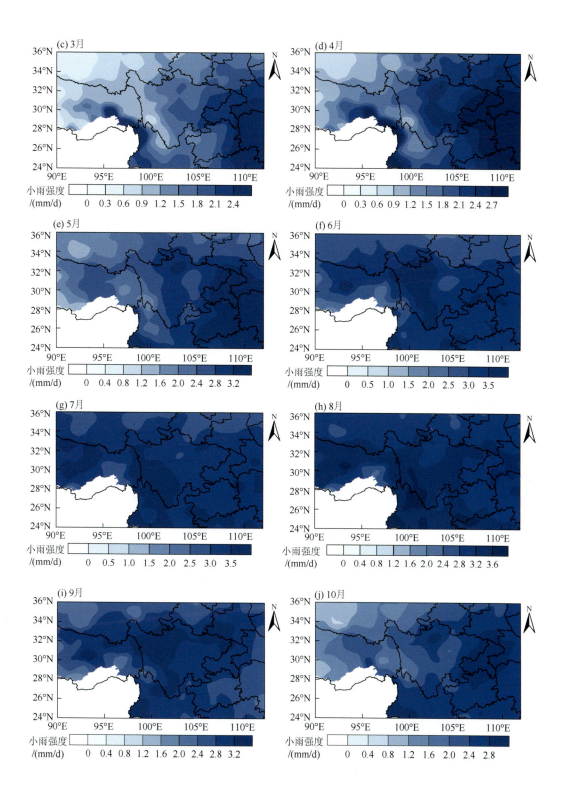

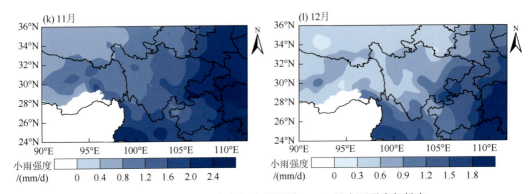

图 2.3.7　1990～2020 年长江上游区域 1～12 月小雨强度气候态

较强，为 2.2mm/d。云南德宏州、保山市和普洱市北部等小雨强度也较强，大部分区域超过 1.5mm/d。西藏东部大部分区域的小雨强度达到 0.3mm/d 以上，其中察隅县最强，为 1.2mm/d。三江源大部分区域的小雨强度仅在 0.3mm/d 以上。

图 2.3.8 是 1990～2020 年长江上游小雨次数 1～12 月的空间分布特征。1 月 [图 2.3.8（a）]，长江上游的小雨次数呈东多西少分布特征，主要集中在四川中东部、重庆、贵州、湖北西南部、湖南西部和广西北部等，大部分区域超过 10 次，四川雅安市—叙永县一带、贵州、重庆南部、湖北西南部、湖南西南部和广西北部还超过 14 次，其中贵州毕节市最多，达到 22.03 次。云南北部的小雨次数相对较少，大部分区域超过 4 次，其中怒江州、昭通市和曲靖市等较多，达到 6 次以上，贡山县是大值中心，为 9.42 次。西藏东部大部分区域的小雨次数超过 4 次，错那市、米林市和嘉黎县等还超过 10 次，嘉黎县最多，达到 11.15 次。三江源大部分区域小雨次数超过 6 次，清水河镇和达日县为大值中心，达到 9.18 次。此外，四川西部巴塘县为小值中心，小雨次数仅为 1.51 次。

2 月 [图 2.3.8（b）]，长江上游的小雨次数分布与 1 月相似。四川雅安市—叙永县一带、贵州、湖北西南部、湖南西部和广西东北部等小雨次数较多，超过 14 次，其中贵州毕节市最多，达到 18.83 次，其次四川雅安市—云南绥江县一带也较多，中心雅安市达到 14.75 次。云南北部小雨次数相对较少，大部分区域超过 4 次，其中怒江州最多，贡山县为大值中心，达到 12.67 次。西藏东部大部分区域小雨次数超过 6 次，察隅县、米林市—嘉黎县一带和错那市较多，达到 10 次以上，米林市附近为大值中心，达到 14.39 次，其次错那市还达到 12 次。三江源大部分区域的小雨次数超过 6 次。此外，四川西部和南部相对较少，大部分区域的小雨次数超过 4 次，四川巴塘县出现小值中心，只有 2.68 次。

3 月 [图 2.3.8（c）]，长江上游，尤其是西部的小雨次数有所增多。贵州、湖南西部和广西北部等小雨次数较多，大部分区域超过 16 次，贵州毕节市—广西柳州市一带出现大值中心，达到 19.93 次。四川北部、中部和东南部的小雨次数明显增加，雅安市—绥江县一带、红原县和松潘县等达到 16 次以上，雅安市最多，为 17.87 次。云南北部大部分区域小雨次数超过 8 次，其中怒江州最多，贡山县为大值中心，达到 14 次。西藏东部的小雨次数也明显增加，大部分区域超过 8 次，错那市、林芝市、米林市和嘉黎县一带还超过 16 次，其中错那市最多，为 21.31 次，米林市也较多，达到 20 次。三江源的小雨次数超过 8 次，清水河镇还达到 14 次。

4 月［图 2.3.8（d）］，长江上游西部的小雨次数及其范围明显增加，东部基本与 3 月一致，贵州、湖南西部和广西北部等较前 3 个月有所减少，大部分区域的小雨次数在 14 次以上，仅贵州中部和广西北部部分地区超过 16 次，贵州毕节市—广西河池市一带最多，中心贵州毕节市为 18.02 次。四川西北部和中部的小雨次数明显增多，大部分区域超过 16 次，其中石渠县最多，达到 19.27 次，其次红原县和康定市也较多，分别达到 18.83 次和 18 次。云南北部大部分区域的小雨次数超过 10 次，怒江州最多，贡山县达到 16 次以上。西藏东部大部分区域的小雨次数超过 12 次，错那市、嘉黎县、林芝市巴宜区、米林市和察隅县一带还超过 16 次，其中错那市最多，达到 23.61 次，其次米林市也达到 22 次。三江源的小雨次数超过 10 次，玉树州称多县清水河还达到 16 次以上。

5 月［图 2.3.8（e）］，长江上游的小雨次数空间分布显著变化，出现西多东少的特征，重庆、贵州、湖北西部、湖南西部和广西北部大部分区域超过 12 次，贵州西部的小雨次数较多，超过 15 次，毕节市为大值中心，达到 17.71 次。云南北部小雨次数超过 9 次，怒江州、德宏州和保山市等还超过 15 次，其中贡山县最多，达到 17 次。四川西北部的小雨次数超过 18 次，石渠县—色达县一带出现大值中心，达到 22.88 次，康定市也较多，达到 19.81 次。西藏东部大部分区域的小雨次数超过 15 次，错那市、林芝市、嘉黎县和索县一带还超过 18 次，错那市最多，为 24.17 次，林芝市也达到 21 次。三江源的小雨次数超过 15 次，其中玉树州东南部和果洛州南部超过 18 次。

6 月［图 2.3.8（f）］，长江上游小雨次数的空间分布仍为西多东少的特征，重庆、贵州、湖北西部、湖南西部和广西北部等超过 8 次，重庆、贵州、湖北西南部和湖南西南部等还超过 12 次。云南北部的小雨次数超过 12 次，怒江州、德宏州和保山市等较多，大部分区域超过 16 次，贡山县最多，为 20.54 次。四川大部分区域的小雨次数超过 16 次，石渠县—甘孜县、红原县、松潘县和马尔康市一带还超过 20 次，其中石渠县最多，达到 23.01 次。西藏东部大部分区域小雨次数超过 16 次，错那市—林芝市—索县一带更频繁，超过 20 次，错那市最多，为 25.4 次。此时，三江源大部分区域的小雨次数达到 20 次以上。

7 月［图 2.3.8（g）］，长江上游小雨次数的空间分布维持西多东少的特征，重庆、贵州、湖北西部、湖南西部和广西北部等小雨次数在 8 次以上，湖北西部、贵州南部和广西北部等较多，达到 12 次以上。四川大部分区域和云南北部都超过 12 次，云南北部怒江州小雨次数最多，中心贡山县达到 22.02 次。西藏东部的小雨次数超过 16 次，大部分区域还超过 20 次，错那市最多，达到 27.12 次，其次林芝市也达到 22 次。此时，三江源的小雨次数达到 16 次以上，青海曲麻莱县出现大值中心，达到 20.59 次。

8 月［图 2.3.8（h）］，长江上游的小雨次数继续呈西多东少的空间分布，重庆、贵州、湖北西部、湖南西部和广西北部等超过 8 次，其中贵州南部和广西北部大部分区域还超过 12 次。四川西部和云南北部的小雨次数较多，达 16 次以上，云南怒江州、迪庆州和四川稻城县一带的小雨次数还超过 20 次，其中云南贡山县最多，为 21.99 次。西藏东部的小雨次数超过 16 次，大部分区域还达到 20 次以上，其中西藏错那市最多，为 27.15 次，林芝市也较多，达到 22 次。此时，三江源的小雨次数都达到 16 次以上。

9 月［图 2.3.8（i）］，长江上游的小雨次数仍然维持西多东少的空间分布，重庆、贵州、湖北西部、湖南西部和广西北部等小雨次数超过 8 次，贵州西部和重庆西南部还达到 12 次以上。四川大部分区域和云南北部的小雨次数都超过 12 次，四川石渠县最多，达到 21.4 次。西藏东部大部分区域的小雨次数超过 16 次，其中错那市、那曲市、米林市、林芝市巴宜区和波密县还达到 20 次以上，尤其是错那市最多，达到 23.6 次。三江源的小雨次数超过 16 次，杂多县—曲麻莱县—清水河镇一带达到 20 次以上。

10 月 [图 2.3.8 (j)]，长江上游的小雨次数整体有所增加，中心向东南扩展，东南部小雨次数明显增多。小雨主要集中在四川、重庆和贵州，西藏东南部等大部分区域超过 14 次，其中贵州中西部、重庆西南部、四川西北部与中部及西南部还达到 16 次以上，四川雅安市出现大值中心，达到 20.64 次，其次四川红原县附近也达到 19.31 次。西藏东部的小雨次数明显减少，大部分区域超过 10 次，波密县—米林市—嘉黎县一带较多，达到 16 次以上。三江源的小雨次数也有所减少，大部分区域在 10 次以上，青海沱沱河的小雨次数最少，仅为 8 次。

11 月 [图 2.3.8 (k)]，长江上游的小雨次数出现显著变化，与 5～9 月呈相反的东多西少的空间分布特征。四川中东部、重庆、贵州、湖北西南部、湖南西部和广西北部等小雨次数较多，大部分区域超过 10 次，其中四川雅安市—叙永县一带、重庆南部、贵州和湖北西南部还达到 12 次以上，贵州毕节市最多，为 17.02 次，其次湖北来凤县也较多，达到 13 次。西藏东部大部分区域小雨次数超过 4 次，波密县—米林市—嘉黎县—丁青县一带较多，超过 6 次，嘉黎县最多，为 8.53 次。此时，三江源的小雨次数明显减少，仅超过 2 次。

12 月 [图 2.3.8 (l)]，长江上游小雨次数维持东多西少的空间分布特征。四川中东部、重庆、贵州、湖北西南部、湖南西部和广西北部等小雨次数超过 10 次，四川雅安市—叙

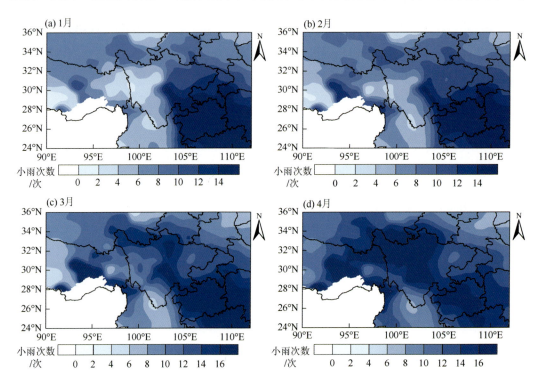

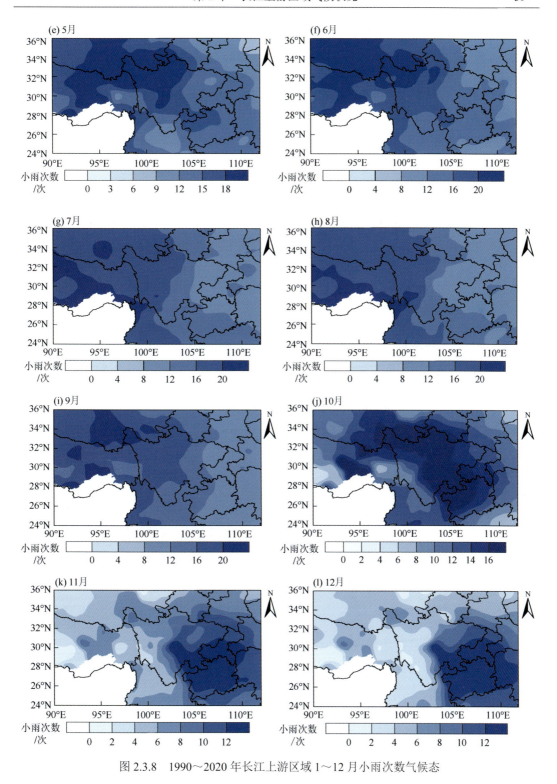

图 2.3.8　1990~2020 年长江上游区域 1~12 月小雨次数气候态

永县一带、重庆、贵州、湖北西南部和湖南西部等还超过 12 次，贵州毕节市是大值中心，达到 20.78 次，其次湖北来凤县也较多，达到 14 次。西藏东部大部分区域的小雨次数超过 2 次，错那市、米林市、波密县、嘉黎县和丁青县还超过 6 次，其中嘉黎县为大值中心，达到 8.27 次。三江源的小雨次数也在 2 次以上。

2.3.5 平均气温各月气候特征

图 2.3.9 是 1990～2020 年长江上游平均气温 1～12 月的空间分布特征。1 月 [图 2.3.9（a）]，长江上游平均气温主要呈现出东南部高于 0℃和西北部低于 0℃的由西北向东南增温的空间分布。低于 0℃的区域主要在西藏那曲市、山南市及昌都市，青海，四川西北部，甘肃中南部和陕西中北部等，其中平均气温最低在青海三江源，尤其是中心清水河镇只有 -16.3℃。西藏拉萨市及林芝市、云南北部、四川中东部、重庆、贵州、广西北部、湖北西部和湖南西部等则高于 0℃，其中云南北部—四川攀枝花市和广西北部等高于 8℃，是平均气温较高的区域，尤其是攀枝花市附近有高于 10℃的高温区，中心攀枝花市达到 13.6℃。四川东南部和重庆还存在高于 6℃的高值区，同时四川甘孜州西部巴塘县—得荣县的平均气温也较周边高，有高于 4℃的区域。西藏高于 0℃的区域主要是拉萨市和林芝市，尤其是林芝市的平均气温显著偏高，中心察隅县达到 4.7℃。

2 月 [图 2.3.9（b）]，长江上游平均气温维持东南部高于 0℃和西北部低于 0℃的由西北向东南增温的空间分布，但整体平均气温开始逐步升高，低于 0℃的区域向北有所缩小，其范围包括西藏那曲市及山南市、青海、四川阿坝州北部、甘肃等。最低平均气温出现在三江源，尤其是长江源头青海曲麻莱县五道梁只有 -13.4℃。高于 0℃的区域主要在西藏拉萨市、林芝市及昌都市，四川除阿坝北部以外区域，云南北部，贵州，重庆，广西北部，陕西，湖北和湖南西部等，其中云南北部到四川攀枝花市附近和广西北部高于 10℃，是长江上游平均气温较高的区域，尤其是攀枝花市附近还出现高于 14℃的高温区，攀枝花市高达 17.1℃。四川泸州市附近还存在另一大于 10℃的高温区，其中纳溪区达到 10.3℃。四川甘孜州西部巴塘县—得荣县等也出现平均气温高于 4℃的区域，得荣县还高达 8.9℃。西藏林芝市也是平均气温高值区，察隅县最高，达到 6.4℃。

3 月 [图 2.3.9（c）]，长江上游平均气温仍然呈东南部高于 0℃和西北部低于 0℃的由西北向东南增温的空间分布，但低于 0℃的区域进一步减小，主要在西藏那曲市、青海、四川甘孜州石渠县等，其中三江源平均气温最低，低温中心在青海曲麻莱县五道梁，只有 -9.6℃。长江上游其余区域的平均气温高于 0℃，云南北部到攀枝花市附近和广西北部高于 14℃，并且攀枝花市附近还出现高于 18℃的高值区，中心攀枝花市达到 21.2℃。四川东部和重庆的平均气温超过 12℃，四川宜宾市至重庆永川区等存在高于 14℃的高值区，其中纳溪区最高，为 14.3℃。四川甘孜州西部巴塘县—得荣县附近平均气温也较周边偏高，其中巴塘县和得荣县分别达到 10.8℃和 12℃。西藏平均气温最高的区域还是在林芝市，其中，察隅县高达 8.3℃，此外，西藏昌都市南部芒康县附近的平均气温显著低于周边，为相对低值区。

4 月 [图 2.3.9（d）]，长江上游平均气温低于 0℃的区域显著减小，高于 0℃的区域则不断增大。低于 0℃区域主要在西藏那曲市和青海三江源，基本都在 -5℃以上，其中最低中心青海曲麻莱县五道梁为-4.7℃。长江上游其余区域的平均气温均高于0℃，其中四川中东部、云南北部、贵州东部及南部、广西北部、重庆、湖南和湖北西部等还高于16℃，且攀枝花市附近和广西北部还存在高于20℃的高值区。四川东南部到重庆存在一个高于18℃的高值区，中心纳溪区达到19.4℃。此外，四川甘孜州西部巴塘县—得荣县的长江沿岸的平均气温也较周边偏高，达到10℃以上，得荣县甚至高达15.4℃。西藏拉萨市和林芝市的平均气温高于8℃，其中林芝市最高，尤其是察隅县达到11.0℃。昌都市平均气温较周边偏低，但还高于3℃，其中芒康县最低，但也达到3.9℃。

5月［图2.3.9（e）］，长江上游的平均气温继续升高，呈现由西北向东南增温的空间分布，但整个区域基本上都高于0℃，只有青海曲麻莱县五道梁还低于0℃，仅-0.2℃。西藏那曲市、青海和四川石渠县等平均气温低于10℃，最低还是位于青海三江源。长江上游其余区域都高于10℃，其中四川中东部、云南北部、贵州、重庆、广西北部、陕西、湖南和湖北西部等还高于18℃，尤其是广西北部，有高于24℃的高值区。长江沿岸也存在平均气温的高值区，四川攀枝花市附近有高于22℃的高值区，其中攀枝花市达到26.0℃。四川宜宾市—重庆市则是另一个高于22℃的高值区，四川威远县最高，为22.9℃。此外，四川甘孜州西部巴塘县—得荣县还出现平均气温高于14℃的高值区，尤其是得荣县达到19.6℃。西藏平均气温高于10℃的区域主要在拉萨市、林芝市和昌都市北部等，其中林芝市高于14℃，尤其是察隅县达到15.0℃。

6月［图2.3.9（f）］，长江上游的平均气温都上升到0℃以上，仍维持由西北向东南增温的空间分布。四川中东部、云南北部、贵州、重庆、广西北部、陕西、湖南和湖北西部等平均气温高于20℃，其中四川东部、重庆、广西北部、湖南和湖北西部等还高于24℃，广西北部甚至高于26℃，是长江上游平均气温最高的区域。攀枝花市附近还存在另一个高于24℃的高温区，其中攀枝花市最高，达到26.3℃，相对5月略微升高。四川甘孜州西部巴塘县—得荣县的平均气温升高到16℃以上，其中得荣县达到23.0℃。西藏的平均气温也显著升高，拉萨市、林芝市和昌都市基本都高于14℃，尤其是林芝市高于16℃，察隅县还达到18.3℃。

7月［图2.3.9（g）］，长江上游平均气温空间分布与6月基本一致，大部分区域还是以升温为主。云南北部经川西高原到陕西北部东南侧相对较高，基本都高于20℃，其中广西北部、贵州东部、四川中东部、重庆、湖北和湖南西部等还升高到26℃以上，是长江上游平均气温最高的区域，并且重庆部分地区还存在高于28℃的区域，沙坪坝区和开州区分别有28.9℃和29.1℃的高温中心。相反，云南北部到攀枝花市附近的平均气温有所降低，攀枝花市附近只达到22℃以上，中心攀枝花市也降低到25.3℃。此外，四川甘孜州西部巴塘县—得荣县平均气温还是高于16℃，巴塘县和得荣县分别达到19.9℃和21.7℃。西藏、青海、甘肃北部、四川甘孜州和阿坝州北部等平均气温低于20℃，最低平均气温在青海三江源，低于10℃，尤其是青海曲麻莱县五道梁只有6.4℃。西藏平均气温较高的区域在拉萨市和林芝市，尤其是林芝市南部高于18℃。

8月［图2.3.9（h）］，长江上游平均气温的分布与7月非常相似，高于20℃的区域在云南北部经川西高原到陕西北部东南侧，而四川东部、重庆南部、广西北部、贵州东部、湖南和湖北西部等高于26℃，相比7月高于26℃的区域略微缩小，并且高值中心在重庆市沙坪坝区和开州区等。攀枝花市附近存在平均气温高于 22℃的区域，且攀枝花市的平均气温较 7 月有所降低，为 24.9℃。西藏、青海、甘肃北部、四川甘孜州和阿坝州北部等平均气温低于 20℃。四川甘孜州西部巴塘县—得荣县附近平均气温高于 16℃，其中巴塘县和得荣县分别为 19.3℃和 20.4℃。西藏的平均气温有所降低，但林芝市还是高于 18℃。长江上游最低平均气温还是出现在三江源，最低平均气温低于 10℃，中心青海曲麻莱县五道梁只有 6.0℃。

9 月 [图 2.3.9 (i)]，长江上游维持前期平均气温的空间分布，但开始呈现出下降趋势。西藏拉萨市及林芝市、四川中东部、云南北部、贵州、重庆、广西北部、甘肃南部、陕西南部、湖南和湖北西部等平均气温高于 14℃，其中四川东部、重庆、广西北部、贵州东部、湖南和湖北西部等还高于 22℃，尤其广西北部有区域高于 24℃，是平均气温最高的区域。云南北部到攀枝花市附近的平均气温有所降低，攀枝花市附近存在高于 20℃的高值区，攀枝花市达到 22.9℃。此外，四川甘孜州西部巴塘县—得荣县平均气温高于 14℃，得荣县还达到 19.7℃。平均气温最低的区域主要在西藏那曲市和青海三江源，都低于 10℃，中心青海曲麻莱县五道梁为 2.3℃。

10 月 [图 2.3.9 (j)]，虽然长江上游平均气温基本维持前期空间分布，但进一步降低，西北部已开始进入 0℃以下。青海三江源的源头再次成为平均气温低于 0℃的区域，其中青海曲麻莱县五道梁最低，为–4.3℃。四川中东部、云南北部、重庆、贵州、广西北部、甘肃南部、陕西南部、湖南和湖北西部等高于 10℃，其中广西北部和云南西北部部分区域高于 20℃，是长江上游平均气温最高的区域。长江沿岸还存在高值区，四川宜宾市到重庆忠县和开州区等存在平均气温高于 18℃的高值区，中心丰都县和开州区分别达到 18.9℃和 19.1℃。此外，攀枝花市附近也存在高于 18℃的高值区，且攀枝花市达到 20.4℃。四川甘孜州西部巴塘县—得荣县也是高于 10℃的高值区，其中得荣县还达到 16.0℃。西藏高于 10℃的区域主要在拉萨市和林芝市，尤其是林芝市察隅县最高，为 13.3℃。

11 月 [图 2.3.9 (k)]，长江上游平均气温继续降低，低于 0℃的区域显著扩大，重新形成东南部高于 0℃和西北部低于 0℃的由西北向东南增温的空间分布。西藏那曲市及山南市、青海、四川石渠县等是长江上游平均气温的低值区，其中三江源最低，尤其是青海曲麻莱县五道梁只有–10.8℃。云南北部经川西高原到陕西南部一线东南侧，包括云南北部、四川中东部、重庆、贵州、广西北部、湖南和湖北西部等平均气温较高，基本都高于 10℃，其中广西北部部分区域还高于 16℃，是平均气温最高的区域。四川泸州市和攀枝花市附近分别出现高于 14℃的高值区，其中纳溪区和攀枝花市的平均气温达到 14.4℃和 16.4℃。此外，四川甘孜州西部巴塘县—得荣县平均气温较周边偏高，在 4℃以上，其中得荣县还达到 10.5℃。西藏拉萨市、昌都市和林芝市等平均气温高于 0℃，林芝市是平均气温最高的区域，尤其是察隅县还达到 8.8℃。

12 月 [图 2.3.9 (l)]，长江上游的平均气温基本维持前期空间分布，但继续降低，高于 0℃的区域减小，而低于 0℃的区域较 11 月显著扩大。西藏那曲市与昌都市及山南市、青海、四川甘孜州及阿坝州北部、甘肃等平均气温低于 0℃，最低在青海三江源，其中清水河只有–15.3℃。长江上游其余区域的平均气温高于 0℃，包括西藏拉萨市及林芝市、云南北部、四川中东部、重庆、贵州、广西北部、陕西南部、湖南和湖北西部等。平均

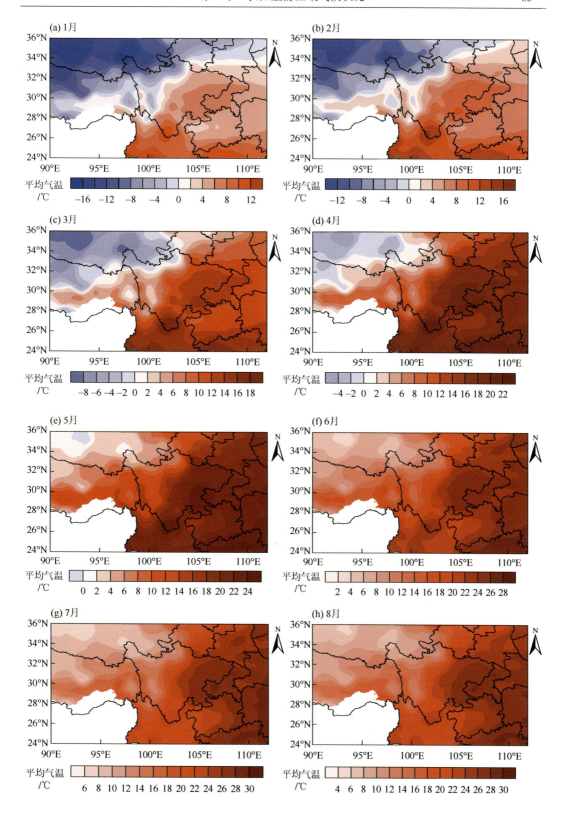

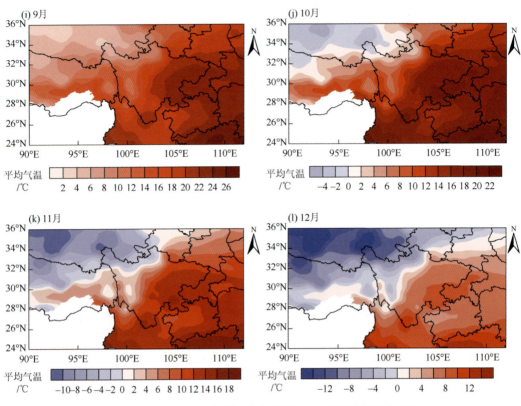

图 2.3.9 1990~2020 年长江上游区域 1~12 月平均气温气候态

气温较高的区域主要在广西北部,高于 10℃。攀枝花市附近还有另一平均气温高于 10℃ 的高值区,攀枝花市达到 13.3℃。此外,四川甘孜州西部巴塘县—得荣县平均气温也较 周边偏高,得荣县达到 6.3℃。西藏平均气温最高的区域主要在林芝市,尤其是察隅县达 到 5.5℃。

2.3.6 最高气温各月气候特征

图 2.3.10 是 1990~2020 年长江上游最高气温 1~12 月的空间分布特征。1 月 [图 2.3.10(a)],长江上游表现出东南部高于 0℃,西北部低于 0℃ 的分布特征。西藏那曲市 和青海一带的最高气温低于 0℃,是长江上游最高气温较低的区域,尤其三江源最低,其中 青海曲麻莱县五道梁只有−7.9℃。长江上游其余区域的最高气温都高于 0℃,四川西南山地、 云南北部和广西北部高于 14℃,是长江上游最高气温的高值区,尤其攀枝花市附近还存在高 于 20℃ 的高值区,其中盐边县高达 22.2℃。四川甘孜州西部巴塘县—得荣县的最高气温较周 边偏高,高于 10℃,其中得荣县为 15.1℃。西藏最高气温较高的区域在拉萨市、林芝市和昌 都市北部等,最高气温高于 8℃,并且林芝市还有高于 12℃ 的区域,中心察隅县为 12.1℃。

2 月 [图 2.3.10(b)],长江上游最高气温与 1 月的分布基本一致,但有所上升,低 于 0℃ 的区域缩小。西藏那曲市和青海三江源一带低于 0℃,青海曲麻莱县五道梁升高到

−5.3℃。长江上游其余区域的最高气温都高于 0℃，四川西南山地、云南北部和广西北部等高于 14℃，是长江上游最高气温较高的区域，其中攀枝花市附近高于 22℃，是最高气温最高的区域，中心盐边县高达 25.2℃。四川甘孜州西部巴塘县—得荣县最高气温高于周边，为 12℃以上。西藏拉萨市和林芝市等最高气温相对较高，大部分区域高于 10℃，尤其是林芝市，其中察隅县达到 13.1℃。

3 月 [图 2.3.10（c）]，长江上游的最高气温上升较快，整个区域基本上都高于 0℃。西藏那曲市和青海的最高气温低于 10℃，并且低于 0℃只出现在青海曲麻莱县五道梁，低至−1.2℃。长江上游其余区域的最高气温都高于 10℃，其中四川西南山地、云南北部和广西北部高于 18℃，是最高气温较高的区域，尤其攀枝花市附近高于 24℃，是最高气温最高的区域，其中盐边县达到 29.0℃。四川宜宾市—重庆市西部、重庆开州区和云阳县附近出现两个最高气温高于 18℃的高值区，其中南溪区和开州区分别达到 19℃和19.3℃。四川甘孜州西部巴塘县—得荣县的最高气温也升高到 14℃以上，最高在得荣县，达到 19.9℃。西藏拉萨市、林芝市和昌都市北部等最高气温相对较高，大多数区域高于12℃，其中林芝市最高，尤其是察隅县达到 14.5℃。

4 月 [图 2.3.10（d）]，长江上游的最高气温继续快速升高，整个区域都高于 0℃。西藏那曲市和青海大部分区域的最高气温低于 10℃，其中青海三江源最低，尤其是曲麻莱县五道梁只有 3.2℃，是长江上游最高气温最低的区域。四川中东部、云南北部、贵州、重庆、广西北部、陕西南部、湖南和湖北西部等最高气温上升到 20℃以上，其中攀枝花市附近还有高于 28℃的高值区，中心盐边县高达 31.8℃。四川宜宾市附近还存在另一高于 24℃的高值区，其中南溪区达到 24.6℃。此外，四川甘孜州西部巴塘县—得荣县附近最高气温高于周边，在 18℃以上，其中得荣县达到 23.0℃。西藏拉萨市、林芝市和昌都市北部等最高气温较高，基本都高于 14℃，尤其是林芝市，中心察隅县达到 17.4℃。

5 月 [图 2.3.10（e）]，长江上游的最高气温分布与 4 月一致，但继续升高，大部分区域都上升到 20℃以上，主要包括西藏林芝市和昌都市、四川除甘孜州及阿坝州北部部分以外区域、云南北部、重庆、贵州、广西北部、陕西、甘肃、湖南和湖北西部等，其中四川中东部、重庆、广西北部、云南北部、湖南和湖北西部等还高于 26℃，尤其是广西北部有高于 28℃的高值区。攀枝花市附近的最高气温超过 28℃，甚至出现超过 30℃的高值区，其中盐边县最高，为 32.9℃。四川甘孜州西部巴塘县—得荣县附近最高气温较周边偏高，超过 22℃，其中得荣县最高，达到 26.9℃。西藏最高气温相对较高的区域出现在拉萨市、林芝市和昌都市等，基本高于 18℃，尤其是林芝市，其中察隅县为 21.5℃。西藏那曲市、青海、四川甘孜州和阿坝州北部部分区域最高气温低于 20℃，其中三江源还低于 10℃，尤其是青海曲麻莱县五道梁只有 6.9℃。

6 月 [图 2.3.10（f）]，长江上游大部分区域的最高气温还呈升高趋势，但是幅度减缓。西藏那曲市、青海和四川石渠县等最高气温低于 20℃，尤其是三江源是最高气温最低的区域，其中青海曲麻莱县五道梁最低，但也升高到 10.1℃。长江上游其余区域的最高气温都高于 20℃，其中四川中东部、重庆、贵州东部、广西北部、湖南和湖北西部等高于28℃，尤其是湖北西部和广西北部还出现高于 30℃的高值区，是长江上游最高气温最高的区域。攀枝花市附近的最高气温较高，出现高于 30℃的区域，其中攀枝花市达到 32.5℃，但相对于 5 月有微弱下降。四川甘孜州西部巴塘县—得荣县的最高气温也上升到 24℃ 以上，得荣县高达 30.1℃。西藏拉萨市、林芝市和昌都市等最高气温基本高于 20℃，尤其是拉萨市和林芝市南部还有高于 24℃ 的区域，其中察隅县最高，达到 24.3℃。

7 月 [图 2.3.10（g）]，长江上游大部分区域最高气温还是呈升高的趋势，其中西藏那曲市、青海和四川石渠县等低于 20℃，最低在三江源，中心青海曲麻莱县五道梁为 12.8℃。长江上游其余区域的最高气温基本高于 20℃。四川中东部、重庆、贵州、广西北部、陕西、湖南和湖北西部等显著上升，高于 28℃，尤其是四川宜宾市与广安市及达州市、重庆、广西北部、湖南和湖北西部等上升到 32℃ 以上，是最高气温最高的区域。云南北部和四川西南山地有所降低，但还是在攀枝花市附近出现高于 28℃ 的高温区，其中盐边县最高，达到 31.2℃。四川甘孜州西部巴塘县—得荣县的最高气温也有所降低，但还高于 24℃，得荣县达到 28.5℃。西藏的最高气温有所升高，那曲市、林芝市和昌都市北部等升高到 22℃ 以上，其中林芝市南部最高，察隅县的最高气温升高到 25℃。

8 月 [图 2.3.10（h）]，长江上游的最高气温空间分布与 7 月非常类似，但大多数区域有微弱降低。最高气温低于 20℃ 的区域主要在西藏那曲市、青海和四川石渠县等，最低在青海三江源，尤其是青海曲麻莱县五道梁，只有 12.5℃，较 7 月略微降低。长江上游其余区域的最高气温高于 20℃，其中四川中东部、重庆、贵州东部、广西北部、陕西南部、湖南和湖北西部等高于 30℃，尤其是四川东北部及东南部、重庆、广西北部和湖南西部高于 32℃，是最高气温最高的区域，重庆开州区出现 35.2℃ 的高温中心，较 7 月有所上升。四川攀枝花市附近是高于 28℃ 的高温区，但较 7 月略微降低，其中心盐边县降到 30.9℃。四川甘孜州西部巴塘县—得荣县最高气温也有所降低，巴塘县只有 27.4℃。西藏的最高气温也有所降低，但拉萨市、林芝市和昌都市北部还是最高气温较高的区域，尤其是林芝市南部高于 24℃，察隅县还达到 25.2℃。

9 月 [图 2.3.10（i）] 开始，长江上游的最高气温呈明显下降的趋势。西藏那曲市、青海、四川阿坝州及甘孜州北部部分、甘肃北部等最高气温低于 20℃，其中三江源依然是低值区，青海曲麻莱县五道梁最低降到 8.9℃。长江上游其余区域的最高气温高于 20℃，四川东部、重庆、贵州东部、广西北部、湖南和湖北西部等在 26℃ 以上，但相对 8 月明显下降，其中广西北部还高于 30℃，是最高气温最高的区域。四川攀枝花市附近最高气温也有所降低，但还存在高于 26℃ 的高值区，其中盐边县的最高气温达到 28.6℃。此外，四川甘孜州西部巴塘县—得荣县的最高气温有所降低，但仍高于 22℃，中心得荣县为 26.8℃。西藏的最高气温也有所降低，但拉萨市、林芝市和昌都市北部仍高于 20℃，尤其是林芝市还存在高于 22℃ 的区域，其中察隅县达到 23.8℃。

10 月 [图 2.3.10（j）]，长江上游的最高气温与 9 月的分布非常类似，进一步降低，西藏那曲市西部和青海等基本降到 10℃ 以下，尤其三江源是最低的区域，中心青海曲麻莱县五道梁只有 2.5℃。长江上游其余区域的最高气温高于 10℃，其中四川中东部、云南北部、重庆、贵州东部、广西北部、湖南和湖北西部高于 20℃，尤其是广西北部还存在高于 26℃ 的区域，是最高气温最高的地区。四川攀枝花市附近也是高值区，有高于 24℃ 的高值区，中心盐边县达到 26.7℃。此外，四川甘孜州西部巴塘县—得荣县的最高气温高于周边，在 18℃ 以上，且巴塘县和得荣县分别达到 23.0℃ 和 24.1℃，是两个高值中心。

西藏拉萨市、林芝市和昌都市等最高气温高于 16℃，是西藏最高气温偏高的区域，其中林芝市南部最高，尤其是察隅县达到 20.7℃。

11 月［图 2.3.10（k）］，长江上游的最高气温继续降低，西北部出现低于 0℃的区域。最高气温低于 10℃的区域有所南扩，主要包括西藏那曲市、青海、甘肃北部、四川甘孜州和阿坝州北部部分，其中三江源还降低到 0℃以下，青海曲麻莱县五道梁最低，达到 −2.6℃。长江上游其余区域的最高气温高于 10℃，但高于 20℃的区域明显减小，主要在云南北部到四川攀枝花市附近和广西北部，其中广西北部存在高于 22℃的高值区，是最高气温最高的区域。四川攀枝花市附近还存在另一高于 22℃的高值区，盐边县最高，达到 24.1℃。此外，四川甘孜州西部巴塘县—得荣县有高于 16℃的高值区，巴塘县和得荣县还分别达到 18.6℃和 19.6℃。西藏南部、四川大部分地区、重庆、甘肃南部、陕西中南部、贵州、湖南和湖北西部的最高气温基本位于 10～20℃，并且西藏东南部和巴塘县附近也存在高于 16℃的高值区。西藏拉萨市、林芝市和昌都市的最高气温高于 10℃，尤其是林芝市，其南部有高于 16℃的高值区，中心察隅县达到 17℃。

12 月［图 2.3.10（1）］，长江上游的最高气温呈现与 1、2 月类似的分布，与 11 月相比进一步下降，西藏那曲市西部、青海等降低到 0℃以下，三江源是最高气温最低的区域，尤其是青海曲麻莱县五道梁降到 −6.2℃。长江上游其余区域的最高气温高于 0℃，其中西藏中部、四川除阿坝州和甘孜州北部以外区域、重庆、云南北部、贵州东部、广西北部、湖南和湖北西部等高于 10℃，云南德宏州到四川攀枝花市附近有高于 18℃区域，是最高气温高值区。四川甘孜州西部巴塘县—得荣县最高气温较周边偏高，最高气温高于 12℃，

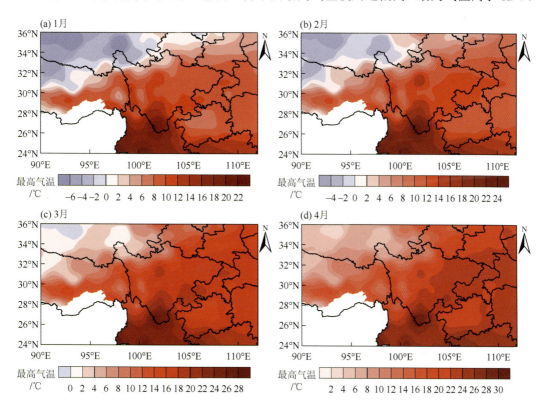

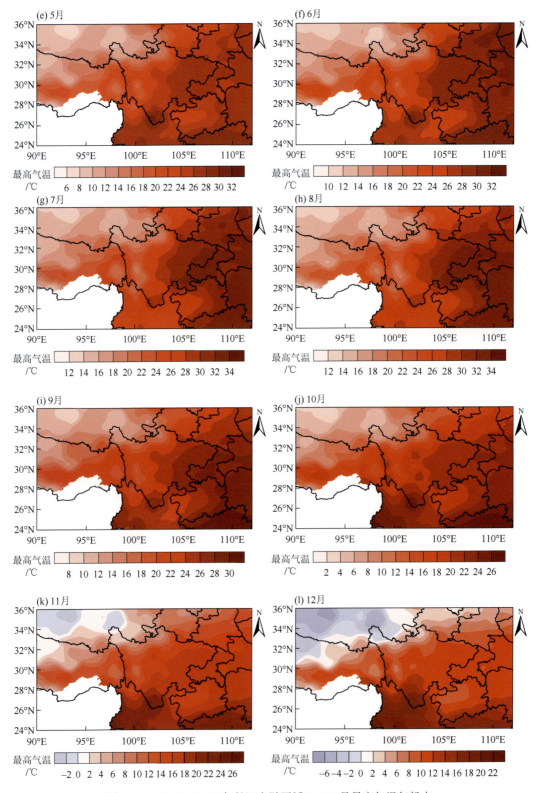

图 2.3.10　1990~2020 年长江上游区域 1~12 月最高气温气候态

其中巴塘县和得荣县分别达到 14.7℃和 15.8℃。西藏最高气温较高的区域主要在拉萨市和林芝市等,高于 10℃,尤其是林芝市南部最高,察隅县达到 13.6℃。

2.3.7　最低气温各月气候特征

图 2.3.11 是 1990~2020 年长江上游最低气温 1~12 月的空间分布特征。1 月 [图 2.3.11 (a)],长江上游最低气温表现出西北部低于 0℃和东南部高于 0℃的由西北向东南递增的基本分布,长江上游最低气温整体较低,其中高于 0℃的区域主要在云南北部除德钦县以外的区域、四川中东部、重庆、贵州、广西北部、湖南和湖北西部等,其中广西北部有高于 6℃的高值区,是最低气温最高的区域。四川宜宾市—重庆奉节县的长江沿岸最低气温高于 4℃,较周边偏高,其中江津区最高,达到 6.5℃。四川西南山地的攀枝花市等还存在另一高于 4℃的高值区,攀枝花市为 7.2℃。最低气温低于 0℃的区域面积大于高于 0℃的区域面积,主要包括西藏、青海、甘肃、陕西和四川西部等,大部分区域的最低气温还低于-10℃,其中三江源是最低气温的低值区,低于-20℃,称多县清水河镇最低,只有-25.4℃。此外,西藏拉萨市、林芝市和昌都市北部等最低气温相对偏高,高于-10℃,其中察隅县最高,为-0.2℃。

2 月 [图 2.3.11 (b)],长江上游的最低气温与 1 月的分布维持一致,有所升高,但幅度相对较小。最低气温高于 0℃的区域主要出现在西藏林芝市南部、四川中东部、云南北部、广西北部、重庆、贵州、湖南和湖北西部等,最低气温最高的区域在广西北部,高于 8℃。四川宜宾市到重庆奉节县的最低气温上升到 6℃以上,明显高于周边,长宁县最高,达到 8.3℃。另一个高于 6℃的高值区在攀枝花市附近,其中攀枝花市达到 10.1℃。此外,西藏林芝市南部部分区域的最低气温升高到 0℃以上,其中察隅县最高,为 1.7℃。最低气温低于 0℃的区域包括西藏除林芝市南部以外的区域、四川西部、青海、甘肃和陕西等,最低出现在三江源,其中清水河只有-22.1℃。

3 月 [图 2.3.11 (c)],长江上游的最低气温继续维持前期空间分布,但显著上升,高于 0℃的区域逐渐向北推进,西藏林芝市、四川中东部、云南北部、重庆、贵州、广西北部、陕西南部、湖南和湖北西部等最低气温都高于 0℃,其中广西北部高于 12℃,是最低气温最高的区域。四川宜宾市到重庆丰都县等存在高于 10℃的高值区,四川长宁县最高,达到 11.9℃。四川攀枝花市附近还有一高于 10℃的高值区,攀枝花市最高,达到 14.3℃。此外,四川甘孜州西部巴塘县—得荣县附近的最低气温上升到 0℃以上,得荣县最高为 5.5℃。西藏林芝市南部是西藏最低气温最高的区域,中心察隅县达到 4.0℃。最低气温低于 0℃主要在西藏除林芝市以外的区域、青海、四川西北部和甘肃中北部等,其中三江源依旧是最低气温最低的区域,尤其是青海曲麻莱县五道梁低于-17.0℃。

4 月 [图 2.3.11 (d)],长江上游的最低温度进一步升高,低于 0℃的区域显著减小,主要在西藏那曲市、四川阿坝州及甘孜州北部和青海等,但大部分区域的最低气温高于-10℃,只有三江源低于-10℃,中心青海曲麻莱县五道梁只有-11.4℃。最低气温高于 0℃的区域显著扩大,主要包括西藏拉萨市与林芝市及昌都市、四川除石渠县及若尔盖县以外区域、重庆、云南北部、贵州、广西北部、甘肃、陕西、湖南和湖北西部等,最高在广西北部,有高于16℃的高值区。四川东南部到重庆奉节县附近还存在高于14℃的高值区,其中四川长宁县的最低气温升高到16.2℃,是该区域的高温中心。四川攀枝花市附近最低气温也有所升高,出现高于14℃的高温区,其中心攀枝花市的最低气温上升到17.9℃。此外,西藏拉萨市、林芝市和昌都市等最低气温都高于0℃,尤其是林芝市相对偏高,察隅县还升高到6.8℃。

5月[图2.3.11(e)],长江上游的最低气温继续升高,低于0℃的区域进一步缩小,仅出现在西藏那曲市中西部和青海三江源,尤其是三江源是最低的区域,最低中心在青海曲麻莱县五道梁,只有-5.6℃。长江上游其余区域的最低气温高于0℃,其中西藏林芝市南部、四川中东部、云南北部、重庆、甘肃南部、陕西、贵州、广西北部、湖南和湖北西部等高于10℃,最高在广西北部,有高于20℃的高温区。四川东南部到重庆丰都县等最低气温高于18℃,较周边偏高,其中四川富顺县达到19.4℃,是该区域最低气温最高的区域。四川攀枝花市附近也存在高值区,在16℃以上,中心攀枝花市还达到20.3℃。此外,西藏南部的最低气温也显著升高,尤其是林芝市南部,察隅县最高,达到10.8℃。

6月[图2.3.11(f)],长江上游的最低气温进一步上升,高于0℃的区域向西北扩展,而低于0℃只出现在三江源的青海曲麻莱县五道梁,达到-1.3℃。长江上游其余区域的最低气温都高于0℃。较高的区域主要在四川东部、重庆、贵州东部、广西北部、湖南和湖北西部等,都高于20℃,尤其是广西北部还存在高于24℃的区域,是长江上游最低气温最高的区域。云南北部到四川攀枝花市附近也较高,最低气温高于18℃。西藏的最低气温也继续升高,拉萨市和林芝市等大部分区域都高于10℃,尤其是林芝市南部,是西藏最低气温最高的区域,其中察隅县高达14.5℃。

7月[图2.3.11(g)],长江上游的最低气温在0℃以上,最低气温由西北向东南递增,都升高到0℃以上,西藏那曲市及昌都市北部、青海、四川阿坝州及甘孜州北部等低于10℃,尤其是三江源是最低气温最低的区域,中心青海曲麻莱县五道梁只有1.4℃。长江上游其余区域的最低气温都高于10℃,其中四川中东部、云南东部、贵州中东部、重庆、陕西南部、广西北部、湖南和湖北西部等还高于20℃,尤其是广西北部和湖南西部还存在高于24℃的区域,是最低气温最高的区域。另一最低气温高于24℃的区域位于重庆荣昌区—丰都县,中心沙坪坝区达到25.3℃。云南北部到四川攀枝花市附近的最低气温上升缓慢,还是维持在18℃以上。此外,西藏拉萨市和林芝市等最低气温有明显升高,高于10℃,尤其是林芝市南部高于14℃,中心察隅县达到15.5℃。

8月[图2.3.11(h)],长江上游的最低气温都高于0℃,与7月相比,最低气温并没有显著的变化,甚至还出现微弱下降趋势。最低气温低于10℃的区域主要在西藏那曲市及昌都市北部、四川阿坝州及甘孜州最北部和青海等,其中三江源最低,基本低于4℃,中心清水河只有1.1℃。长江上游其余区域的最低气温基本高于10℃,其中四川中东部、贵州东部、广西北部、重庆、陕西南部、湖南和湖北西部等高于20℃,尤其广西北部和湖南西部还存在24℃以上的高温区,是长江上游最低气温最高的区域。此外,重庆荣昌区—涪陵区存在另一高于24℃的高温区,沙坪坝最高,达到25.3℃。四川攀枝花市附近的最低气温有所降低,但存在高于18℃的高温区,攀枝花市还达到20.9℃。西藏的最低气温没有明显变化,较高的区域还是在西藏林芝市南部,察隅县最低气温最高,达到15.3℃。

9 月［图 2.3.11（i）］，长江上游的最低气温分布与 8 月基本类似，但开始出现显著下降的趋势，其中三江源降低到 0℃以下，是长江上游最低气温最低的区域，其最低点在青海曲麻莱县五道梁，下降到-1.9℃。长江上游其余区域的最低气温高于 0℃，其中西藏拉萨市及林芝市、四川中东部、云南北部、重庆、贵州、广西北部、陕西南部、湖南和湖北西部等高于 10℃，尤其是广西北部部分区域高于 22℃，是长江上游最低气温最高的区域。四川宜宾市—重庆云阳县的长江沿岸是最低气温高于 20℃的高值区，沙坪坝区最高，达到 21.5℃。云南北部到四川攀枝花市附近的最低气温有所降低，但攀枝花市附近还存在高于 16℃的高温区，攀枝花市最高，达到 19.3℃。此外，西藏的最低气温高于 0℃，其中拉萨市和林芝市还高于 10℃，尤其是林芝市南部，中心察隅县达到 14.0℃。

10 月［图 2.3.11（j）］，长江上游的最低气温再次开始形成西北部低于 0℃和东南部高于 0℃的由西北向东南递增的基本分布，最低气温进一步降低，低于 0℃的区域显著扩大，主要在西藏那曲市、四川石渠县和青海等，尤其是青海三江源，是最低气温最低的区域，其中心青海曲麻莱县五道梁降低到-9.2℃。长江上游其余区域的最低气温高于 0℃，其中四川中东部、重庆、云南北部、广西北部、贵州、陕西南部、湖北和湖南等大部分区域高于 10℃，并且广西北部是长江上游最低气温最高的区域，高于 18℃。四川宜宾市到重庆长寿区的长江沿岸最低气温高于 16℃，其中沙坪坝区达到 16.8℃。攀枝花市附近最低气温高于 14℃，较周边偏高，攀枝花市最高达到 16.4℃。此外，西藏拉萨市和林芝市的最低气温较西藏其余区域偏高，在 2℃以上，尤其是林芝市南部相对最高，中心察隅县达到 8.8℃。

11 月［图 2.3.11（k）］，长江上游的最低气温分布与 10 月基本一致，最低气温继续降低，并且低于 0℃的区域进一步扩大，包括西藏除林芝市南部以外区域、青海、四川西部和甘肃北部等，其中西藏那曲市、四川石渠县附近和青海等最低气温还低于-10℃，尤其是三江源最低，中心清水河降低到-18.1℃。西藏林芝市南部、四川中东部、云南北部、重庆、贵州、广西北部、甘肃南部、陕西南部、湖南和湖北西部的最低气温高于 0℃，其中广西北部是长江上游最低气温相对最高的区域，存在高于 12℃的高值区。四川东南部到重庆还存在一高于 10℃的区域，四川宜宾市附近出现高于 12℃的高值区，其中心四川长宁县达到 12.5℃。四川攀枝花市附近是高于 8℃的高值区，较周边偏高，其中四川攀枝花市的最低气温最高达到 11.3℃。

12 月［图 2.3.11（l）］，长江上游的最低气温继续维持 11 月的空间分布，进一步降低，低于 0℃的区域略有扩大，最低气温变化更加明显。低于 0℃的区域主要包括西藏除林芝市南部以外的区域、四川西部、青海、甘肃和陕西中北部，大部分区域的最低气温都低于-10℃，尤其是三江源，降低到-20℃以下，是最低气温最低的区域，中心清水河只有-24.3℃。高于 0℃区域主要是云南北部、四川中东部、贵州、重庆、广西北部、湖南和湖北西部等，广西北部是最低气温最高的区域，高于 8℃。四川宜宾市到重庆云阳县的长江沿岸最低气温高于 6℃，沙坪坝区最高，达到 8.0℃。四川攀枝花市附近的最低气温较周边偏高，存在高于 4℃的高值区，其中心攀枝花市达到 7.6℃。此外，西藏拉萨市和林芝市的最低气温较西藏其余区域偏高，尤其是林芝市南部部分地区高于 0℃，其中察隅县达到 0.4℃。

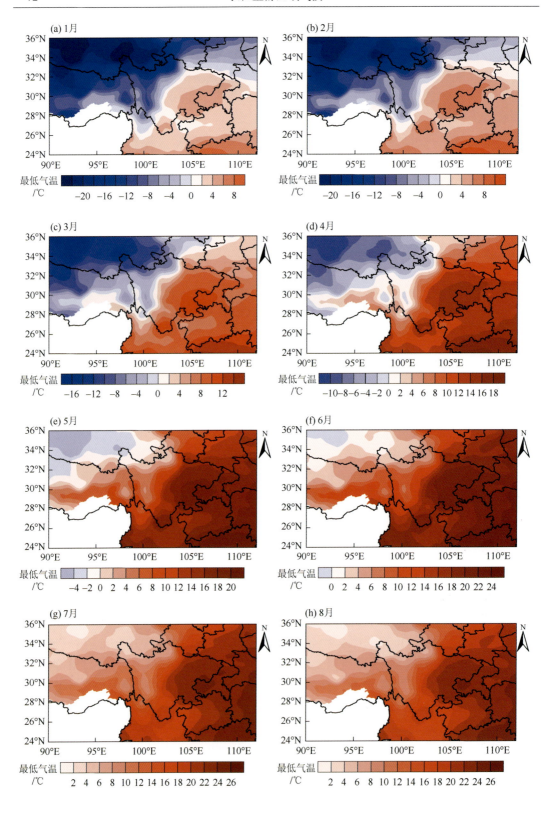

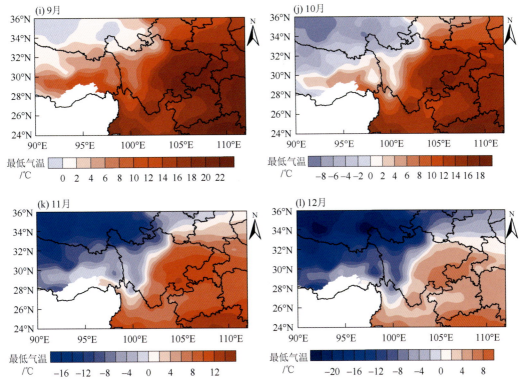

图 2.3.11　1990～2020 年长江上游区域 1～12 月最低气温气候态

2.4　小　　结

2.4.1　区域降水状况

长江上游不同等级降水的强度和次数在年、季节和月时间尺度上的分布及其变化有明显差异性。

1990～2020 年的 31 年间，长江上游的暴雨主要集中在东部的云南北部、四川东部、重庆、贵州、湖北西部、湖南西部和广西北部，暴雨强度大，且发生次数多。四川东部、湖南西部、贵州北部和广西北部尤其明显，而长江上游西部暴雨次数较少，强度也较弱，仅西藏东部的林芝市附近暴雨强度较大。长江上游东部的大雨同暴雨一样，强度和频次都大于西部，其中，四川东部、湖南西部、贵州南部和广西北部的大雨强度最强。湖南西部、广西北部和云南西部的大雨发生次数更多，而西部仅在西藏东部的察隅县附近有较多大雨。长江上游东部的中雨强度比西部大，陕西南部、湖北西部、湖南西南部、广西北部和云南的中雨强度最强，西部仅有西藏东部的察隅县附近中雨强度较强。另外，湖南西部、广西北部和云南西部中雨频繁，西藏东部的林芝市附近中雨较周围多。长江上游的小雨主要集中在西藏东部、云南西北部、青海南部、四川北部和东南部、贵州和湖北西南部。湖南西部、广西北部、云南北部和四川西部的小雨强度较周围强，贵州的小雨强度较弱，西藏东部的拉萨市附近小雨强度较强。

　　季节时间尺度上，长江上游暴雨主要集中在其东部，广西北部最多。春、秋两季，四川东部及南部、湖南西北部、贵州西南部和云南北部的暴雨较多，而冬季最少。另外，春、夏、秋三季，四川东部、贵州南部、湖南西部和广西北部的暴雨强度最强，西部只有西藏东部的暴雨较强，尤其秋季，西藏波密县的暴雨强度最强，而冬季仅湖南西南部、云南东部和广西东北部的暴雨强度较强。

　　一年四季中，长江上游的大雨夏季最多，冬季最少。大雨主要集中在广西北部和云南西北部，夏、秋两季，四川南部、重庆北部、湖北西南部和贵州南部大雨较多。春、夏、秋三季，四川东部、云南北部、贵州、广西北部、湖北西部和湖南西部的大雨强度较强，西藏东部波密县、林芝市巴宜区的大雨强度也较强，冬季广西东北部的大雨强度最强。

　　春、夏、秋三季长江上游的中雨明显多于冬季。一年四季中，云南西部的中雨频繁，尤其是夏季中雨次数最多。春、冬两季，中雨主要集中在广西东北部、湖南西南部和云南西北部，秋季四川东部和南部及重庆的中雨也较频繁。西藏东部中雨较多的区域主要集中在波密县。一年四季中，云南北部、广西北部、湖南西南部和西藏东部的中雨强度较强，三江源最弱。另外，夏季陕西南部的中雨强度达到最强，冬季西藏错那市的中雨强度最强。

　　长江上游的小雨较频繁，夏季主要集中在青海南部、西藏东部、云南北部和四川西部，且小雨强度也较强。冬季小雨主要集中在四川东部、重庆、贵州、湖南西部和广西北部，广西东北部、湖南西部和云南西北的小雨强度最强。春、秋两季的小雨次数分布较相似，集中在西藏东部、四川西北部和中部、贵州西北部，春季广西东北部、湖南西部和云南西北的小雨强度更强，秋季四川北部和东部、重庆、云南西部的小雨强度更强。

　　月时间尺度上，长江上游暴雨主要集中在 4~10 月，四川东部、云南北部、重庆、贵州、湖北西部、湖南西部和广西北部的暴雨较多，且强度也较强。长江上游西部的暴雨偏少，仅西藏察隅县、波密县和林芝市巴宜区有少量暴雨，10 月强度最强。

　　长江上游的大雨在 5~10 月范围最大、强度最强、次数最多。广西北部、湖北西部、湖南西部、重庆、贵州、云南北部和四川中东部的大雨频繁，且强度较强。西藏东部、青海南部也有大雨，不过次数较少，西藏察隅县、波密县和林芝市巴宜区的大雨较多，且强度也较周边更强，5 月、8 月和 10 月西藏东部的大雨强度甚至还超过长江上游东部。

　　长江上游的中雨较多，4~10 月整个区域都有中雨发生，其余月份中雨主要集中在广西东北部和湖北西部。4~10 月中，4 月和 5 月中雨主要集中在广西东北部，强度也较强，西藏东部和青海南部的中雨次数较少，不过强度较强。6~9 月，中雨主要集中在云南西部和四川西部，云南北部、四川东部、重庆、贵州、湖北西部和广西东北部的中雨强度较强。10 月，长江上游中雨集中在云南西部、四川东部和湖北西南部，强度较强，西藏东部的错那市中雨强度最强。

　　长江上游的小雨整体较多，不同月份其中心不一样，小雨中心 1~12 月呈自东向西后又自西向东的空间移动，1 月、2 月、11 月和 12 月小雨主要集中在四川东南部、贵州和湖南西部，且强度较强；其余月份小雨主要集中在西藏东部、四川中部和青海南部。8 月和 9 月西藏东部的小雨强度最强，其次四川西部和云南西北部的小雨强度也较强。

2.4.2　区域气温状况

　　长江上游的平均气温、最高气温和最低气温在年、季和月时间尺度上都呈现出由西北向东南递增的空间分布，其中低值区在青海和西藏那曲市附近，高值区在云南和广西北部附近。此外，长江上游沿岸的四川攀枝花市附近和四川东部到重庆西部的气温较周边偏高，西藏林芝市的气温也高于周边。

　　季节时间尺度上，长江上游的平均气温冬季最低，低于 0℃的区域最大，主要包括青海、西藏北部及西南部、四川西北部、甘肃南部和陕西北部等。春季气温显著升高，低于 0℃的区域只出现在青海和西藏那曲市等。夏季气温最高，所有区域都高于 0℃。秋季平均气温开始降低，低于 0℃的区域又重新出现在青海和西藏那曲市等。

　　长江上游一年四季中最高气温冬季最低，尤其是西藏西北部和青海三江源附近的最高气温在 0℃以下。春季开始上升，所有区域的最高气温都高于 0℃，夏季升高到最高，秋季又开始降低，但所有区域还是高于 0℃。

　　长江上游一年四季的最低气温冬季最低，西藏、青海、四川甘孜州及阿坝州、甘肃和陕西中北部等都低于 0℃；春季温度显著上升，低于 0℃的区域向西北方缩小，只出现在西藏西北部、青海和四川阿坝州北部；夏季所有区域都高于 0℃；秋季最低气温开始下降，低于 0℃的区域重新出现在西藏西北部、青海和四川阿坝州北部。

　　月时间尺度上，长江上游的平均气温在 1 月最低，西藏、青海、四川西北部高原、甘肃中南部和陕西中北部等低于 0℃，之后开始明显上升，低于 0℃的区域向西北方缩小，到 6 月长江上游的平均气温都上升到 0℃以上，并在 7 月达到最高。8 月开始平均温度有微弱降低，9 月开始明显下降，10 月低于 0℃的区域重新出现在青海三江源。

　　长江上游的最高气温也是 1 月最低，低于 0℃的区域出现在青海三江源和西藏西北部；2 月最高气温开始上升，并在 4 月长江上游所有区域都高于 0℃；7 月和 8 月最高气温最高，之后开始下降，11 月低于 0℃的区域重新出现在青海三江源。

　　长江上游的最低气温 1 月和 12 月最低，包括西藏、四川西部、青海、甘肃和陕西中北部等低于 0℃。2 月开始缓慢上升，低于 0℃的区域也开始向西北方缩小。7 月和 8 月最低气温达到最高，长江上游所有区域都高于 0℃；9 月开始下降，低于 0℃的区域重新出现在青海三江源。

第3章 长江上游区域气候变化

3.1 多年气候变化

3.1.1 暴雨年际年代际变化

图 3.1.1 是 1990～2020 年长江上游年平均暴雨强度的时间变化特征。1990～2020 年，长江上游平均暴雨强度为 72.57mm/d。年际变化的标准差为 1.7mm/d，其中暴雨强度最强的年份出现在 2010 年，强度达到 77.2mm/d；最弱的年份出现在 2011 年，强度为 70.28mm/d。1998 年以前暴雨强度的年际变化较强，随后减弱，2006 年后年际变化又有所增强，2012 年后又减弱。整体上，长江上游的暴雨强度有微弱增强的趋势，其值为 0.1（mm/d）/10a，但未通过信度检验。暴雨强度不同时期有着不同的变化，1990s[1]末期到 2000s[2]前期和 2010s[3]前期有减弱的趋势，2000s 后期和 2010s 后期则是增强的趋势，1990s 前期强度变化不大。2000s 前期暴雨强度最弱，2000s 后期达到最强。

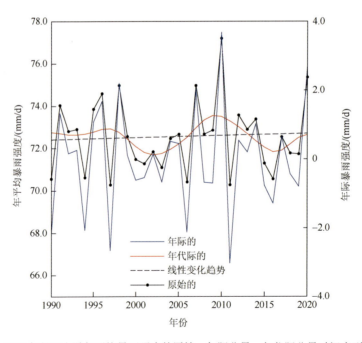

图 3.1.1　1990～2020 年长江上游年平均暴雨强度的原始、年际分量、年代际分量时间序列和线性变化趋势

---

[1] 1990s 表示 1990～1999 年。

[2] 2000s 表示 2000～2010 年。

[3] 2010s 表示 2010～2020 年。

图 3.1.2 是长江上游年平均暴雨次数的时间变化特征。1990～2020 年，长江上游平均暴雨次数为 2.3 次。年际变化的标准差为 0.3 次，其中暴雨次数最多的年份出现在 2020 年，为 3.2 次；最少的年份出现在 1997 年，为 1.7 次。整体上，长江上游的暴雨次数呈显著增多的趋势，其值为 0.1 次/10a，通过 90%信度检验。暴雨次数 1990s 前期到中期和 2010s 以增多为主，1990s 末期到 2000s 初期则以减少为主，2000s 初期到末期暴雨次数变化不大。1990s 前期是暴雨次数最少的时段，最多的时段则在 2010s 后期。

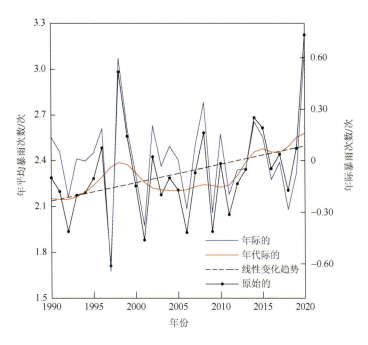

图 3.1.2　1990～2020 年长江上游年平均暴雨次数的原始、年际分量、年代际分量时间序列和线性变化趋势

3.1.2　大雨年际年代际变化

图 3.1.3 是长江上游年平均大雨强度的时间变化特征。1990～2020 年，长江上游平均大雨强度为 33.71mm/d。年际变化的标准差为 0.19mm/d，大雨强度最强的年份出现在 2011 年，达到 34.21mm/d；而强度最弱的年份是 2014 年，为 33.41mm/d。2010 年以前大雨强度的年际变化较弱，随后小幅度增强，2016 年后又减弱。整体上，长江上游的大雨强度呈显著增强的趋势，其值为 0.08（mm/d）/10a，通过 95%信度检验。1990s 前期到中期、2000s 后期和 2010s 后期大雨强度主要呈增强的趋势，1990s 后期和 2010s 后期呈减弱趋势，2000s 前期和中期变化不大。1990s 前期大雨强度最弱，2010s 后期最强。

图 3.1.4 是长江上游年平均大雨次数的时间变化特征。1990～2020 年，长江上游平均大雨次数为 6.7 次。年际变化比较显著，标准差达到 0.5 次，其中大雨次数最多的年份出现在 2020 年，为 7.9 次；最少的年份出现在 2011 年，为 5.4 次。2012～2017 年大雨次数

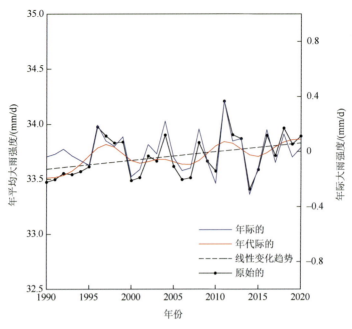

图 3.1.3　1990～2020 年长江上游年平均大雨强度的原始、年际分量、年代际分量时间序列和线性变化趋势

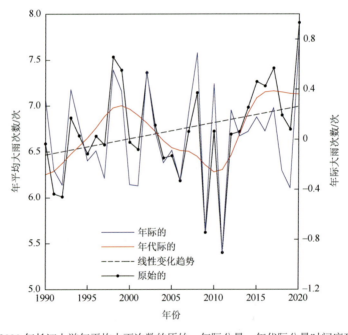

图 3.1.4　1990～2020 年长江上游年平均大雨次数的原始、年际分量、年代际分量时间序列和线性变化趋势

年际变化较弱,其余时期的年际变化较强。整体上,长江上游的年平均大雨次数变化不显著,但大雨次数有着显著年代际变化,1990s 和 2010s 前期呈快速增多的趋势,2000s 呈明显减少的趋势,2010s 后期的大雨次数变化并不明显。1990s 初期和 2000s 末期是大雨次数最少的时段,最多的时段在 2010s 后期。

3.1.3　中雨年际年代际变化

图 3.1.5 是长江上游年平均中雨强度的时间变化特征。1990～2020 年，长江上游平均中雨强度为 15.40mm/d。年际变化的标准差为 0.12mm/d，中雨强度最强的年份出现在 2020 年，达到 15.72mm/d，最弱的年份则在 1991 年，中雨强度只有 15.21mm/d。总体上，长江上游中雨强度的年际变化幅度不大。长江上游年平均中雨强度呈显著增强的趋势，其值为 0.08（mm/d）/10a，通过 99%信度检验。整个时期中雨强度以增强的趋势为主，尤其是 2010s 增强更加明显。中雨强度在 1990s 前期最弱，在 2010s 后期最强。

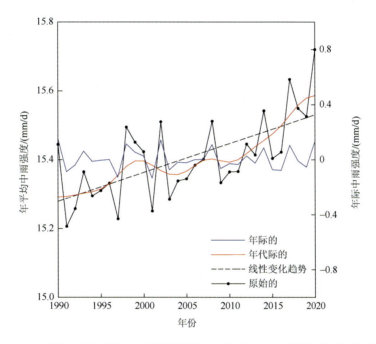

图 3.1.5　1990～2020 年长江上游年平均中雨强度的原始、年际分量、年代际分量时间序列和线性变化趋势

图 3.1.6 是长江上游年平均中雨次数的时间变化特征。1990～2020 年，长江上游平均中雨次数为 20.1 次。年际变化比较显著，标准差达到 1.1 次，1993 年的中雨次数最多，为 22.7 次；而 2011 年最少，只有 16.8 次。整体上，长江上游的年平均中雨次数呈显著减少的趋势，其值为–0.5 次/10a，通过 95%信度检验。中雨次数 1990s 到 2000s 以减少趋势为主，而 2010s 前期快速增加。中雨次数最多的时段在 1990s 前期，最少的时段则在 2000s 末期到 2010s 初期。

3.1.4　小雨年际年代际变化

图 3.1.7 是长江上游年平均小雨强度的时间变化特征。1990～2020 年，长江上游平均小雨强度为 2.48mm/d。年际变化的标准差为 0.054mm/d，小雨强度最强的年份在 1999 年，

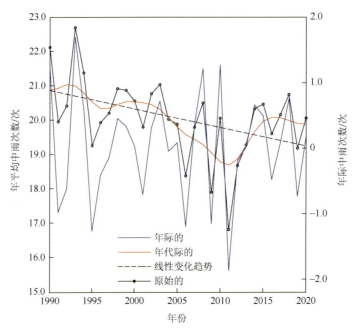

图 3.1.6　1990～2020 年长江上游年平均中雨次数的原始、年际分量、年代际分量时间序列和线性变化趋势

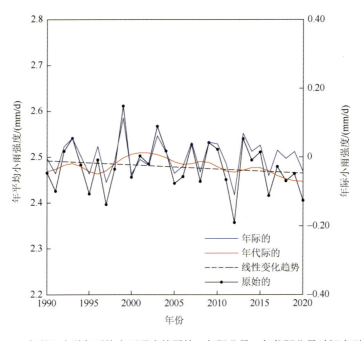

图 3.1.7　1990～2020 年长江上游年平均小雨强度的原始、年际分量、年代际分量时间序列和线性变化趋势

小雨强度达 2.61mm/d；最弱的年份在 2012 年，强度为 2.36mm/d。长江上游的小雨强度年际变化幅度不大。整体上，长江上游年平均小雨强度的变化不显著，但不同时期小雨强度又有着不同的变化，1990s 后期呈增强的趋势，2000s 和 2010s 则是减弱的趋势。小雨强度最强的时段在 1990s 末期到 2000s 初期，最弱的时段则在 2010s 后期。

图 3.1.8 是长江上游年平均小雨次数的时间变化特征。1990～2020 年，长江上游平均小雨次数为 144.8 次。年际变化比较显著，标准差达到 17.1 次。1991 年的小雨次数最多，达到 167.8 次；2017 年最少，只有 109.2 次。整体上，长江上游的年平均小雨次数呈显著减少的趋势，其值为 −16.6 次/10a，通过 99%信度检验。小雨次数在整个时期都是减少的趋势，尤其是 2010s 减少更加迅速。1990s 前期是小雨次数最多的时段，而 2010s 后期减小到最少。

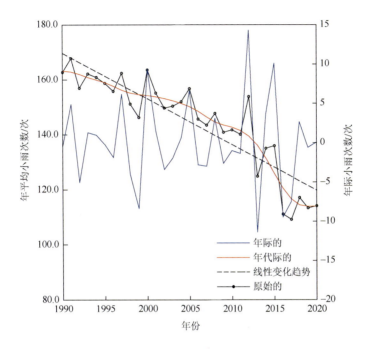

图 3.1.8　1990～2020 年长江上游年平均小雨次数的原始、年际分量、年代际分量时间序列和线性变化趋势

3.1.5　平均气温年际年代际变化

图 3.1.9 是长江上游年平均气温的时间变化特征。1990～2020 年，长江上游平均气温为 14.3℃。年际变化比较显著，标准差达到 0.4℃，平均气温最高在 2013 年，达到 14.9℃；最低在 1992 年，只有 13.5℃。平均气温大约 2015 年以前的年际变化比较强，之后减弱。整体上，长江上游的年平均气温呈显著增温的趋势，其值为 0.3℃/10a，通过 99%信度检验。1990s 中期以前是平均气温最低的时段，1990s 后期平均温度快速增温，2000s 平均气温缓慢增长，2010s 前期又出现快速增温的趋势，2010s 后期则是平均气温比较高的时段。

3.1.6　最高气温年际年代际变化

图 3.1.10 是长江上游年平均最高气温的时间变化特征。1990～2020 年，长江上游平均最高气温为 19.9℃，年际变化的标准差达到 0.51℃，其中最高气温最低在 1993 年

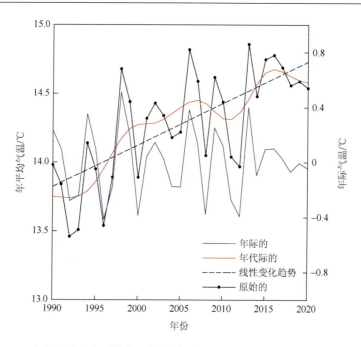

图 3.1.9　1990～2020 年长江上游年平均气温的原始、年际分量、年代际分量时间序列和线性变化趋势

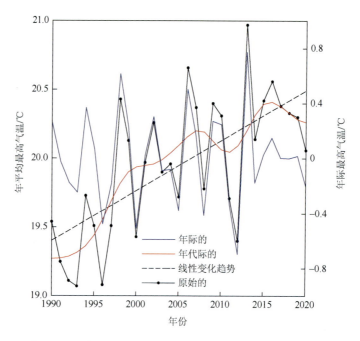

图 3.1.10　1990～2020 年长江上游年平均最高气温的原始、年际分量、年代际分量时间序列和线性变化趋势

和 1996 年，只有 19.1℃；最高在 2013 年，接近 21℃。最高气温在 2000s 中期以前的年际变化更加明显。整体上，长江上游的最高气温呈显著升温的趋势，幅度达到 0.36℃/10a，通过 99%信度检验。1990s 前期是最高气温最低的时段，1990s 后期到 2000s 中期和 2010s 前期是

最高温度增温的时段，尤其是 1990s 末期是增温最迅速的时段。2000s 后期和 2010s 后期最高气温有降温的趋势，但幅度不大，2010s 中后期是最高气温比较高的时段。

3.1.7　最低气温年际年代际变化

　　图 3.1.11 是长江上游年平均最低气温的时间变化特征。1990~2020 年，长江上游平均最低气温为 10.2℃，标准差为 0.43℃，其中最低气温最低在 1992 年，其值为 9.2℃；最高在 2016 年，达到 10.8℃。2010s 中期以前，最低气温的年际变化幅度较后期偏高。整体上，最低气温在 1990~2020 年的 31 年间呈现出显著的增温趋势，其幅度为 0.38℃/10a，通过 99%信度检验。最低气温上升的时段主要在 1990s 中期到 2000s 后期和 2010s 前期,尤其是 1990s 后期和 2010s 前期是升温比较快的两个时段。1990s 前期和 2010s 后期分别是最低气温最低和最高的两个时段。

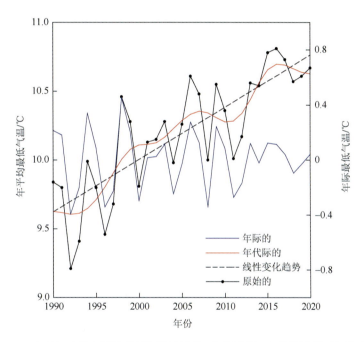

图 3.1.11　1990~2020 年长江上游年平均最低气温的原始、年际分量、年代际分量时间序列和线性变化趋势

3.2　季节气候变化

3.2.1　暴雨季节年际年代际变化

　　图 3.2.1 是长江上游季节平均暴雨强度的时间变化特征。1990~2020 年，春季［图 3.2.1（a）］，长江上游平均暴雨强度为 69.17mm/d，年际变化比较显著，标准差达到 1.99mm/d。暴雨强度最强在 2013 年，达到 73.16mm/d；最弱在 2001 年，只有 65.38mm/d。相对而言，2000s 暴雨强度的年际变化较弱。整体上，春季暴雨强度的变化不显著，但不

同时期也有不同的变化，1990s 前期及中期、2000s 中期及后期和 2010s 中后期暴雨强度以增强为主，而 1990s 后期到 2000s 前期和 2010s 前期以减弱为主。暴雨强度最强的时段在 1990s 后期，最弱的时段主要在 1990s 前期。

夏季［图 3.2.1（b）］，长江上游 1990～2020 年平均暴雨强度为 74.76mm/d，年际变化幅度较春季有小幅减小，标准差为 1.96mm/d。暴雨强度最强在 2010 年，达到 81.25mm/d；最弱在 1994 年，只有 72.22mm/d。整体上，夏季暴雨强度在 1990～2020 年变化不显著，但不同时期也有不同的变化。1990s 末期到 2000s 前期和 2010s 前期暴雨强度以减弱为主，2000s 后期则以增强为主，而 1990s 前期暴雨强度变化不明显。暴雨强度最强的时段在 2000s 末期到 2010s 初期，最弱的时段主要在 2000s 前期。

秋季［图 3.2.1（c）］，长江上游 1990～2020 年平均暴雨强度为 70.02mm/d，较夏季弱，但比春季强。秋季暴雨强度的年际变化幅度有所增大，标准差为 3.15mm/d。暴雨强度最强在 2004 年，达到 78.31mm/d；最弱在 1997 年，只有 63.76mm/d。整体上，秋季暴雨强度的变化不显著，但 1990s 前期和 2000s 后期以减弱为主，1990s 后期和 2010s 则以增强为主。暴雨强度 1990s 中期最弱，2010s 中后期最强。

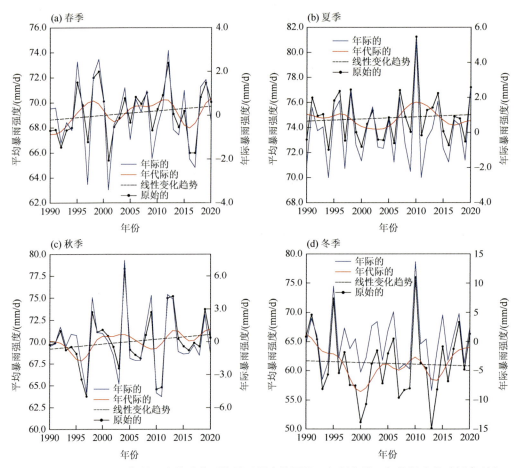

图 3.2.1　1990～2020 年长江上游季节平均暴雨强度的原始、年际分量、年代际分量时间序列和线性变化趋势

冬季［图 3.2.1（d）］，长江上游 1990～2020 年平均暴雨强度为 61.24mm/d，在四季中最弱。暴雨强度的年际变化显著，标准差达到 5.81mm/d，2010 年最强，达到 75.99mm/d；2013 年最弱，只有 50.15mm/d。整体上，冬季暴雨强度的变化不显著。暴雨强度减弱的时段主要在 1990s 和 2010s 前期，而 2000s 和 2010s 中后期以增强为主。暴雨强度 1990s 前期最强，1990s 末期到 2000s 初期最弱。

图 3.2.2 是长江上游季节平均暴雨次数的时间变化特征。1990～2020 年，春季［图 3.2.2（a）］，长江上游平均暴雨次数为 0.38 次，年际变化的标准差为 0.09 次，暴雨次数最多在 2004 年，为 0.56 次；最少在 2009 年，只有 0.24 次。整体上，春季暴雨次数变化不显著。暴雨次数增多的时段主要在 1990s 中后期和 2010s 前期，减少的时段在 2000s 中后期。暴雨次数最多的时段主要在 1990s 后期到 2000s 前期和 2010s 中后期，最少的时段在 2000s 后期。

夏季［图 3.2.2（b）］，长江上游 1990～2020 年平均暴雨次数为 1.57 次，年际变化幅度较春季有小幅增加，标准差为 0.28 次。夏季暴雨次数最多在 2020 年，达到 2.43 次；最少在 2006 年，只有 1.14 次。整体上，夏季暴雨次数在 1990～2020 年的变化不显著，但不同时期有不同的变化。1990s 中后期和 2010s 主要是增多的趋势，1990s 末期到 2000s 初期以减少为主，而 2000s 暴雨次数的变化不明显。暴雨次数最多的时段在 1990s 后期和 2010s 后期，最少的时段在 2000s。

秋季［图 3.2.2（c）］，长江上游 1990～2020 年平均暴雨次数为 0.34 次，较前两个季节有所减少。秋季暴雨次数的年际变化标准差为 0.13 次，也比前两个季节小。暴雨次数最多在 2014 年，达到 0.67 次；最少在 1992 年，只有 0.16 次。大约 2006 年以后，暴雨次数的年际变化幅度更明显。整体上，秋季暴雨次数呈显著增加的趋势，幅度为 0.078 次/10a，通过 99% 信度检验。暴雨次数 2010s 中期以前都是增加的趋势，尤其是 2000s 中期到 2010s 中期增加最迅速，2010s 后期则是减少的趋势。暴雨次数最多的时段在 2010s 前期，最少的时段在 1990s 前期。

冬季［图 3.2.2（d）］，长江上游 1990～2020 年平均暴雨次数为 0.02 次，在四季之中最少。冬季暴雨次数的年际变化标准差为 0.015 次，2011 年最多，达到 0.051 次；1996 年和 2000 年最少，只有 0.0015 次。大约 2003 年之前，暴雨次数的年际变化幅度较之后弱。

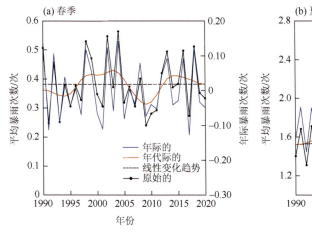
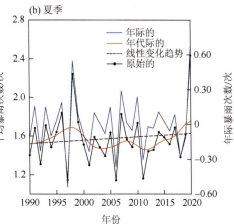

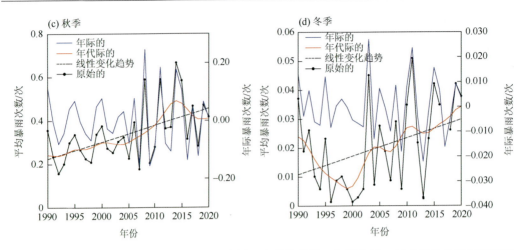

图 3.2.2　1990～2020 年长江上游季节平均暴雨次数的原始、年际分量、年代际分量时间序列和
线性变化趋势

整体上，冬季暴雨次数在 1990～2020 年呈显著增多的趋势，其值为 0.0063 次/10a，通过 95%信度检验。1990s 暴雨次数呈快速减少的趋势，2000s 初开始又转为增加。暴雨次数最少的时段在 1990s 末期到 2000s 初期，最多的时段在 2010s 后期。

3.2.2　大雨季节年际年代际变化

图 3.2.3 是长江上游季节平均大雨强度的时间变化特征。1990～2020 年，春季 [图 3.2.3（a）]，长江上游平均大雨强度为 33.34mm/d，年际变化标准差达到 0.45mm/d。大雨强度最强在 2004 年，达到 34.17mm/d；最弱在 2008 年，只有 32.63mm/d。整体上，春季大雨强度的变化不显著，但不同时期有不同的变化。大雨强度 1990s 前期、2000s 前期和 2000s 末期到 2010s 初期以增强为主，1990s 后期、2000s 中期和 2010s 中后期则以减弱为主。大雨强度 2000s 前期最强，2000s 后期最弱。

夏季 [图 3.2.3（b）]，长江上游 1990～2020 年平均大雨强度为 34.16mm/d，其年际变化幅度较春季有小幅减小，标准差为 0.18mm/d。大雨强度 2015 年最强，达到 34.5mm/d；2007 年最弱，只有 33.87mm/d。整体上，夏季大雨强度在 1990～2020 年呈现显著增强的趋势，其值为 0.076（mm/d）/10a，通过 95%信度检验。大雨强度 1990s 前中期和 2000s 中期以后是整体增强的趋势，1990s 后期到 2000s 中期则出现减弱的趋势。1990s 前期是大雨强度最弱的时段，2010s 后期是最强的时段。

秋季 [图 3.2.3（c）]，长江上游 1990～2020 年平均大雨强度为 33.51mm/d，较夏季弱，但比春季强。年际变化幅度有所增强，标准差为 0.41mm/d。大雨强度最强在 2017 年，达到 34.11mm/d；最弱在 1993 年，只有 32.57mm/d。整体上，秋季大雨强度的变化不显著，但不同时期也有不同的变化，其中 1990s 前期、1990s 末期到 2000s 前期和 2010s 中后期以减弱为主，1990s 中期和 2000s 中期到 2010s 前期以增强为主。大雨强度 1990s 前期最弱，2010s 前期最强。

冬季〔图 3.2.3（d）〕，长江上游 1990～2020 年平均大雨强度为 32.44mm/d，在四季中最弱。大雨强度的年际变化显著，标准差达到 1.24mm/d。大雨强度最强在 2012 年，达到 35.3mm/d；最弱在 2002 年，只有 30.06mm/d。整体上，冬季大雨强度在 1990～2020 年变化趋势不显著，但不同时期有不同的变化。1990s 前中期和 2000s 初期到 2010s 前期以增强为主，1990s 末期到 2000s 初期和 2010s 中后期以减弱为主。大雨强度 1990s 初期和 2000s 初期最弱，2010s 前期最强。

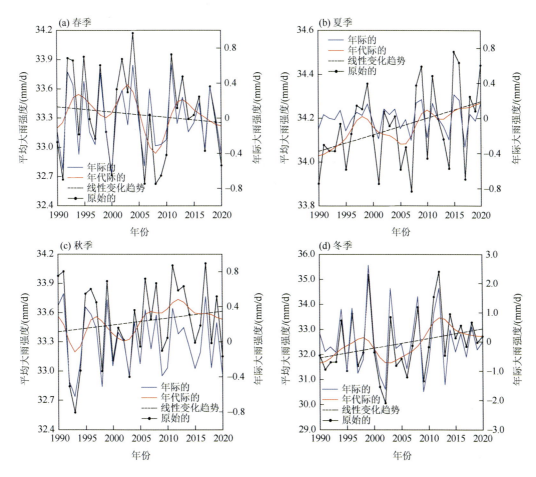

图 3.2.3 1990～2020 年长江上游季节平均大雨强度的原始、年际分量、年代际分量时间序列和线性变化趋势

图 3.2.4 是长江上游季节平均大雨次数的时间变化特征。春季〔图 3.2.4（a）〕，1990～2020 年长江上游平均大雨次数为 1.52 次，其年际变化的标准差为 0.28 次。大雨次数最多在 2002 年，达到 2.09 次；最少在 2011 年，只有 0.92 次。整体上，春季大雨次数的变化不显著，但存在明显的年代际变化。1990s 前期和 2000s 中后期大雨次数以减少为主，1990s 中期到 2000s 前期和 2010s 前期以增加为主。大雨次数 2000s 前期和 2010s 中期相对最多，1990s 中期最少。

夏季［图3.2.4（b）］，长江上游1990～2020年平均大雨次数为3.71次，其年际变化幅度较春季有小幅增加，标准差为0.43次。大雨次数最多在2020年，达到4.63次；最少在2011年，只有2.58次。整体上，夏季大雨次数在1990～2020年变化趋势不显著，但不同时期有不同的变化。大雨次数1990s和2010s以增加为主，2000s初到2010s初以减少为主。大雨次数1990s末期到2000s初期最多，2010s前期最少。

秋季［图3.2.4（c）］，长江上游1990～2020年平均大雨次数为1.31次，较前两个季节有所减少。年际变化标准差为0.29次，变化幅度较夏季小。大雨次数最多在2015年，达到1.87次；最少在2009年，只有0.75次。整体上，秋季大雨次数的变化不显著，但不同时期也有不同的变化。1990s前期和2000s初期到2010s中期大雨次数以增多为主，1990s中期到2000s初期和2010s后期以减少为主。大雨次数最多的时段在2010s中期，最少在1990s前期。

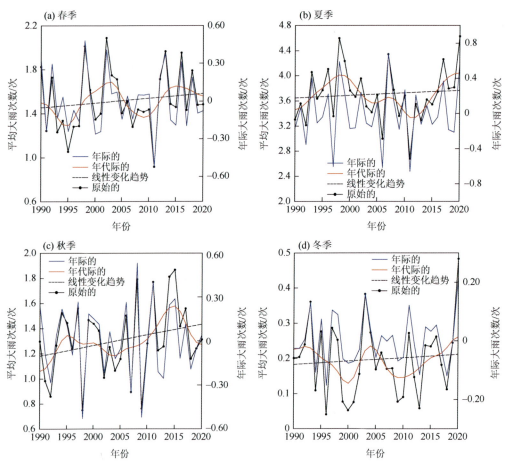

图 3.2.4　1990～2020年长江上游季节平均大雨次数的原始、年际分量、年代际分量时间序列和线性变化趋势

冬季［图3.2.4（d）］，长江上游1990～2020年平均大雨次数为0.2次，在四季中最少。年际变化标准差为0.1次，大雨次数最多在2020年，达到0.48次；最少在1996年，

只有 0.041 次。整体上，冬季大雨次数在 1990~2020 年的变化趋势不显著。1990s 和 2000s 中后期以减少为主，2000s 前期和 2010s 以增多为主。相对而言，1990s 前期和 2000s 中期的大雨次数较多，1990s 末期到 2000s 初期和 2000s 后期较少。

3.2.3　中雨季节年际年代际变化

图 3.2.5 是长江上游季节平均中雨强度的时间变化特征。1990~2020 年，春季 [图 3.2.5（a）]，长江上游平均中雨强度为 15.22mm/d，年际变化标准差为 0.2mm/d。中雨强度最强在 2006 年，达到 15.6mm/d；最弱在 1996 年，为 14.85mm/d。大约 1997~2007 年年际变化较强，其余年份变化幅度相对较小。整体上，春季中雨强度呈显著增强的趋势，其幅度为 0.083（mm/d）/10a，通过 95%信度检验。但不同时期有不同的变化，1990s 中期到 2000s 中期和 2010s 是增强的趋势，1990s 前期和 2000s 后期是减弱的趋势。中雨强度 1990s 中期最弱，2010s 后期最强。

夏季 [图 3.2.5（b）]，长江上游 1990~2020 年平均中雨强度为 15.61mm/d，年际变化幅度较春季有小幅减小，年际变化标准差为 0.19mm/d。中雨强度最强在 2020 年，达到 16.14mm/d；最弱在 2006 年，为 15.33mm/d。整体上，夏季中雨强度在 1990~2020 年呈现显著增强的趋势，其值为 0.14（mm/d）/10a，通过 99%信度检验。中雨强度增强主要从 2000s 中期开始，尤其是 2010s 中后期增强更加迅速，1990s 变化不明显，2000s 前期还有减弱的趋势。中雨强度最强的时段在 2010s 后期，最弱在 2000s 中期。

秋季 [图 3.2.5（c）]，长江上游 1990~2020 年平均中雨强度为 15.3mm/d，较夏季弱，年际变化标准差为 0.19mm/d。中雨强度最强在 2008 年，达到 15.85mm/d；最弱在 2007 年，为 14.95mm/d。相对而言，大约 2006 年之前，年际变化幅度较之后弱。整体上，秋季中雨强度在 1990~2020 年变化不显著，但不同时期有不同的变化。2010s 初期之前以增强为主，尤其是 1990s 前期增强更加迅速，2010s 初期以后快速减弱。中雨强度 2010s 前期较强，1990s 前期和 2010s 后期相对较弱。

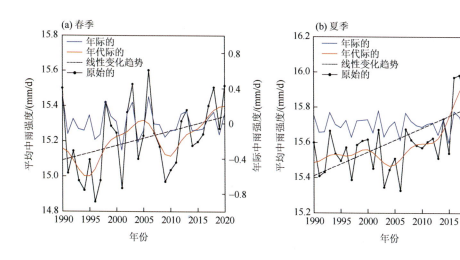

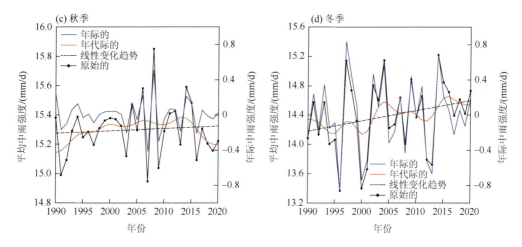

图 3.2.5　1990～2020 年长江上游季节平均中雨强度的原始、年际分量、年代际分量时间序列和线性变化趋势

冬季［图 3.2.5（d）］，长江上游 1990～2020 年平均中雨强度为 14.39mm/d，在四季中最弱。年际变化较明显，标准差达到 0.49mm/d。中雨强度最强在 2014 年，达到 15.22mm/d；最弱在 1996 年，为 13.37mm/d。整体上，冬季中雨强度在 1990～2020 年变化不显著，并且不同时期变化显著不同，2000s 前期和 2010s 前期以增强为主，1990s 初期和 2000s 中期到 2010s 初期以减弱为主。中雨强度 1990s 后期到 2000s 初期最弱，2010s 后期最强。

图 3.2.6 是长江上游季节平均中雨次数的时间变化特征。春季［图 3.2.6（a）］，长江上游 1990～2020 年平均中雨次数为 5.01 次，年际变化的标准差为 0.55 次。中雨次数最多在 1990 年和 2016 年，达到 5.87 次；最少在 2011 年，只有 3.63 次。整体上，春季中雨次数在 1990～2020 年变化不显著，但不同时期具有不同的变化，1990s 后期和 2010s 前期以增多为主，1990s 前期和 2010s 后期以减少为主，2000s 变化不大。中雨次数 1990s 中期最少，2010s 中期最多。

夏季［图 3.2.6（b）］，长江上游 1990～2020 年平均中雨次数为 9.52 次，年际变化幅度较春季有小幅增加，标准差为 0.86 次。中雨次数最多在 1993 年，达到 11.21 次；最少在 2011 年，只有 7.51 次。整体上，夏季中雨次数在 1990～2020 年呈现显著减少趋势，其值为–0.56 次/10a，通过 99%信度检验。中雨次数减少的时段主要在 2000s，1990s 和 2010s 变化不明显。中雨次数最多的时段在 1990s，最少在 2010s。

秋季［图 3.2.6（c）］，长江上游 1990～2020 年平均中雨次数为 4.52 次，较前两个季节有所减少。年际变化标准差为 0.57 次，变化幅度较夏季小。中雨次数最多在 1994 年，达到 5.35 次；最少在 2009 年，只有 3.15 次。整体上，秋季中雨次数在 1990～2020 年变化不显著，但不同时期的变化不相同，1990s 中期到 2000s 末期以减少为主，1990s 前期和 2000s 中期以后以增多为主，尤其是 2000s 后期到 2010s 中期增加快速。中雨次数最多的时段在 2010s 后期，最少在 2000s 后期。

冬季［图 3.2.6（d）］，长江上游 1990～2020 年平均中雨次数为 1.03 次，在四季中最少，年际变化标准差为 0.45 次。中雨次数最多在 1993 年，达到 2.17 次；最少在 2013 年，

只有 0.38 次。相对而言，大约 1997 年之前中雨次数的年际变化较强，之后变化幅度有所
减弱。整体上，冬季中雨次数在 1990～2020 年变化不显著，但不同时期有不同的变化，
1990s 和 2000s 后期以减少为主，2000s 前期和 2010s 以增多为主。中雨次数最多的时段
在 1990s 前期，最少在 2010s 前期。

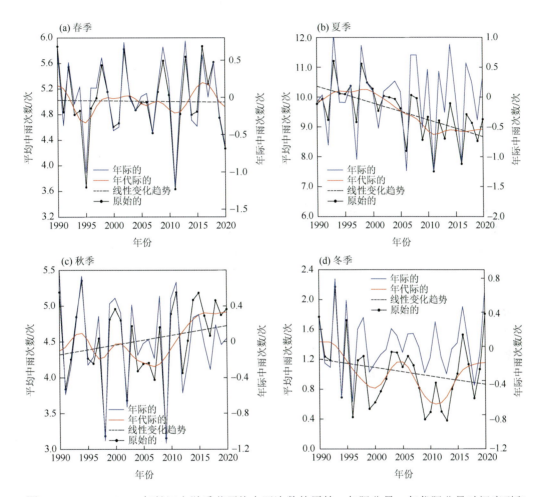

图 3.2.6　1990～2020 年长江上游季节平均中雨次数的原始、年际分量、年代际分量时间序列和
线性变化趋势

3.2.4　小雨季节年际年代际变化

图 3.2.7 是长江上游季节平均小雨强度的时间变化特征。春季［图 3.2.7（a）］，长江
上游 1990～2020 年平均小雨强度为 2.45mm/d，年际变化标准差为 0.094mm/d。小雨强度
最强在 2018 年，达到 2.68mm/d；最弱在 1995 年，为 2.28mm/d。大约 2011 年之前，小
雨强度的年际变化幅度较小，之后有所增大。整体上，春季小雨强度在 1990～2020 年呈
现显著增强的趋势，其幅度为 0.049（mm/d）/10a，通过 99%信度检验。小雨强度 2000s

中期及以前以增强为主，2000s 后期到 2010s 初期和 2010s 末期以减弱为主。小雨强度 2000s 后期和 2010s 后期较强，1990s 前期较弱。

夏季 [图 3.2.7 (b)]，长江上游 1990～2020 年平均小雨强度为 3.2mm/d，年际变化幅度较春季有所增强，标准差为 0.18mm/d。小雨强度最强在 1990 年，达到 3.37mm/d；最弱在 2016 年，为 2.77mm/d。大约 2015 年之前，小雨强度年际变化幅度低于 2015 年之后。整体上，夏季小雨强度在 1990～2020 年显著减弱，其趋势值为 -0.16（mm/d）/10a，通过 99% 信度检验。小雨强度整个时期都呈减弱的趋势，但 2000s 后期开始迅速减弱。小雨强度 2000s 后期之前相对较强，2010s 后期最弱。

秋季 [图 3.2.7 (c)]，长江上游 1990～2020 年平均小雨强度为 2.51mm/d，较夏季弱，年际变化标准差为 0.066mm/d。小雨强度最强在 2018 年，达到 2.61mm/d；最弱在 2012 年，为 2.37mm/d。年际变化大约 2010 年之前较弱，之后有所增强。整体上，秋季小雨强度变化不显著，但不同时期也有不同的变化。1990s 前中期和 2000s 前期小雨强度

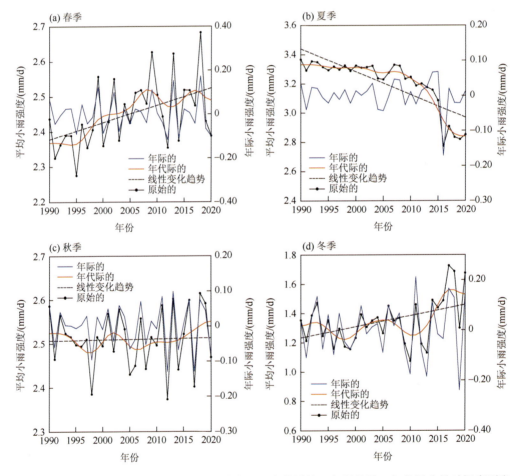

图 3.2.7　1990～2020 年长江上游季节平均小雨强度的原始、年际分量、年代际分量时间序列和线性变化趋势

以减弱为主，1990s 后期到 2000s 初期和 2000s 中期之后以增强为主，但幅度不大。小雨强度 1990s 后期相对较弱，2010s 后期较强。

冬季 [图 3.2.7（d）]，长江上游 1990～2020 年平均小雨强度为 1.35mm/d，年际变化标准差达到 0.16mm/d。小雨强度最强在 2017 年，达到 1.73mm/d；最弱在 2010 年，为 1.07mm/d。相对而言，冬季小雨强度年际变化幅度大约 2008 年之前较小，之后有所增强。整体上，冬季小雨强度在 1990～2020 年呈显著增强趋势，其值为 0.076（mm/d）/10a，通过 95%信度检验。1990s 中期和 2000s 中期到 2010s 初期以减弱为主，1990s 末期到 2000s 中期和 2010s 中后期以增强为主。小雨强度 1990s 后期相对较弱，2010s 后期最强。

图 3.2.8 是长江上游季节平均小雨次数的时间变化特征。春季 [图 3.2.8（a）]，长江上游 1990～2020 年平均小雨次数为 39.34 次，年际变化显著，标准差为 5.47 次。小雨次数最多在 1992 年，达到 47.69 次；最少在 2020 年，只有 27.18 次。整体上，春季小雨次数在 1990～2020 年呈显著减少趋势，其值为–5.38 次/10a，通过 99%信度检验。小雨次数整个时期都呈现减少的趋势，1990s 前期最多，2010s 后期最少。

夏季 [图 3.2.8（b）]，长江上游 1990～2020 年平均小雨次数为 39.9 次，年际变化幅度较春季有小幅减少，标准差为 4.96 次。小雨次数最多在 1998 年，达到 47.47 次；最少在 2016 年，只有 28.94 次。整体上，夏季小雨次数在 1990～2020 年呈显著减少趋势，其值为–4.4 次/10a，通过 99%信度检验。小雨次数 1990s 变化不明显，2000s 初开始迅速减少，1990s 是最多的时段，2010s 后期是最少的时段。

秋季 [图 3.2.8（c）]，长江上游 1990～2020 年平均小雨次数为 35.61 次，较前两个季节有所减少，年际变化标准差为 3.7 次，变化幅度减小。小雨次数最多在 1994 年，达到 41.91 次；最少在 2016 年，只有 26.68 次。整体上，秋季小雨次数呈显著减少的趋势，减少幅度为–2.79 次/10a，通过 99%信度检验。小雨次数整个时期都是减少的趋势，尤其是 2010s 前期开始减少更加迅速。1990s 前期是小雨次数最多的时段，2010s 后期是最少的时段。

冬季 [图 3.2.8（d）]，长江上游 1990～2020 年平均小雨次数为 30.14 次，在四个季节中最少，年际变化标准差为 5.77 次。1990 年小雨次数最多，达到 42.32 次；2018 年最

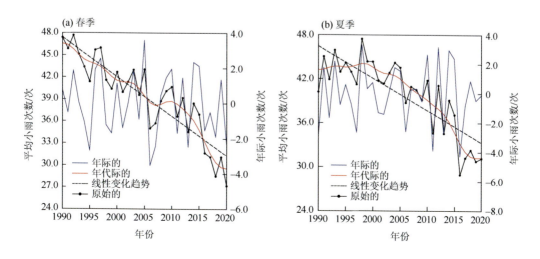

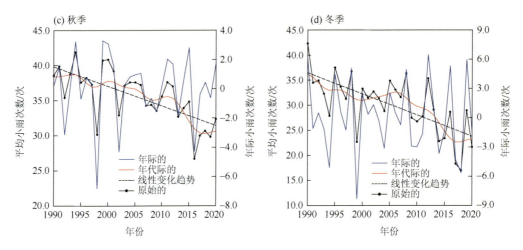

图 3.2.8　1990~2020 年长江上游季节平均小雨次数的原始、年际分量、年代际分量时间序列和
线性变化趋势

少，只有 17.01 次。整体上，冬季小雨次数在 1990~2020 年呈显著减少的趋势，其幅度
为 −4.23 次/10a，通过 99% 信度检验。小雨次数减少的时段主要在 1990s 和 2000s 中期以
后，1990s 前期小雨次数最多，2010s 后期最少。

3.2.5　平均气温季节年际年代际变化

图 3.2.9 是长江上游季节平均气温的时间变化特征。春季 [图 3.2.9（a）]，长江上游
1990~2020 年季节平均气温为 14.8℃，年际变化比较显著，标准差达到 0.6℃，平均气温
最高在 2018 年，达到 16.0℃；最低在 1996 年，只有 13.2℃。整体上，春季平均气温呈
现显著增温的趋势，其幅度达到 0.48℃/10a，通过 99% 信度检验。除 2000s 后期出现降温
趋势以外，其余时期都是以升温为主，虽然 2010s 后期升温幅度小，但也是春季平均气
温最高的时段。

夏季 [图 3.2.9（b）]，长江上游 1990~2020 年季节平均气温为 22.8℃，年际变化幅
度较春季有所减小，标准差为 0.42℃，夏季平均气温最高在 2013 年，达到 23.8℃；最低
在 1993 年，为 22.0℃。2000s 中期以后年际变化幅度明显加强。整体上，夏季平均气温
在 1990~2020 年呈现显著增温的趋势，但幅度较春季有所减小，只有 0.26℃/10a，通过
99% 信度检验。夏季平均气温 1990s 中期、2000s 中期和 2010s 中期以升温为主，1990s
前期、1990s 后期到 2000s 前期、2000s 后期和 2010s 末期变化不显著。1990s 前期和 2010s
后期分别是平均气温最低和最高的时段。

秋季 [图 3.2.9（c）]，长江上游 1990~2020 年季节平均气温降低到 14.7℃，略低于
春季。秋季平均气温的年际变化幅度较夏季有所加强，标准差上升到 0.51℃。平均气温
最高在 1998 年，达到 15.7℃；最低在 1992 年，只有 13.7℃。整体上，秋季平均气温呈
显著升温的趋势，其幅度为 0.21℃/10a，通过 95% 信度检验，但低于春季和夏季。1990s
中后期、2000s 中期和 2010s 中期以升温为主，尤其是 1990s 中后期升温较快；2000s 后

期到 2010s 初期和 2010s 后期有降温趋势，尤其是 2010s 后期降温明显。秋季平均气温最低和最高的时段分别在 1990s 前期和 2010s 中期。

冬季 [图 3.2.9 (d)]，长江上游 1990～2020 年季节平均气温为 4.8℃，是四季中最低的季节。冬季平均气温的年际变化比较显著，标准差达到 0.7℃。平均气温最高在 2017 年，达到 6.1℃；最低在 2008 年，只有 3.5℃。整体上，冬季平均气温在 1990～2020 年呈显著增温的趋势，幅度达到 0.27℃/10a，通过 90%信度检验。不同时期的变化明显不同，气温上升的时段主要在 1990s 后期和 2010s 中期，下降的时段在 1990s 前期和 2000s 前期到 2010s 前期。平均气温最低的时段在 1990s 前期，最高在 2010s 后期，2000s 前期是次高的时段。

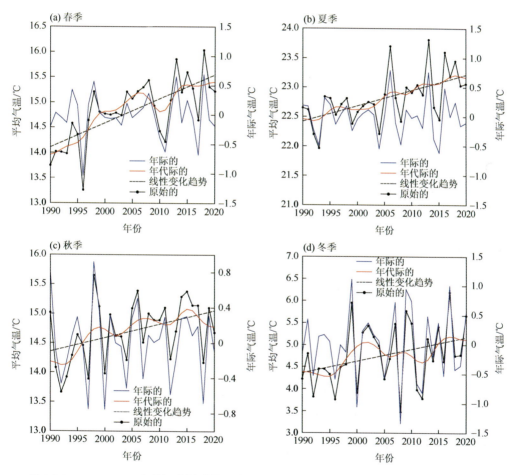

图 3.2.9　1990～2020 年长江上游季节平均气温的原始、年际分量、年代际分量时间序列和线性变化趋势

3.2.6　最高气温季节年际年代际变化

图 3.2.10 是长江上游季节平均最高气温的时间变化特征。春季 [图 3.2.10 (a)]，长

江上游 1990～2020 年平均季节最高温度为 20.9℃，具有明显的年际变化，标准差为 0.84℃，最高气温最高在 2018 年，达到 22.5℃；最低在 1996 年，只有 18.9℃。整体上，春季最高气温在 1990～2020 年呈显著增温的趋势，其幅度达到 0.67℃/10a，通过 99%信度检验。整个时期除 2000s 后期有降温趋势以外，其余时期都是增温趋势，尤其是 2000s 中期以前。最高气温 2010s 后期最高，1990s 初期最低。

夏季［图 3.2.10（b）］，长江上游 1990～2020 年平均季节最高气温较春季明显升高，达到一年最大值，为 28.3℃。年际变化幅度相对春季有所减弱，标准差降低到 0.59℃，最高气温最高在 2013 年，达到 29.6℃；最低在 1993 年，只有 27.0℃。整体上，夏季最高气温在 1990～2020 年呈显著增温趋势，其值为 0.37℃/10a，通过 99%信度检验。整个时期都是以升温为主，降温的时段相对较少、较短。最高气温最低的时段在 1990s 初期，最高在 2010s 末期。

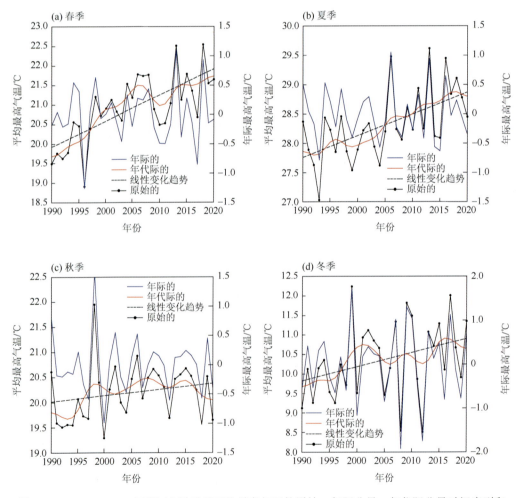

图 3.2.10　1990～2020 年长江上游季节平均最高气温的原始、年际分量、年代际分量时间序列和线性变化趋势

秋季 [图 3.2.10 (c)]，长江上游 1990~2020 年平均季节最高气温较夏季显著降低，只有 20.2℃，且略低于春季。年际变化幅度也较夏季略微减小，标准差为 0.56℃，最高气温最高在 1998 年，达到 22.0℃；最低在 2000 年，只有 19.3℃。整体上，秋季最高温度在 1990~2020 年变化趋势不显著，但具有年代际变化，其中 1990s 中后期和 2000s 中后期以增温为主，2000s 前期和 2010s 后期以降温为主。最高气温最低的时段在 1990s 初期，最高在 2000s 末期。

冬季 [图 3.2.10 (d)]，长江上游 1990~2020 年平均季节最高气温为 10.4℃，是四季中最低的季节，年际变化幅度较大，达到 0.97℃，其中 1999 年最高气温最高，达到 12.2℃；2012 年最低，只有 8.5℃。整体上，冬季最高气温在 1990~2020 年具有显著的增温趋势，幅度为 0.36℃/10a，通过 90% 信度检验。同时，存在年代际变化，1990s 和 2010s 中期是最高气温升高的两个时段，尤其是 1990s 后期升温较大，2000s 前期和 2010s 后期呈下降趋势。最高气温 1990s 前期处于最低的时段，2010s 中后期是最高的时段。

3.2.7　最低气温季节年际年代际变化

图 3.2.11 是长江上游季节平均最低气温的时间变化特征。春季 [图 3.2.11 (a)]，长江上游 1990~2020 年平均季节最低气温为 10.2℃，年际变化较显著，标准差为 0.57℃。最低气温最高在 2018 年，达到 11.3℃；最低在 1996 年，只有 8.7℃。在 1990~2020 年，春季最低气温呈显著升温的趋势，达到 0.46℃/10a，通过 99% 信度检验。2010s 中期以前，最低气温以升温为主，尤其是 2010s 前期升温最迅速。2010s 后期是最低气温最高的时段，1990s 前期是最低的时段。

夏季 [图 3.2.11 (b)]，长江上游 1990~2020 年平均季节最低气温升高，达到 18.8℃，具有明显的年际变化，标准差为 0.45℃，但较春季幅度有所降低。最低气温最高在 2013 年，达到 19.7℃；最低在 1992 年，只有 18.0℃。在 1990~2020 年，夏季最低气温具有显著的增温特征，其趋势值达到 0.34℃/10a，通过 99% 信度检验。整个时期最低气温都是以增温为主，最高的时段在 2010s 末期，最低在 1990s 前期。

秋季 [图 3.2.11 (c)]，长江上游 1990~2020 年平均季节最低气温开始下降，达到 11.0℃，但高于春季。年际变化较显著，标准差为 0.64℃，最低气温最高在 2015 年，达到 11.96℃；最低在 1992 年，只有 9.6℃。整体上，在 1990~2020 年，秋季最低气温呈现显著增温的趋势，其幅度达到 0.43℃/10a，通过 99% 信度检验。1990s 中期到 2000s 后期和 2010s 中期以增温为主，2000s 后期变化不大，而 2010s 后期出现降温趋势。1990s 前期是整个时期最低气温最低的时段，2010s 中期是最高的时段。

冬季 [图 3.2.11 (d)]，长江上游 1990~2020 年平均季节最低气温降到最低，为 0.7℃，具有显著的年际变化，标准差为 0.61℃。最低气温最高在 2017 年，达到 2.2℃；最低在 1996 年，只有 –0.3℃。整体上，冬季最低气温在 1990~2020 年呈显著升温的特征，其趋势值达到 0.3℃/10a，通过 95% 信度检验。1990s 中后期到 2000s 前期和 2010s 中后期以增温为主，1990s 前期和 2000s 中期到 2010s 前期以降温为主。最低气温最低的时段在 1990s 前期，最高的时段在 2010s 后期。

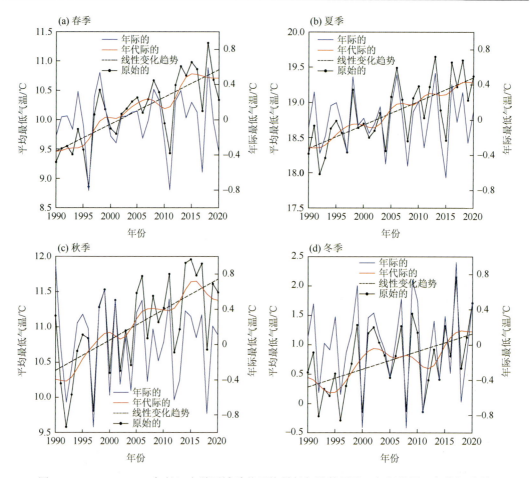

图 3.2.11　1990～2020 年长江上游区域季节平均最低气温的原始、年际分量、年代际分量
时间序列和线性变化趋势

3.3　各月气候变化

3.3.1　暴雨各月年际年代际变化

　　图 3.3.1 是长江上游 1～12 月暴雨强度的时间变化特征。1990～2020 年 1 月
[图 3.3.1（a）]，长江上游部分年份没有暴雨发生，出现暴雨的年份有 1992 年、1993 年、
1997 年、1998 年、1999 年、2000 年、2001 年、2003 年、2006 年、2007 年、2008 年、
2010 年、2012 年、2015 年、2016 年、2017 年、2018 年、2019 年和 2020 年共 19 年，其
中暴雨强度最强在 2010 年，达到 77.62mm/d；最弱在 2000 年，只有 51.2mm/d。

　　2 月[图 3.3.1（b）]，长江上游 1990～2020 年出现暴雨的年份有 1990 年、1991 年、1993 年、
1994 年、1996 年、1998 年、2002 年、2003 年、2004 年、2005 年、2006 年、2007 年、2008 年、
2009 年、2010 年、2013 年、2014 年、2015 年、2016 年、2017 年、2019 年和 2020 年共 22 年，
其中暴雨强度最强在 2020 年，达到 74.33mm/d；最弱在 2013 年，只有 50.00mm/d。

3 月 [图 3.3.1 (c)]，长江上游 1990～2020 年发生暴雨的年份显著增多，有 1990 年、1991 年、1992 年、1993 年、1994 年、1996 年、1997 年、1998 年、2001 年、2002 年、2004 年、2005 年、2006 年、2007 年、2008 年、2009 年、2010 年、2011 年、2012 年、2013 年、2014 年、2015 年、2016 年、2017 年、2018 年、2019 年和 2020 年共 27 年，其中暴雨强度最强在 2005 年，达到 74.58mm/d；最弱在 2007 年，只有 52.3mm/d。

4 月 [图 3.3.1 (d)] 开始，长江上游每年都有暴雨发生，1990～2020 年平均暴雨强度为 66.27mm/d，年际变化的标准差达到 4.72mm/d。暴雨强度最强在 1996 年，达到 83.62mm/d；最弱在 2011 年，只有 60.38m/d。1995～2000 年的年际变化幅度较大，其余年份相对较弱。整体上，1990～2020 年暴雨强度的变化趋势不显著，但不同时期有不同的变化，1990s 中期和 2000s 中期以增强为主，1990s 后期和 2000s 后期以减弱为主，而 2010s 变化不大。暴雨强度 1990s 中后期最强，1990s 前期最弱。

5 月 [图 3.3.1 (e)]，长江上游 1990～2020 年平均暴雨强度为 70.56mm/d。年际变化幅度较 4 月有所降低，标准差为 2.43mm/d。暴雨强度最强在 1998 年，达到 75.74mm/d；最弱在 2001 年，只有 66.07mm/d。整体上，1990～2020 年暴雨强度以 0.94（mm/d）/10a 的幅度呈显著增强趋势，通过 90% 信度检验。1990s 前期至中期、2000s 中期至 2010s 前期和 2010s 后期以增强为主，1990s 后期和 2010s 中期以减弱为主。2010s 后期是暴雨强度最强的时段，1990s 前期是最弱的时段。

6 月 [图 3.3.1 (f)]，长江上游 1990～2020 年平均暴雨强度继续上升，达到 75.5mm/d。年际变化的标准差为 2.45mm/d，与 5 月相当。暴雨强度 2010 年最强，达到 80.89mm/d；2006 年最弱，只有 70.62mm/d。整体上，1990～2020 年暴雨强度的变化不显著，但不同时期具有不同的变化，其中 1990s 前期、2000s 前期和 2010s 前期以减弱为主，2000s 中后期和 2010s 后期以增强为主。暴雨强度 2010s 前期达到最强，2000s 中期最弱。

7 月 [图 3.3.1 (g)]，长江上游 1990～2020 年平均暴雨强度进一步增强至 76.19mm/d。年际变化标准差为 3.22mm/d，略高于 6 月。暴雨强度 1996 年最强，达到 83.95mm/d；2001 年最弱，只有 71.06mm/d。大约 2000～2009 年，暴雨强度的年际变化较弱，其余年份较强。整体上，1990～2020 年暴雨强度的变化趋势不显著，1990s 前期和 2000s 前期至中期以增强为主，1990s 中后期和 2010s 后期以减弱为主，2000s 后期至 2010s 中期变化不大。暴雨强度 1990s 中期最强，2000s 前期最弱。

8 月 [图 3.3.1 (h)]，长江上游 1990～2020 年平均暴雨强度较 7 月有所减弱，其值为 73.75mm/d，但年际变化幅度有一定增强，标准差达到 3.32mm/d。暴雨强度 1990 年最强，达到 81.19mm/d；2004 年和 2016 年最弱，都只有 68.64mm/d。整体上，1990～2020 年暴雨强度的变化不显著，1990s 前期、1990s 后期至 2000s 中期和 2010s 中期以减弱为主，1990s 中期、2000s 中期和 2010s 后期以增强为主，2000s 后期至 2010s 前期变化幅度不大。暴雨强度 1990s 前期最强，2000s 中期最弱。

9 月 [图 3.3.1 (i)]，长江上游 1990～2020 年平均暴雨强度减弱至 71.31mm/d。年际变化幅度较 8 月有所增强，标准差为 4.57mm/d。暴雨强度最强在 1998 年，达到 82.95mm/d；最弱在 1992 年，只有 63.42mm/d。整体上，1990～2020 年暴雨强度的变化趋势不显著，但不同时期有不同的变化，其中 1990s 前期、2000s 和 2010s 中期以减弱为主，1990s 中期至 2000s 前期、2010s 前期和后期以增强为主。暴雨强度 1990s 后期最强，1990s 中期最弱。

10 月 [图 3.3.1 (j)]，长江上游 1990～2020 年平均暴雨强度较 9 月有较大幅度减弱，为 65.44mm/d。年际变化幅度也有小幅减小，标准差为 4.53mm/d。暴雨强度 1992 年最强，达到 77.82mm/d；2020 年最弱，只有 55.48mm/d。整体上，1990～2020 年暴雨强度呈显著减弱的特征，其趋势值为 –2.42（mm/d）/10a，通过 99%信度检验。1990s 中期、2000s 前期至后期和 2010s 后期以减弱为主，1990s 后期和 2010s 前期以增强为主。暴雨强度 1990s 前期最强，2010s 前期最弱。

11 月 [图 3.3.1 (k)]，长江上游 1990～2020 年有 1990 年、1991 年、1993 年、1994 年、1995 年、1996 年、1997 年、1999 年、2000 年、2001 年、2002 年、2003 年、2004 年、2005 年、2006 年、2007 年、2008 年、2009 年、2011 年、2012 年、2013 年、2014 年、2015 年、2016 年、2017 年和 2018 年共 26 年出现暴雨，其中暴雨强度最强在 2017 年，达到 88.7mm/d；最弱在 1997 年，只有 53.1mm/d。

12 月 [图 3.3.1 (l)]，长江上游 1990～2020 年出现暴雨的年份更少，只有 1991 年、1994 年、1997 年、2002 年、2003 年、2007 年、2010 年、2012 年、2013 年、2015 年、

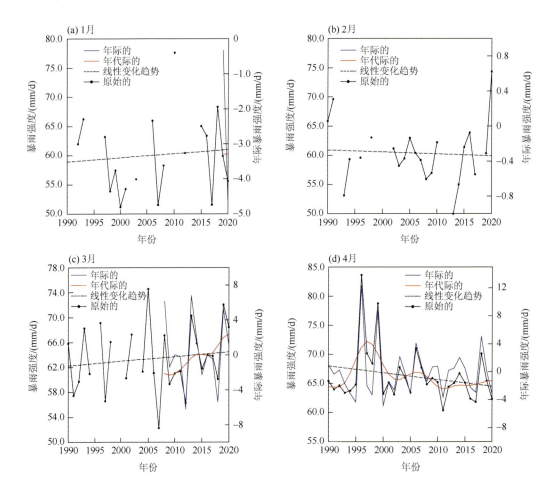

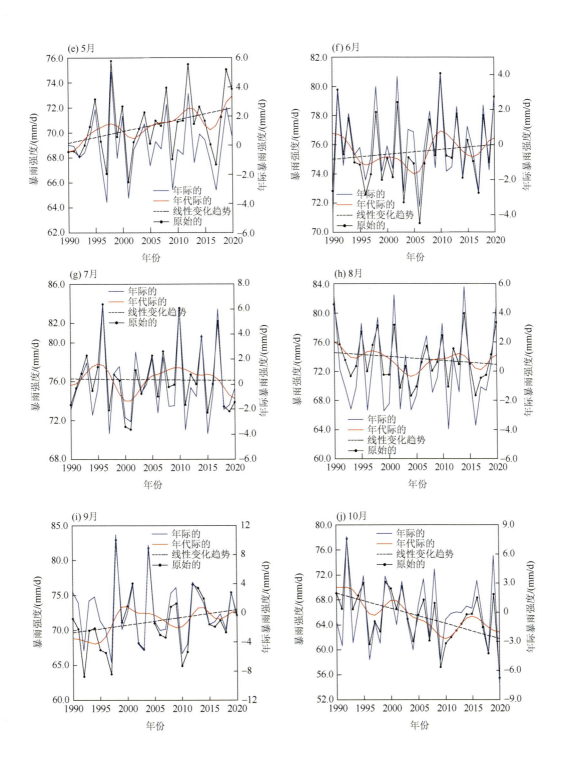

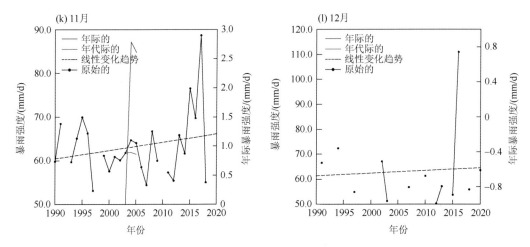

图 3.3.1　1990~2020 年长江上游 1~12 月暴雨强度的原始、年际分量、年代际分量时间序列和
线性变化趋势

2016 年、2018 年和 2020 年共 13 年，其中 2016 年暴雨强度最强，达到 111.0mm/d；2012 年最弱，仅有 50.3mm/d。

图 3.3.2 是长江上游 1~12 月暴雨次数的时间变化特征。1990~2020 年 1 月[图 3.3.2（a）]，长江上游出现暴雨的年份有 19 年，其中暴雨次数最多在 2015 年，为 0.032 次。

2 月［图 3.3.2（b）］，长江上游 1990~2020 年有 22 年出现暴雨，其中 2005 年暴雨次数最多，为 0.028 次。

3 月［图 3.3.2（c）］，长江上游 1990~2020 年暴雨次数开始增多，只有 4 年没出现暴雨，即 1995 年、1999 年、2000 年和 2003 年，其余年份的平均暴雨次数仅为 0.023 次，其中暴雨次数最多在 2020 年，达到 0.07 次。

4 月［图 3.3.2（d）］，长江上游 1990~2020 年的所有年份都出现暴雨，平均暴雨次数为 0.088 次，年际变化的标准差达到 0.046 次。暴雨次数最多在 1999 年，达到 0.21 次；最少在 2011 年，只有 0.0058 次。整体上，1990~2020 年暴雨次数的变化不显著，1990s 和 2010s 前期以增多为主，2000s 和 2010s 后期以减少为主，其中 1990s 后期最多，1990s 前期最少。

5 月［图 3.3.2（e）］，长江上游 1990~2020 年暴雨次数明显增多，平均为 0.27 次。暴雨次数年际变化幅度较 4 月有所增大，标准差为 0.075 次。暴雨次数最多在 2004 年，达到 0.45 次；最少在 2009 年，只有 0.14 次。整体上，1990~2020 年暴雨次数的变化趋势不显著，但不同时期有不同的变化，1990s 前期、2000s 中期和 2010s 中后期以减少为主，1990s 中期至 2000s 前期和 2010s 前期以增加为主，其中 2000s 前期最多，2000s 后期最少。

6 月［图 3.3.2（f）］，长江上游 1990~2020 年平均暴雨次数继续增加，达到 0.54 次。暴雨次数年际变化的标准差为 0.11 次，较前 5 个月略大。暴雨次数 2020 年最多，达到 0.75 次；1997 年最少，只有 0.35 次。整体上，1990~2020 年暴雨次数变化不显著，其中 1990s、2000s 中期至 2010s 前期和 2010s 后期变化幅度不大，2000s 前期至中期以减少为主，2010s 中期以增多为主。暴雨次数 2010s 中后期最多，2010s 前期最少。

7 月 ［图 3.3.2（g）］，长江上游 1990~2020 年平均暴雨次数进一步增加至 0.61 次。暴雨次数年际变化较显著，标准差为 0.15 次。暴雨次数 1996 年最多，达到 0.95 次；2011 年最少，只有 0.38 次。大约 2000 年之前，暴雨次数年际变化较强，之后减弱。整体上，1990~2020 年暴雨次数的变化趋势不明显，1990s 中期、2000s 中期和 2010s 后期以增多为主，1990s 后期至 2000s 前期和 2000s 后期至 2010s 中期以减少为主，其中 2000s 前期暴雨次数最少，1990s 中期最多。

8 月 ［图 3.3.2（h）］，长江上游 1990~2020 年平均暴雨次数较 7 月有所减少，为 0.43 次。暴雨次数年际变化幅度也有一定减弱，标准差为 0.13 次。暴雨次数最多在 2020 年，达到 0.86 次；最少在 2006 年，只有 0.23 次。整体上，1990~2020 年暴雨次数的变化不显著，但不同时期有不同的变化，1990s 和 2010s 以增加为主，2000s 前期以减少为主，其中 2010s 前期暴雨次数最少，2010s 后期最多。

9 月 ［图 3.3.2（i）］，长江上游 1990~2020 年平均暴雨次数进一步减少，为 0.23 次。暴雨次数年际变化幅度较 8 月有所减弱，标准差为 0.097 次。暴雨次数最多在 2011 年，达到 0.44 次；最少在 1992 年，只有 0.067 次。整体上，1990~2020 年暴雨次数的变化呈显著增多的趋势，其值为 0.074 次/10a，通过 99%信度检验。2010s 前期及之前和 2010s 后期以增加为主，2010s 中期以减少为主，其中 1990s 前期暴雨次数最少，2010s 后期最多。

10 月 ［图 3.3.2（j）］，长江上游 1990~2020 年平均暴雨次数较 9 月继续减少，仅为 0.075 次。暴雨次数年际变化幅度也有小幅减小，标准差为 0.051 次。暴雨次数 2015 年最多，达到 0.18 次；2009 年最少，只有 0.0058 次。整体上，1990~2020 年暴雨次数的变化不显著，但不同时期有不同的变化，其中 1990s 和 2010s 前期以增加为主，2000s 和 2010s 后期以减少为主。暴雨次数 2000s 前期最多，1990s 前期和 2000s 后期最少。

11 月 ［图 3.3.2（k）］，长江上游 1990~2020 年有 26 年出现暴雨，年平均暴雨次数仅为 0.03 次，其中暴雨次数最多在 2008 年，达到 0.25 次。

12 月 ［图 3.3.2（l）］，长江上游 1990~2020 年有 13 年出现暴雨，年平均暴雨次数仅为 0.0056，其中 2010 年暴雨次数最多，为 0.051 次。

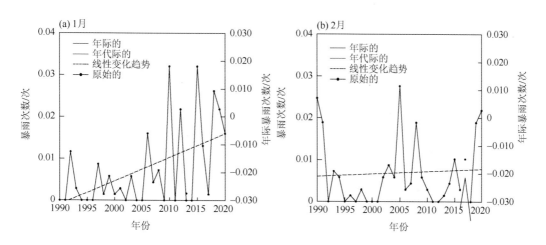

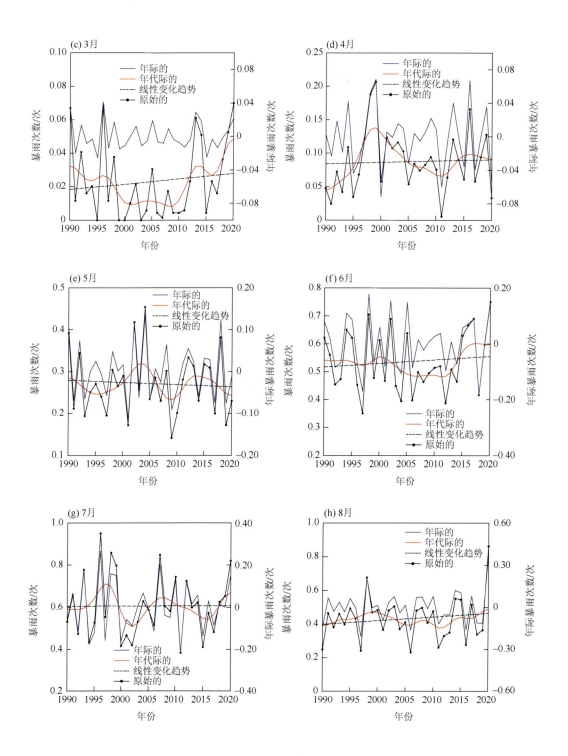

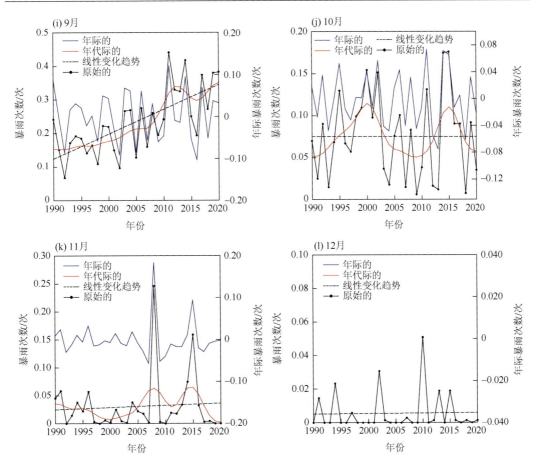

图 3.3.2　1990～2020 年长江上游 1～12 月暴雨次数的原始、年际分量、年代际分量时间序列和
线性变化趋势

3.3.2　大雨各月年际年代际变化

图 3.3.3 是长江上游 1～12 月大雨强度的时间变化特征。1990～2020 年的 1 月 [图 3.3.3（a）]，长江上游出现大雨的有 1990 年、1991 年、1992 年、1993 年、1994 年、1995 年、1996 年、1997 年、1998 年、1999 年、2000 年、2001 年、2002 年、2003 年、2004 年、2005 年、2006 年、2007 年、2008 年、2010 年、2011 年、2012 年、2015 年、2016 年、2017 年、2018 年、2019 年和 2020 年共 28 年，年平均强度为 31.87mm/d，最强在 2012 年，为 35.96mm/d。

2 月 [图 3.3.3（b）]，长江上游 1990～2020 年的所有年份都出现大雨，平均大雨强度为 32.33mm/d，年际变化的标准差达到 1.6mm/d。大雨强度最强在 2008 年，达到 36.4mm/d；最弱在 2018 年，只有 28.95mm/d。相对而言，大约 2007 年之前大雨强度的年际变化较弱，之后有所增强。整体上，1990～2020 年大雨强度的变化趋势不显著，但不同时期有不同的变化，其中 1990s 中后期、2010s 前期和中期以减弱为主，2000s 以增强为主，而 1990s 前期和 2010s 后期变化幅度不大。2000s 前期是大雨强度最弱的时段，2010s 前期是最强的时段。

3 月 [图 3.3.3（c）]，长江上游 1990～2020 年平均大雨强度有小幅度减弱，为 32.09mm/d。年际变化的标准差为 1.12mm/d，也有小幅减弱。大雨强度最强在 2018 年，达到 34.04mm/d；最弱在 2007 年，只有 29.94mm/d。大约 2000 年之前的年际变化较弱，之后有所增强。整体上，1990～2020 年大雨强度变化不显著，但不同时期有不同的变化，2010s 前期和后期以增强为主，2000s 前期和中期以减弱为主。大雨强度 2000s 后期最弱，2010s 后期最强。

4 月 [图 3.3.3（d）]，长江上游 1990～2020 年平均大雨强度有所增强，达到 33.18mm/d，年际变化的标准差为 0.66mm/d，小于前三个月。大雨强度最强在 1998 年，达到 34.19mm/d；最弱在 2020 年，为 31.99mm/d。大约 2001 年之前的年际变化较强，之后相对较弱。整体上，1990～2020 年大雨强度的变化趋势不显著。1990s 前期至 2000s 前期、2010s 前期和 2010s 后期以增强为主，2000s 中期以减弱为主。大雨强度 2000s 前期最强，1990s 前期最弱。

5 月 [图 3.3.3（e）]，长江上游 1990～2020 年平均大雨强度为 33.86mm/d，略大于 4 月。年际变化幅度较 4 月有所降低，标准差为 0.45mm/d。大雨强度最强在 2004 年，达到 34.59mm/d；最弱在 2020 年，为 33.03mm/d。整体上，1990～2020 年大雨强度的变化不显著，但不同时期有不同的变化，其中 1990s 前期、2000s 前期和 2000s 后期至 2010s 前期以增强为主，1990s 中后期、2000s 中期和 2010s 中后期以减弱为主。大雨强度 2010s 后期最弱，1990s 中期最强。

6 月 [图 3.3.3（f）]，长江上游 1990～2020 年平均大雨强度有所增强，达到 34.28mm/d。年际变化的标准差为 0.46mm/d，与 5 月相当。大雨强度 2011 年最强，达到 34.94mm/d；2007 年最弱，为 33.38mm/d。整体上，1990～2020 年大雨强度的变化趋势不显著。1990s 前期和中期、2000s 初期至 2010s 前期以减弱为主，1990s 后期和 2010s 中后期以增强为主。大雨强度 2010s 前期最弱，1990s 前期最强。

7 月 [图 3.3.3（g）]，长江上游 1990～2020 年平均大雨强度进一步增强至 34.31mm/d。年际变化的标准差为 0.32mm/d，变化趋于稳定。大雨强度最强在 2015 年，达到 35.07mm/d；最弱在 1992 年，只有 33.6mm/d。整体上，1990～2020 年大雨强度呈显著增强的趋势，其值为 0.13（mm/d）/10a，通过 95%信度检验。1990s 前期至中期和 2000s 中期至 2010s 中期以增强为主，1990s 后期至 2000s 初期和 2010s 后期以减弱为主。大雨强度 1990s 前期是最弱的时段，2010s 中期是最强的时段。

8 月 [图 3.3.3（h）]，长江上游 1990～2020 年平均大雨强度基本稳定，与 7 月相当，为 34.26mm/d。年际变化幅度有所减小，标准差为 0.27mm/d。大雨强度 1992 年最强，达到 34.85mm/d；2005 年最弱，为 33.78mm/d。整体上，1990～2020 年大雨强度的变化不显著，但不同时期有不同的变化，其中 1990s 前中期和 2000s 中期之后以增强为主，1990s 后期至 2000s 中期以减弱为主。大雨强度 2000s 中期最弱，1990s 后期最强。

9 月 [图 3.3.3（i）]，长江上游 1990～2020 年平均大雨强度略有减弱，为 33.81mm/d。年际变化幅度较 8 月有所增强，标准差为 0.59mm/d。大雨强度最强在 2006 年，达到 35.06mm/d；最弱在 1998 年，只有 32.51mm/d。整体上，1990～2020 年大雨强度的变化不显著，但不同时期有不同的变化，1990s 前期及后期和 2010s 前期及后期以减弱为主，1990s 中期、2000s 前期至中期和 2010s 中期以增强为主，而 2000s 后期变化不明显。大雨强度最强的时段在 2000s 后期，最弱在 1990s 前期。

10月[图3.3.3(j)]，长江上游1990～2020年平均大雨强度较9月减弱，为32.98mm/d。年际变化幅度较9月增大，标准差为1.05mm/d。大雨强度1996年最强，达到34.93mm/d；2013年最弱，只有30.44mm/d。整体上，1990～2020年大雨强度有微小减弱趋势，但这种趋势不显著。不同时期大雨强度有不同的变化，1990s前期、1990s后期至2000s后期和2010s后期以减弱为主，1990s中期和2010s前期及中期以增强为主。大雨强度1990s后期最强，2000s后期最弱。

11月[图3.3.3（k）]，长江上游 1990～2020 年平均大雨强度较 10 月减弱，只有32.41mm/d。年际变化幅度比10月大，标准差达到1.49mm/d。大雨强度最强在2013年，达到35.43mm/d；最弱在2019年，只有28.05mm/d。整体上，1990～2020年大雨强度有微小减弱趋势，但不显著。1990s、2000s后期和2010s中后期以减弱为主，2000s前期和2010s前期以增强为主。大雨强度最强的时段在2010s中期，最弱在2010s后期。

12月[图3.3.3（l）]，长江上游出现大雨有1990年、1991年、1992年、1994年、1996年、1997年、1998年、2002年、2003年、2004年、2005年、2007年、2009年、2010年、2012年、2013年、2014年、2015年、2016年、2018年和2019年共21年，年平均大雨强度为31.79mm/d，其中1998年最强，达到41.22mm/d。

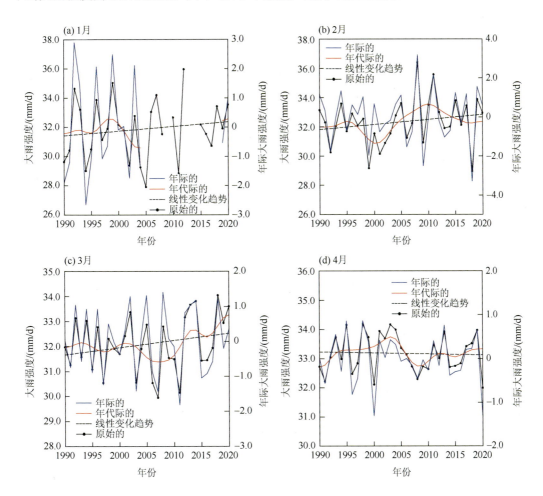

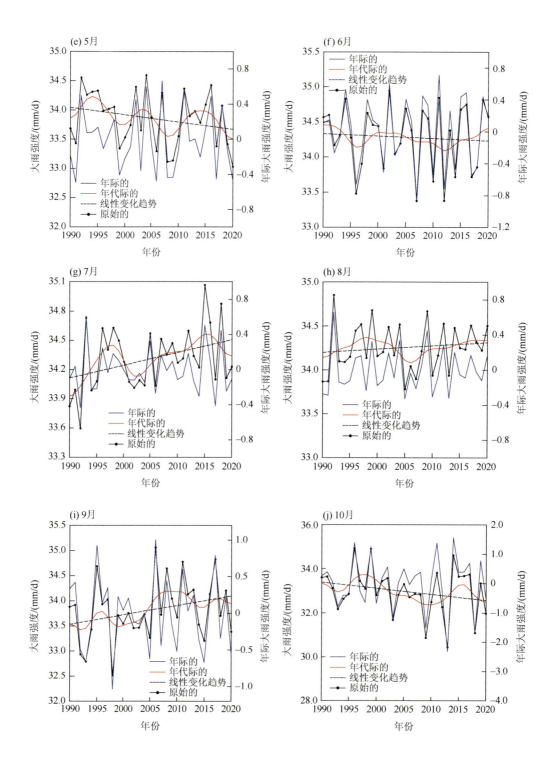

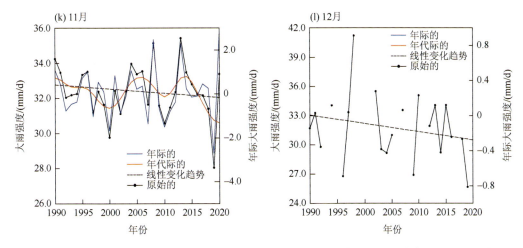

图 3.3.3　1990～2020 年长江上游区域 1～12 月大雨强度的原始、年际分量、年代际分量时间序列和
线性变化趋势

图 3.3.4 是长江上游 1～12 月大雨次数的时间变化特征。1 月［图 3.3.4（a）］，长江上游 1990～2020 年有 28 年出现大雨，年平均大雨次数仅为 0.071 次，其中大雨次数最多在 2020 年，为 0.25 次，2009 年、2013 年和 2014 年 1 月没有出现大雨。

2 月［图 3.3.4（b）］，长江上游 1990～2020 年平均大雨次数仅为 0.08 次。年际变化标准差为 0.062 次。大雨次数最多在 2020 年，为 0.23 次；最少在 2013 年，仅 0.0015 次。整体上，1990～2020 年大雨次数有减少趋势，但未通过信度检验。1990s 前期、2000s 前期和 2010s 中期及后期以增多为主，1990s 中期及后期和 2000s 后期至 2010s 前期以减少为主。大雨次数最少的时段在 2010s 前期，最多在 1990s 前期。

3 月［图 3.3.4（c）］，长江上游 1990～2020 年平均大雨次数有所增加，为 0.19 次。年际变化的标准差为 0.092 次，较 2 月有所增大。大雨次数最多在 2020 年，达到 0.37 次；最少在 2003 年，仅有 0.054 次。整体上，1990～2020 年大雨次数有微弱增多的趋势，但不显著。2000s 中期之前以减少为主，2000s 后期开始以增加为主。大雨次数最多的时段在 1990s 前期，最少在 2000s 中期。

4 月［图 3.3.4（d）］，长江上游 1990～2020 年平均大雨次数进一步增加到 0.44 次，年际变化的标准差达到 0.14 次。大雨次数最多在 2016 年，达到 0.71 次；最少在 2011 年，只有 0.09 次。整体上，1990～2020 年大雨次数有微弱增加趋势，但不显著。另外，大雨次数还存在年代际变化，其中 1990s 至 2000s 前期和 2010s 中期以增多为主，2000s 中后期和 2010s 后期以减少为主。大雨次数在 1990s 前期最少，2000s 前期最多。

5 月［图 3.3.4（e）］，长江上游 1990～2020 年平均大雨次数明显增加，为 0.89 次。年际变化幅度较 4 月有所增大，标准差为 0.17 次。大雨次数最多在 2002 年，达到 1.23 次；最少在 1997 年，有 0.63 次。整体上，1990～2020 年大雨次数的变化不显著，但不同时期有不同的变化，其中 1990s 前期、2000s 中期和 2010s 中后期以减少为主，1990s 中期至 2000s 前期和 2010s 前期以增多为主。大雨次数最多的时段在 2000s 前期，最少在 1990s 中期。

6月［图 3.3.4（f）］，长江上游 1990～2020 年平均大雨次数继续增加，达到 1.23 次。年际变化的标准差为 0.16 次，与 5 月相当。大雨次数 2017 年最多，达到 1.75 次；2004 年最少，只有 0.95 次。整体上，1990～2020 年大雨次数的变化趋势不显著，1990s 后期和 2010s 以增多为主，2000s 以减少为主，而 1990s 前期和中期变化幅度不大。大雨次数最多的时段在 2010s 后期，最少在 2010s 前期。

7月［图 3.3.4（g）］，长江上游 1990～2020 年平均大雨次数进一步增加至 1.33 次，年际变化标准差为 0.24 次。大雨次数 1996 年最多，达到 1.75 次；2011 年最少，为 0.88 次。整体上，1990～2020 年大雨次数的变化趋势不显著，但不同时期有不同的变化，1990s 前期及中期、2000s 中期和 2010s 中后期以增多为主，1990s 后期至 2000s 前期、2000s 后期至 2010s 前期以减少为主。大雨次数 2010s 中期最少，1990s 中期最多。

8月［图 3.3.4（h）］，长江上游 1990～2020 年平均大雨次数较 7 月有所减少，为 1.15 次。年际变化幅度与 7 月相当，标准差为 0.24 次。大雨次数最多在 1998 年，达到 1.54 次；最少在 2006 年，为 0.72 次。相对而言，大约 1996～2007 年大雨次数的年际变化较强，其余年份有所减弱。整体上，1990～2020 年大雨次数有微弱增多的趋势，但未通过信度检验。另外，大雨次数存在年代际变化，1990s 和 2010s 前期以增多为主，2000s 和 2010s 后期以减少为主。1990s 前期是大雨次数最少的时段，2000s 前期是最多的时段。

9月［图 3.3.4（i）］，长江上游 1990～2020 年平均大雨次数进一步减少，为 0.76 次。年际变化幅度较 8 月也有所减弱，标准差为 0.19 次。大雨次数最多在 2014 年，达到 1.19 次；最少在 1998 年，只有 0.32 次。整体上，1990～2020 年大雨次数呈显著增多的趋势，其值为 0.091 次/10a，通过 99%信度检验。大雨次数 2010s 前期以增多为主，2010s 中期和后期以减少为主，而 1990s 和 2000s 变化不明显。大雨次数最少的时段在 1990s 和 2000s，最多则在 2010s 前期。

10月［图 3.3.4（j）］，长江上游 1990～2020 年平均大雨次数较 9 月继续减少，为 0.4 次。年际变化幅度与 9 月相当，标准差为 0.18 次。大雨次数最多在 2000 年，达到 0.7 次；最少在 2018 年，只有 0.12 次。大约在 2004 年之前，年际变化幅度较弱，后期增强。整体上，1990～2020 年大雨次数没有显著的年际变化，但存在年代际变化，其中 1990s 和 2010s 中期以增多为主，2000s 前期和 2010s 后期以减少为主。大雨次数在 2000s 前期最多，1990s 前期最少。

11月［图 3.3.4（k）］，长江上游 1990～2020 年平均大雨次数较 10 月明显减少，仅为 0.15 次。年际变化幅度与 10 月相比较小，标准差为 0.11 次。大雨次数最多在 2008 年，达到 0.53 次；最少在 2010 年，只有 0.016 次。整体上，1990～2020 年大雨次数有微弱减少趋势，但不显著。1990s 前期、2000s 前期及中期和 2010s 前期以增多为主，1990s 后期、2000s 后期和 2010s 中后期以减少为主。大雨次数最多的时段在 2010s 中期，最少在 2010s 后期。

12月［图 3.3.4（l）］，长江上游 1990～2020 年有 21 年出现大雨，年平均次数仅为 0.045 次，其中 2010 年大雨次数相对最多，为 0.24 次。

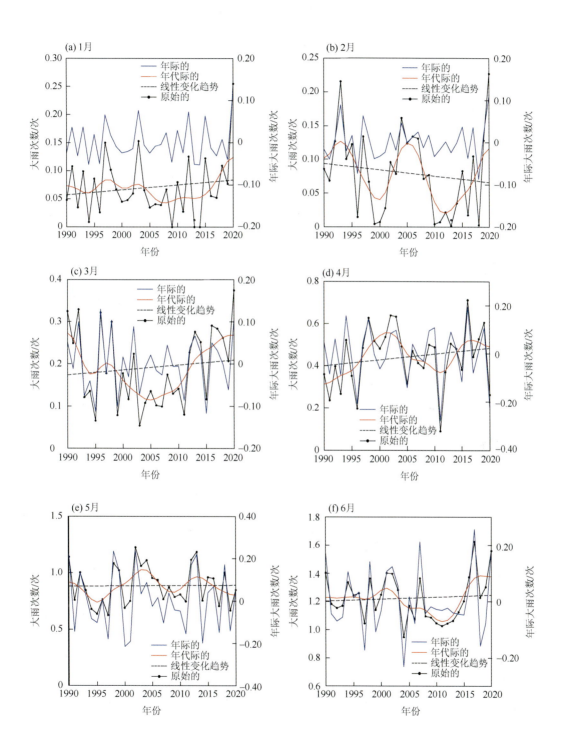

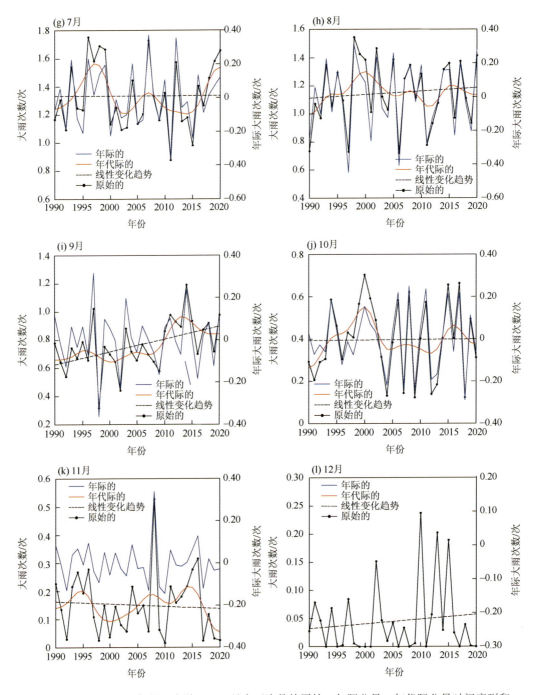

图 3.3.4　1990～2020 年长江上游 1～12 月大雨次数的原始、年际分量、年代际分量时间序列和
线性变化趋势

3.3.3　中雨各月年际年代际变化

图 3.3.5 是长江上游 1～12 月中雨强度的时间变化特征。1 月［图 3.3.5（a）］，长江

上游 1990~2020 年平均中雨强度为 14.57mm/d，年际变化的标准差为 0.83mm/d。中雨强度最强在 2004 年，达到 15.76mm/d；最弱在 2013 年，只有 12.33mm/d。整体上，1990~2020 年中雨强度有微弱增强的趋势，但未通过信度检验。1990s 中期到 2000s 前期和 2010s 中期及后期以增强为主，1990s 前期、2000s 中期至 2010s 前期以减弱为主。中雨强度 2000s 中期最强，2010s 中期最弱。

2 月［图 3.3.5（b）］，长江上游 1990~2020 年平均中雨强度较 1 月有小幅减弱，为 14.42mm/d。年际变化的标准差达到 0.78mm/d，中雨强度最强在 2009 年，达到 15.79mm/d；最弱在 1996 年，只有 12.49mm/d。整体上，1990~2020 年中雨强度变化不显著，但不同时期有不同的变化，1990s、2000s 中期及后期和 2010s 中期及后期以减弱为主，2000s 前期和 2010s 前期以增强为主。中雨强度 2000s 中期最强，2000s 前期最弱。

3 月［图 3.3.5（c）］，长江上游 1990~2020 年平均中雨强度有小幅增强，为 14.77mm/d。年际变化的标准差为 0.40mm/d，较 2 月有小幅减弱。中雨强度最强在 2020 年，达到 15.59mm/d；最弱在 1994 年，只有 13.96mm/d。整体上，1990~2020 年中雨强度呈现增强的趋势，但未通过信度检验。1990s 前期、1990s 后期至 2000s 前期和 2010s 后期以减弱为主，1990s 中期、2000s 中期至 2010s 中期以增强为主。中雨强度 2000s 中期最弱，2010s 中期最强。

4 月［图 3.3.5（d）］，长江上游 1990~2020 年平均中雨强度有所增强，达到 15.18mm/d，年际变化的标准差为 0.33mm/d，小于前三个月。中雨强度最强在 2006 年，达到 15.68mm/d；最弱在 1991 年，只有 14.31mm/d。整体上，1990~2020 年中雨强度有微弱增强的趋势，但不显著。2000s 中期、2010s 前期和中期以增强为主，2000s 后期和 2010s 后期以减弱为主。中雨强度 2000s 中期最强，1990s 前期最弱。

5 月［图 3.3.5（e）］，长江上游 1990~2020 年平均中雨强度略有增强，为 15.50mm/d。年际变化幅度较 4 月有所降低，标准差为 0.23mm/d。中雨强度最强在 2006 年，达到 15.95mm/d；最弱在 1996 年，只有 15.09mm/d。整体上，1990~2020 年中雨强度以 0.083（mm/d）/10a 的幅度增强，通过 90% 信度检验。中雨强度有年代际变化，1990s 前期、2000s 中期到 2010s 中期以减弱为主，1990s 中期到 2000s 前期和 2010s 后期以增强为主。中雨强度 2010s 后期最强，1990s 中期最弱。

6 月［图 3.3.5（f）］，长江上游 1990~2020 年平均中雨强度基本稳定，为 15.51mm/d，年际变化的标准差为 0.25mm/d，与 5 月相当。中雨强度 2016 年最强，达到 16.11mm/d；2004 年最弱，只有 15.19mm/d。整体上，1990~2020 年中雨强度呈显著增强的趋势，其幅度为 0.18（mm/d）/10a，通过 99% 信度检验。1990s 前期和 2000s 前期以减弱为主，1990s 后期、2000s 中期到 2010s 后期以增强为主。中雨强度 2010s 后期最强，1990s 中期最弱。

7 月［图 3.3.5（g）］，长江上游 1990~2020 年平均中雨强度进一步增强至 15.57mm/d，年际变化的标准差保持在 0.25mm/d。中雨强度 2016 年最强，达到 16.15mm/d；2003 年最弱，只有 15.2mm/d。大约 2014 年之前年际变化较弱，随后增强。整体上，1990~2020 年中雨强度呈显著增强的趋势，其值为 0.13（mm/d）/10a，通过 99% 信度检验。增强的时段主要在 1990s 前期和 2000s 中期及以后，尤其是 2010s 中期增强更加迅速，减弱的时段主要在 1990s 中期至 2000s 前期。中雨强度 2010s 后期最强，2000s 中期最弱。

　　8 月［图 3.3.5（h）］，长江上游 1990～2020 年平均大雨强度继续增强，为 15.75mm/d。年际变化幅度较 7 月有所减小，标准差为 0.17mm/d。中雨强度最强在 2020 年，达到 16.13mm/d；最弱在 1991 年，只有 15.37mm/d。整体上，1990～2020 年中雨强度呈显著增强的变化趋势，其值为 0.077（mm/d）/10a，通过 95%信度检验。1990s 前期和中期、2000s 中期及之后以增强为主，1990s 后期至 2000s 前期以减弱为主。中雨强度最强的时段在 2010s 后期，最弱在 1990s 前期。

　　9 月［图 3.3.5（i）］，长江上游 1990～2020 年平均中雨强度略有减弱，为 15.52mm/d。年际变化幅度较 8 月有所增强，标准差为 0.23mm/d。中雨强度最强在 1990 年，达到 15.96mm/d；最弱在 2001 年，只有 15.03mm/d。年际变化幅度大约 2004 年之前较强，之后减弱。整体上，1990～2020 年中雨强度呈显著增强的趋势，其值为 0.081（mm/d）/10a，通过 90%信度检验。1990s 前期、2000s 前期到 2010s 前期以增强为主，1990s 后期和 2010s 中期及后期以减弱为主。中雨强度 2000s 前期最弱，2010s 中期最强。

　　10 月［图 3.3.5（j）］，长江上游 1990～2020 年平均中雨强度较 9 月减弱，为 15.19mm/d。年际变化幅度较 9 月有所增强，标准差为 0.43mm/d。中雨强度最强在 2008 年，达到 16.00mm/d；最弱在 2007 年，只有 14.42mm/d。年际变化幅度大约 2002 年之前较弱，之后增强。整体上，1990～2020 年中雨强度有微弱减弱的趋势，但未通过信度检验。中雨强度不同时期有不同的变化，其中 1990s 和 2010s 前期以增强为主，2000s 前期及后期和 2010s 后期以减弱为主。中雨强度 2000s 前期最强，1990s 前期最弱。

　　11 月［图 3.3.5（k）］，长江上游 1990～2020 年平均中雨强度较 10 月减弱，只有 14.82mm/d。年际变化幅度比 10 月大，标准差达到 0.56mm/d。中雨强度最强在 2008 年，达到 16.19mm/d；最弱在 2020 年，只有 13.69mm/d。整体上，1990～2020 年中雨强度呈显著减弱的变化趋势，其值为-0.22（mm/d）/10a，通过 90%信度检验。中雨强度 2010s 前期之前变化不显著，2010s 中后期明显减弱。1990s 中期是中雨强度最强的时段，2010s 后期是最弱的时段。

　　12 月［图 3.3.5（l）］，长江上游 1990～2020 年平均中雨强度进一步减弱，为 13.96mm/d，年际变化显著，标准差为 1.1mm/d。中雨强度 2015 年最强，达到 16.04mm/d；2006 年最

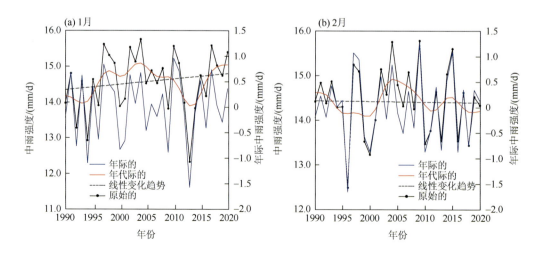

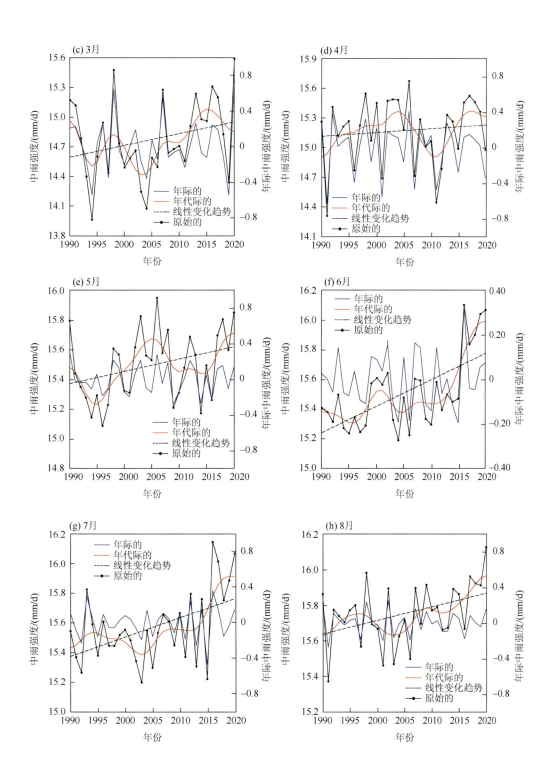

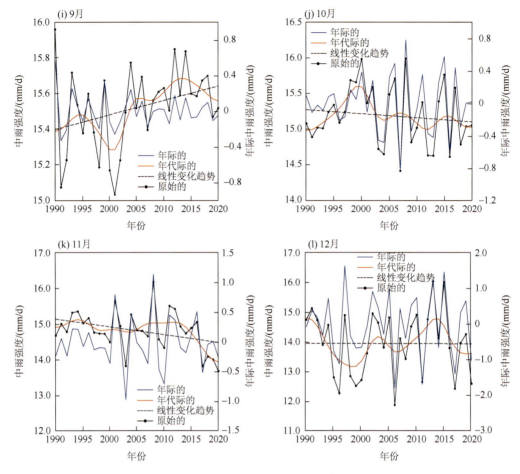

图 3.3.5　1990～2020 年长江上游 1～12 月中雨强度的原始、年际分量、年代际分量时间序列和
线性变化趋势

弱，仅有 11.89mm/d。整体上，1990～2020 年中雨强度有微弱减弱的趋势，但不显著。并且，不同时期有不同的变化，1990s、2000s 中期和 2010s 中期及后期以减弱为主，2000s 前期和 2000s 后期到 2010s 前期以增强为主。中雨强度 1990s 前期最强，1990s 后期最弱。

图 3.3.6 是长江上游 1～12 月中雨次数的时间变化特征。1 月［图 3.3.6（a）］，长江上游 1990～2020 年平均中雨次数很少，仅有 0.37 次，年际变化的标准差达到 0.2 次。中雨次数最多在 2020 年，为 0.88 次；最少在 2014 年，只有 0.041 次。整体上，1990～2020 年中雨次数有微弱减少的趋势，但未通过信度检验。并且，不同时期有不同的变化，2010s 前期及之前以减少为主，2010s 中后期以增加为主。中雨次数 2010s 前期最少，1990s 前期最多。

2 月［图 3.3.6（b）］，长江上游 1990～2020 年平均中雨次数较 1 月有小幅增多，为 0.41 次。年际变化的标准差为 0.24 次，中雨次数最多在 1993 年，达到 1.1 次；最少在 2010 年，仅有 0.048 次。整体上，1990～2020 年中雨次数呈显著减少的趋势，其值为–0.089 次/10a，通过 90%信度检验。1990s 前期、2000s 前期及中期和 2010s 中雨次数以增多为主，1990s 中期及后期和 2000s 后期以减少为主。中雨次数 2010s 前期最少，1990s 前期最多。

3 月［图 3.3.6（c）］，长江上游 1990～2020 年平均中雨次数有所增加，达到 0.96 次。年际变化的标准差为 0.24 次，与 2 月相当。中雨次数最多在 1992 年，达到 1.42 次；最少在 1999 年，只有 0.55 次。整体上，1990～2020 年中雨次数呈微弱减少的趋势，但未通过信度检验。中雨次数不同时期有不同的变化，1990s 和 2000s 后期以减少为主，2000s 前期及中期和 2010s 前期及中期以增多为主。中雨次数 2000s 前期最少，1990s 前期最多。

4 月［图 3.3.6（d）］，长江上游 1990～2020 年平均中雨次数进一步增加到 1.54 次，年际变化标准差为 0.31 次。中雨次数最多在 2016 年，达到 2.34 次；最少在 2011 年，只有 0.73 次。整体上，1990～2020 年中雨次数有微弱增加的趋势，但未通过信度检验。1990s 前期、2000s 和 2010s 后期以减少为主，1990s 中后期和 2010s 前期及中期以增多为主。中雨次数 1990s 中期最少，2010s 中期最多。

5 月［图 3.3.6（e）］，长江上游 1990～2020 年平均中雨次数继续增加，达到 2.5 次。年际变化幅度较 4 月有小幅增大，标准差为 0.36 次。中雨次数最多在 2002 年，达到 3.31 次；最少在 1995 年，有 1.86 次。整体上，1990～2020 年中雨次数变化趋势不明显。1990s 前期、2000s 中期和 2010s 中期和后期以减少为主，1990s 中期到 2000s 前期和 2010s 前期以增多为主。中雨次数最少的时段在 1990s 中期，最多在 2000s 前期。

6 月［图 3.3.6（f）］，长江上游 1990～2020 年平均中雨次数不断增加，达到 3.25 次。年际变化的标准差为 0.32 次，比 5 月有一定减少。中雨次数最多在 1990 年，达到 3.73 次；最少在 2019 年，为 2.55 次。中雨次数年际变化大约 2003 年之前较弱，之后较强。整体上，1990～2020 年中雨次数呈减少的趋势，其值为 −0.22 次/10a，通过 99% 信度检验。减少的时段主要在 2000s，1990s 和 2010s 增减不明显。中雨次数最多的时段在 2000s 前期，最少在 2010s 后期。

7 月［图 3.3.6（g）］，长江上游 1990～2020 年平均中雨次数增加到最大，达到 3.4 次。年际变化的标准差为 0.45 次，中雨次数 1998 年最多，达到 4.26 次；2015 年最少，有 2.54 次。整体上，1990～2020 年中雨次数呈显著减少的趋势，其值为 −0.26 次/10a，通过 99% 信度检验。减少的时段主要在 1990s 后期到 2010s 中期，其中 1990s 后期到 2000s 初减少最快，增多的时段主要在 1990s 前期及中期和 2010s 后期。中雨次数 1990s 后期最多，2010s 中期最少。

8 月［图 3.3.6（h）］，长江上游 1990～2020 年平均中雨次数较 7 月有一定减少，为 2.87 次，年际变化幅度与 7 月相比有小幅增多，标准差为 0.5 次。中雨次数最多在 1993 年，达到 3.89 次；最少在 1997 年，有 1.88 次。整体上，1990～2020 年中雨次数有微弱减少的趋势，但未通过信度检验。中雨次数的变化具有阶段性，1990s 前期及后期和 2010s 前期以增多为主，1990s 中期、2000s 和 2010s 后期以减少为主。中雨次数最多的时段是 2000s 前期，最少是 2010s 前期。

9 月［图 3.3.6（i）］，长江上游 1990～2020 年平均中雨次数进一步减少，降到 2.23 次。年际变化幅度较 8 月有所减弱，标准差为 0.38 次。中雨次数最多在 2014 年，达到 2.98 次；最少在 2009 年，为 1.47 次。整体上，1990～2020 年中雨次数呈显著增多的趋势，其值为 0.14 次/10a，通过 90% 信度检验。中雨次数增多的时段主要在 2000s 后期到 2010s 前期，

2000s 中期之前和 2010s 后期增减不明显。中雨次数最多的时段在 2010s 中期,最少在 2000s 中期。

10 月[图 3.3.6(j)],长江上游 1990～2020 年平均中雨次数较 9 月继续减少,为 1.59 次。年际变化幅度与 9 月相差不大,标准差为 0.34 次。中雨次数最多在 2019 年,达到 2.35 次;最少在 2004 年,只有 0.9 次。整体上,1990～2020 年中雨次数的变化不显著,但不同时期有不同的变化,其中 1990s 和 2010s 中后期以增多为主,尤其是 2010s 中后期增加更迅速,2000s 初期到 2010s 前期以减少为主。中雨次数 2010s 后期最多,2010s 中期最少。

11 月 [图 3.3.6(k)],长江上游 1990～2020 年平均中雨次数较 10 月有明显减少,只有 0.7 次,年际变化幅度也比 10 月减小,标准差为 0.27 次。中雨次数最多在 2016 年,达到 1.17 次;最少在 2007 年,仅有 0.32 次。整体上,1990～2020 年中雨次数有微弱减少的趋势,但未通过信度检验。1990s 前期和 2000s 后期到 2010s 前期以增多为主,1990s 中期到 2000s 中期和 2010s 后期以减少为主。中雨次数最多的时段在 2010s 中期,最少在 2010s 后期。

12 月 [图 3.3.6(l)],长江上游 1990～2020 年平均中雨次数为 0.24 次,是一年中最少的月份。年际变化的标准差为 0.17 次,其中中雨次数 2015 年相对最多,达到 0.71 次;

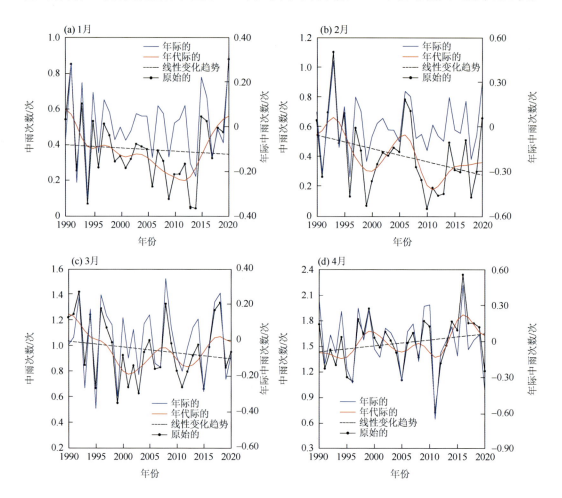

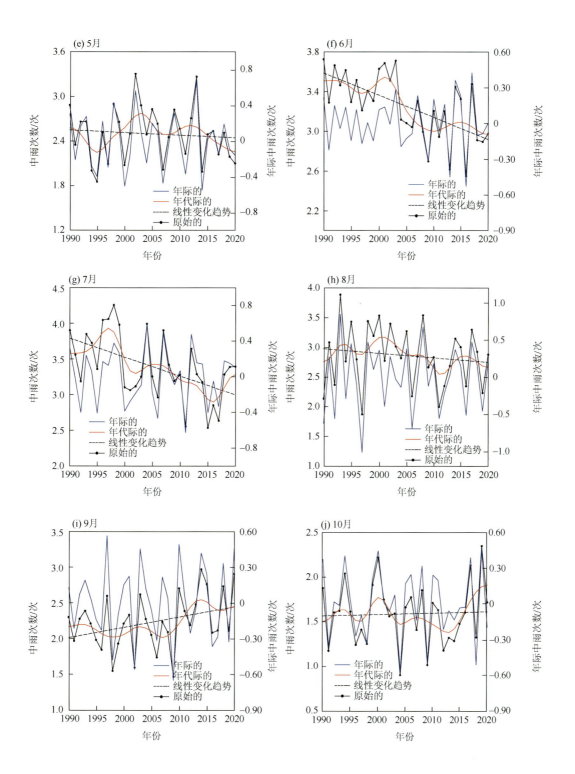

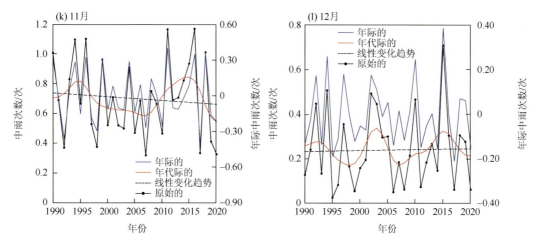

图 3.3.6　1990～2020 年长江上游 1～12 月中雨次数的原始、年际分量、年代际分量时间序列和
线性变化趋势

1995 年最少，仅有 0.025 次。整体上，1990～2020 年中雨次数的变化不显著。1990s 中期、2000s 中期和 2010s 后期以减少为主，2000s 前期、2000s 后期到 2010s 前期以增多为主。中雨次数 1990s 后期最少，2000s 前期最多。

3.3.4　小雨各月年际年代际变化

图 3.3.7 是长江上游 1～12 月小雨强度的时间变化特征。1 月［图 3.3.7（a）］，长江上游 1990～2020 年平均小雨强度仅为 1.34mm/d，年际变化的标准差为 0.22mm/d。小雨强度最强在 2018 年，达到 1.93mm/d；最弱在 2010 年，只有 0.98mm/d。大约 2002 年之前年际变化较弱，之后增强。整体上，1990～2020 年小雨强度呈显著增强的趋势，其值为 0.11（mm/d）/10a，通过 99%信度检验。增强的时段主要在 2010s 中期及后期，之前变化不显著。小雨强度最强的时段在 2010s 后期，最弱在 2010s 前期。

2 月［图 3.3.7（b）］，长江上游 1990～2020 年平均小雨强度较 1 月有小幅增强，为 1.46mm/d。年际变化的标准差为 0.23mm/d，小雨强度最强在 2017 年，达到 1.95mm/d；最弱在 2012 年，只有 1.03mm/d。整体上，1990～2020 年小雨强度呈显著增强的趋势，其值为 0.093（mm/d）/10a，通过 95%信度检验。小雨强度还具有年代际变化，其中 1990s 前期、2000s 前期及中期和 2010s 前期及中期以增强为主，1990s 中期及后期、2000s 后期和 2010s 后期以减弱为主。2010s 后期小雨强度最强，1990s 后期最弱。

3 月［图 3.3.7（c）］，长江上游 1990～2020 年平均小雨强度有所增强，达到 1.94mm/d。年际变化的标准差为 0.14mm/d，较 2 月减小。小雨强度最强在 2018 年，达到 2.40mm/d；最弱在 2001 年，为 1.69mm/d。整体上，1990～2020 年小雨强度呈较显著增强的趋势，达到 0.068（mm/d）/10a，通过 95%信度检验。1990s 前期和 2000s 初期之后以增强为主，1990s 后期以减弱为主。小雨强度最强的时段在 2010s 后期，最弱在 2000s 前期。

4 月［图 3.3.7（d）］，长江上游 1990～2020 年平均小雨强度继续增强，达到 2.42mm/d。

年际变化的标准差为 0.15mm/d，与 3 月相当。小雨强度最强在 2018 年，达到 2.72mm/d；最弱在 1995 年，为 2.20mm/d。整体上，1990～2020 年小雨强度呈显著增强的趋势，达到 0.099（mm/d）/10a，通过 99%信度检验。1990s 中期到 2010s 中期以增强为主，尤其是 2010s 中期增强更迅速，1990s 前期和 2010s 后期以减弱为主。小雨强度最弱的时段在 1990s 中期，最强在 2010s 后期。

5 月 ［图 3.3.7（e）］，长江上游 1990～2020 年平均小雨强度增加到 2.92mm/d。年际变化幅度与 4 月相当，标准差为 0.16mm/d。小雨强度最强在 2011 年，达到 3.20mm/d；最弱在 2019 年，为 2.57mm/d。大约 2007 年之前年际变化较弱，之后一定程度上增强。整体上，1990～2020 年小雨强度的变化趋势不显著。1990s 中期到 2000s 中期以增强为主，2000s 后期开始以减弱为主。2010s 后期小雨强度最弱，2000s 后期最强。

6 月 ［图 3.3.7（f）］，长江上游 1990～2020 年平均小雨强度达到 3.15mm/d，年际变化的标准差为 0.18mm/d，比 5 月有所增大。小雨强度 2007 年最强，为 3.40mm/d；2019 年最弱，为 2.69mm/d。大约 2003 年之前年际变化较弱，之后有一定增强。整体上，1990～2020 年小雨强度呈显著减弱的趋势，其值为-0.15（mm/d）/10a，通过 99%信度检验。减弱的时段在 2000s 后期和 2010s，1990s、2000s 前期和中期变化幅度不大。小雨强度最弱的时段在 2010s 后期，最强在 1990s 前期。

7 月 ［图 3.3.7（g）］，长江上游 1990～2020 年平均小雨强度进一步增强至 3.28mm/d，为一年中小雨强度最强的月份，年际变化的标准差为 0.21mm/d。小雨强度 1999 年最强，为 3.49mm/d；2017 年最弱，为 2.77mm/d。整体上，1990～2020 年小雨强度呈显著减弱的趋势，其值为-0.19（mm/d）/10a，通过 99%信度检验。小雨强度 1990s 前期至 2000s 中期变化幅度不大，2000s 后期开始以减弱为主，尤其是 2010s 中期及后期减弱更加迅速。小雨强度 2010s 后期最弱，1990s 后期最强。

8 月 ［图 3.3.7（h）］，长江上游 1990～2020 年平均小雨强度较 7 月有所减小，为 3.18mm/d，年际变化幅度也有所减小，标准差为 0.17mm/d。小雨强度最强在 1990 年，达到 3.37mm/d；最弱在 2016 年，只有 2.77mm/d。整体上，1990～2020 年小雨强度呈显著减弱的趋势，其值为-0.14（mm/d）/10a，通过 99%信度检验。减弱的时段主要在 2010s，1990s 前期至 2000s 后期变化幅度不大。小雨强度最弱的时段在 2010s 后期，最强在 1990s 中期。

9 月 ［图 3.3.7（i）］，长江上游 1990～2020 年平均小雨强度继续减弱，为 2.89mm/d。年际变化幅度较 8 月也有所减小，标准差为 0.14mm/d。小雨强度最强在 2003 年，为 3.13mm/d；最弱在 2017 年，只有 2.55mm/d。整体上，1990～2020 年小雨强度呈较显著减弱的趋势，其值为-0.078（mm/d）/10a，通过 99%信度检验。减弱的时段主要从 2000s 中期开始，2010s 中后期减弱更加迅速，2000s 中期以前变化不显著。小雨强度最弱的时段在 2010s 后期，最强在 2000s 中期。

10 月 ［图 3.3.7（j）］，长江上游 1990～2020 年平均小雨强度较 9 月进一步减弱，为 2.51mm/d。年际变化幅度有所减小，标准差为 0.12mm/d。小雨强度最强在 2019 年，达到 2.91mm/d；最弱在 2012 年，只有 2.33mm/d。大约 2011 年之前小雨强度年际变化较弱，之后明显增强。整体上，1990～2020 年小雨强度呈微弱增强的趋势，但未通过信度检验。2000s 中期之前变化不明显，之后逐步增强，其中 2000s 中期小雨强度最弱，2010s 后期最强。

11 月［图 3.3.7（k）］，长江上游 1990～2020 年平均小雨强度较 10 月明显减弱，只有 1.84mm/d，但年际变化幅度比 10 月增大，标准差达到 0.20mm/d。小雨强度最强在 2018 年，达到 2.37mm/d；最弱在 1998 年，只有 1.41mm/d。整体上，1990～2020 年小雨强度呈微弱增强的趋势，但未通过信度检验。小雨强度从 2000s 中期开始以增强为主，之前变化幅度不大，2000s 中期最弱，2010s 后期最强。

12 月［图 3.3.7（l）］，长江上游 1990～2020 年平均小雨强度下降为 1.21mm/d，是一年中小雨强度最弱的月份，年际变化的标准差为 0.21mm/d。小雨强度 2016 年最强，达到 1.72mm/d；2008 年最弱，仅有 0.86mm/d。整体上，1990～2020 年小雨强度呈较显著增强的趋势，其值为 0.07（mm/d）/10a，通过 90%信度检验。小雨强度 1990s 前期、2000s 中期和 2010s 后期以减弱为主，1990s 后期到 2000s 前期、2000s 后期到 2010s 前期以增强为主。小雨强度 1990s 中期最弱，2010s 中期最强。

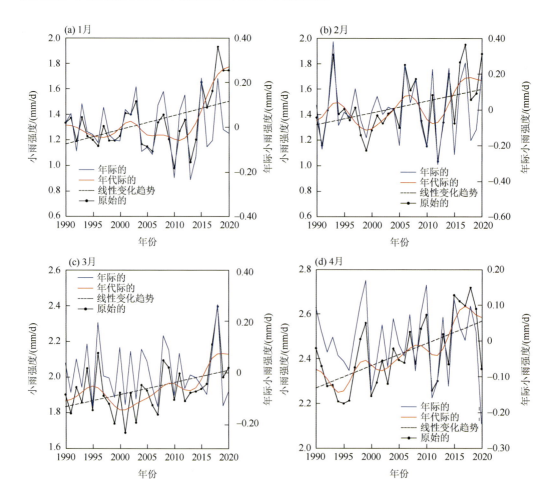

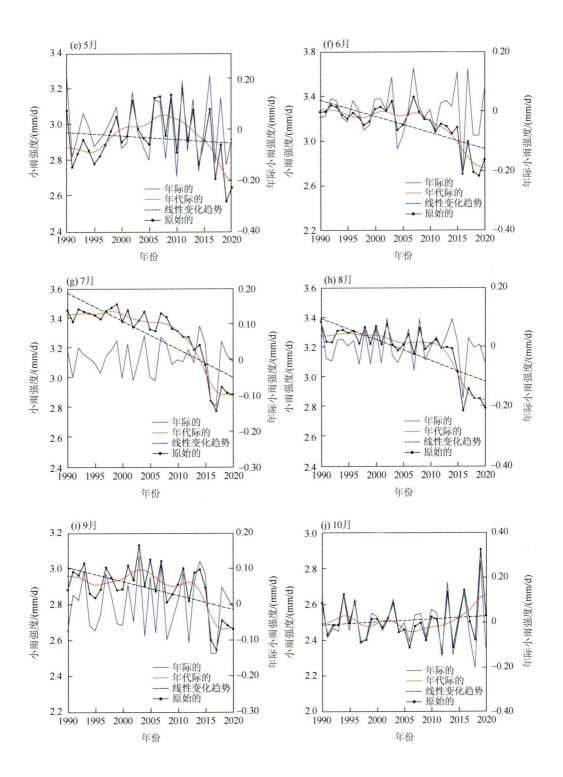

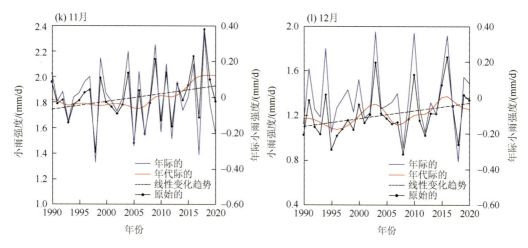

图 3.3.7　1990～2020 年长江上游 1～12 月小雨强度的原始、年际分量、年代际分量时间序列和线性变化趋势

图 3.3.8 是长江上游 1～12 月小雨次数的时间变化特征。1 月［图 3.3.8（a）］，长江上游 1990～2020 年平均小雨次数为 10.61 次，年际变化的标准差达到 2.38 次。小雨次数最多在 2008 年，为 14.58 次；最少在 2014 年，只有 5.61 次。整体上，1990～2020 年小雨次数呈显著减少的趋势，其值为–1.28 次/10a，通过 99%信度检验。小雨次数整个时期都以减少为主，尤其是 2010s 中后期减少更加迅速。小雨次数 1990s 前期最多，2010s 后期最少。

2 月［图 3.3.8（b）］，长江上游 1990～2020 年平均小雨次数较 1 月有小幅减少，为 10.49 次，年际变化的标准差为 2.66 次。小雨次数 1990 年最多，达到 16.35 次；2018 年最少，只有 5.03 次。整体上，1990～2020 年小雨次数呈显著减少的趋势，其值为–1.94 次/10a，通过 99%信度检验。整个时期小雨次数都以减少趋势为主，其中 1990s 前期最多，2010s 后期最少。

3 月［图 3.3.8（c）］，长江上游 1990～2020 年平均小雨次数有所增加，为 12.78 次。年际变化的标准差为 2.29 次，与 2 月相比减小。小雨次数最多在 1992 年，达到 17.02 次；最少在 2013 年，仅有 8.29 次。整体上，1990～2020 年小雨次数呈显著减少的趋势，达到–1.91 次/10a，通过 99%信度检验。整个时期小雨次数都呈减少趋势，其中最多的时段在 1990s 前期，最少在 2010s 后期。

4 月［图 3.3.8（d）］，长江上游 1990～2020 年平均小雨次数继续增加到 12.96 次，年际变化的标准差为 2.06 次。小雨次数最多在 1990 年，达到 17.01 次；最少在 2018 年，为 8.45 次。大约 2002 年之前年际变化较强，之后有所减弱。整体上，1990～2020 年小雨次数呈显著减少的趋势，达到–1.76 次/10a，通过 99%信度检验。小雨次数整个时期都以减少趋势为主，尤其是 2010s 中后期减少速度更快。小雨次数最多的时段在 1990s 前期，最少是 2010s 后期。

5 月［图 3.3.8（e）］，长江上游 1990～2020 年平均小雨次数上升为 13.59 次。年际变化幅度较 4 月有所增大，标准差为 2.22 次。小雨次数最多在 1992 年，达到 17.28 次；最少在 2020 年，只有 9.19 次。整体上，1990～2020 年小雨次数呈显著减少的趋势，其值为–1.71 次/10a，通过 99%信度检验。整个时期小雨次数都减少，尤其是 2010s 前期和中期更加迅速。小雨次数最多的时段在 1990s 前期，最少在 2010s 后期。

6 月 [图 3.3.8（f）]，长江上游 1990～2020 年平均小雨次数进一步增加，达到 13.68 次，是一年中小雨次数最多的月份。年际变化的标准差为 1.76 次，比 5 月有一定减小。小雨次数在 2010 年最多，达到 15.91 次；2016 年最少，只有 9.79 次。大约 2009 年之前年际变化相对较弱，之后增强。整体上，1990～2020 年小雨次数呈显著减少的趋势，其值为–1.39 次/10a，通过 99%信度检验。从 2000s 初期开始小雨次数减少，2010s 减少更加迅速，1990s 变化不明显，其中 1990s 后期最多，2010s 后期最少。

7 月 [图 3.3.8（g）]，长江上游 1990～2020 年平均小雨次数比 6 月有所减少，为 13.38 次，年际变化的标准差为 1.88 次。小雨次数 1998 年最多，为 16.48 次；2017 年最少，只有 9.2 次。整体上，1990～2020 年小雨次数呈显著减少的趋势，其值为–1.77 次/10a，通过 99%信度检验。1990s 后期到 2010s 中期小雨次数以减少为主，尤其是 2010s 前期和中期减少最迅速，2010s 后期为增多的趋势。小雨次数最多的时段在 1990s 中期，最少在 2010s 后期。

8 月 [图 3.3.8（h）]，长江上游 1990～2020 年平均小雨次数较 7 月有所减少，为 12.85 次，年际变化幅度则有小幅增加，标准差为 2.10 次。小雨次数 1993 年最多，达到 17.89 次；2019 年最少，只有 8.96 次。整体上，1990～2020 年小雨次数呈显著减弱的趋势，其值为–1.24 次/10a，通过 99%信度检验。小雨次数从 2000s 中期开始减少，之前有微弱增加的趋势，其中 2000s 前期最多，2010s 后期最少。

9 月 [图 3.3.8（i）]，长江上游 1990～2020 年平均小雨次数再次增加，达到 13.00 次，但年际变化幅度较 8 月有所减小，标准差为 1.58 次。小雨次数最多在 1994 年，达到 16.93 次；最少在 2016 年，只有 9.29 次。整体上，1990～2020 年小雨次数呈显著减少的趋势，其值为–0.86 次/10a，通过 99%信度检验。1990s 中期和 2000s 中期到 2010s 后期小雨次数以减少为主，1990s 前期和 1990s 后期以增多为主，其中 1990s 前期最多，2010s 后期最少。

10 月 [图 3.3.8（j）]，长江上游 1990～2020 年平均小雨次数较 9 月继续增加，为 13.27 次，是一年中小雨次数第二多的月份。年际变化幅度比 9 月有所增大，标准差为 1.78 次。小雨次数最多在 2001 年，达到 16.63 次；最少在 2015 年，只有 9.29 次。年际变化大约 1995～2005 年较强，其余年份较弱。整体上，1990～2020 年小雨次数呈显著减少的趋势，其值为–1.33 次/10a，通过 99%信度检验。小雨次数 1990s 前期及中期和 2000s 前期到 2010s 中期小雨次数以减少为主，尤其是 2010s 前期和中期减少更加迅速，1990s 后期和 2010s 后期以增加为主。小雨次数最多的时段在 1990s 前期，最少在 2010s 中期。

11 月 [图 3.3.8（k）]，长江上游 1990～2020 年平均小雨次数较 10 月显著减少，只有 9.34 次，年际变化幅度比 10 月也减小，标准差为 1.72 次。小雨次数最多在 1996 年，达到 12.96 次；最少在 2016 年，仅有 6.11 次。整体上，1990～2020 年小雨次数呈显著减少的趋势，其值为–0.61 次/10a，通过 90%信度检验。1990s 中期、2000s 后期和 2010s 前期以增多为主，1990s 后期到 2000s 后期和 2010s 中期及后期以减少为主。小雨次数最多的时段在 1990s 中期，最少在 2010s 中期。

12 月 [图 3.3.8（l）]，长江上游 1990～2020 年平均小雨次数减少为 8.82 次，是一年中小雨次数最少的月份。年际变化标准差为 2.47 次，小雨次数 1994 年最多，为 12.72 次；2017 年最少，只有 3.91 次。整体上，1990~2020 年小雨次数有减少趋势，但未通过信度检验。不同时期小雨次数有不同的变化，其中 2000s 中期到 2010s 中期以减少为主，1990s 前期及中期和 2010s 后期变化不明显。小雨次数最多的时段在 2000s 前期，最少在 2010s 中期。

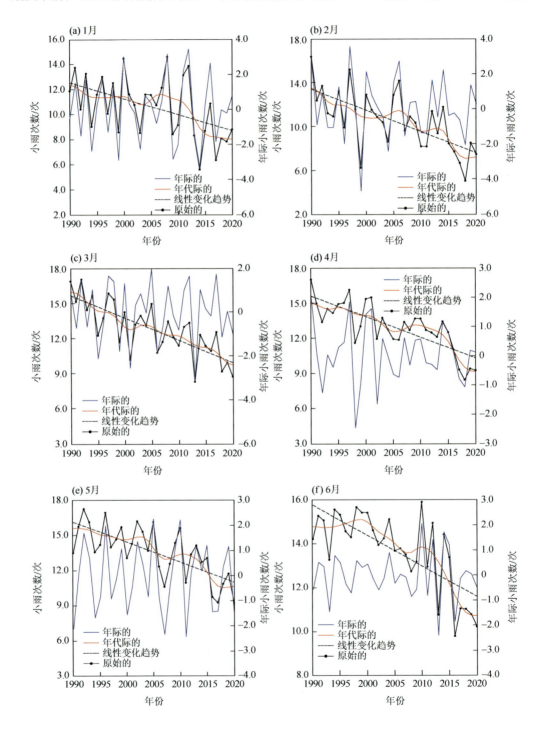

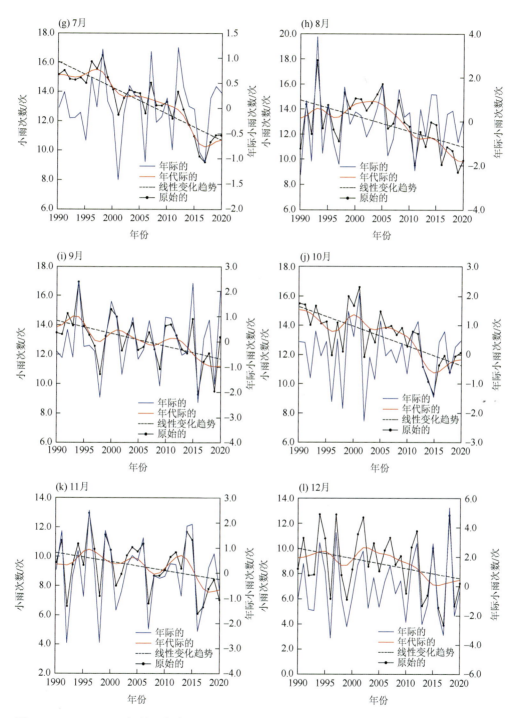

图 3.3.8　1990～2020 年长江上游 1～12 月小雨次数的原始、年际分量、年代际分量时间序列和
线性变化趋势

3.3.5　平均气温各月年际年代际变化

图 3.3.9 是长江上游 1~12 月月平均气温的时间变化特征。1 月 [图 3.3.9 (a)]，长江上游 1990~2020 年平均气温为 3.4℃，是一年中平均气温最低的月份。平均气温年际变化较显著，标准差达到 1.02℃。平均气温最高在 2017 年，为 5.4℃；最低在 2011 年，只有 0.5℃。整体上，1990~2020 年平均气温没有显著的变化，但不同时期变化趋势不同，1990s 中期到 2000s 前期和 2010s 前期以增温为主，1990s 前期、2000s 中期及后期和 2010s 后期以降温为主。平均气温最低的时段在 1990s 前期，最高在 2010s 中期。

2 月 [图 3.3.9 (b)]，长江上游 1990~2020 年平均气温较 1 月明显上升，达到 6.1℃。平均气温年际变化较显著，标准差达到 1.36℃。平均气温最高在 2009 年，达到 8.8℃；最低在 2008 年，只有 3.0℃。整体上，1990~2020 年平均气温变化不显著，1990s 中期到 2000s 初期及 2000s 末期以升温为主，1990s 初期和 2000s 中期以降温为主，2010s 中期及后期变化不显著。平均气温最低的时段在 1990s 中期，最高在 2000s 初期。

3 月 [图 3.3.9 (c)]，长江上游 1990~2020 年平均气温进一步上升到 10.3℃。平均气温年际变化较显著，标准差为 1.17℃，较 2 月有所减小。平均气温最高在 2013 年，达到 13.0℃；最低在 1992 年和 2011 年，只有 8.2℃。整体上，1990~2020 年平均温度呈显著上升的趋势，达到 0.72℃/10a，通过 99%信度检验。1990s 后期到 2000s 初期和 2010s 前期以升温为主，2000s 和 2010s 后期变化不显著。1990s 初期是平均气温最低的时段，2010s 后期是最高的时段。

4 月 [图 3.3.9 (d)]，长江上游 1990~2020 年平均气温显著升高到 15.2℃，比 3 月升高 4.9℃，年际变化较显著，标准差达到 0.96℃，小于 3 月。平均气温最高在 1998 年，达到 17.3℃；最低在 1996 年，只有 13.2℃。年际变化振幅 1990s 较强，之后变弱。整体上，1990~2020 年平均气温呈显著增温的趋势，幅度达到 0.38℃/10a，通过 95%信度检验，但不同时期变化不同，2000s 中期以前和 2010s 以增温为主，2000s 后期以降温为主。1990s 前期是平均气温最低的时段，2000s 中期和 2010s 中后期是较高的时段。

5 月 [图 3.3.9 (e)]，长江上游 1990~2020 年平均气温继续升高到 18.9℃。年际变化幅度较 4 月有所减小，标准差降到 0.71℃。平均气温最高在 2007 年，达到 20.4℃；最低在 1993 年，只有 17.6℃。整体上，1990~2020 年平均气温以 0.33℃/10a 的幅度显著增温，通过 90%信度检验。1990s 前期和 2000s 中期以增温为主，1990s 后期到 2000s 初期和 2000s 末期以降温为主，2010s 变化不明显。平均气温最低的时段在 1990s 初期，最高在 2000s 后期。

6 月 [图 3.3.9 (f)]，长江上游 1990~2020 年平均气温上升到 20℃以上，达到 21.9℃。年际变化较显著，标准差为 0.53℃，较 5 月有所减小。平均气温在 2013 年最高，为 22.96℃；2004 年最低，为 21.1℃。整体上，1990~2020 年平均气温呈显著增温的趋势，幅度为 0.24℃/10a，通过 90%信度检验，整个时期都是以上升为主。平均气温最低的时段在 1990s 前期，最高在 2010s。

7 月 [图 3.3.9 (g)]，长江上游 1990~2020 年平均气温稳定升高到 23.6℃，是一年中平均气温最高的月份。年际变化较显著，标准差为 0.57℃，略大于 6 月。平均气温在 2006 年最高，为 24.8℃；1992 年最低，为 22.6℃。整体上，1990～2020 年平均气温呈显著升温的趋势，幅度为 0.24℃/10a，通过 90%信度检验。整个时期除 1990s 初期和 2010s 末期有降温趋势以外，1990s 中期到 2010s 中期都是以增温为主。平均气温最低的时段在 1990s 前期，最高在 2010s 前期到中期。

8 月［图 3.3.9（h）］，长江上游 1990～2020 年平均气温较 7 月略有降低，为 23.0℃，但年际变化幅度较 7 月有所加大，标准差达到 0.73℃。平均气温最高在 2016 年，为 24.2℃；最低在 1993 年，为 21.6℃。整体上，1990～2020 年平均气温以 0.31℃/10a 的趋势增温，通过 90%信度检验。1990s 前期到中期和 21 世纪都以升温为主，只有 1990s 后期有短暂的降温。整个时期平均气温最低的时段主要在 1990s 末期到 2000s 初期，最高在 2010s 后期。

9 月［图 3.3.9（i）］，长江上游 1990～2020 年平均气温显著下降到 19.6℃。年际变化幅度较 8 月有所减小，标准差为 0.59℃。平均气温最高在 2009 年，为 20.7℃；最低在 1997 年，只有 18.2℃。整体上，1990～2020 年平均气温没有显著的变化，但不同时期有不同的变化，1990s 中期到 2000s 末期和 2010s 中期以增温为主，1990s 前期、2000s 末期到 2010s 初期和 2010s 末期以降温为主。1990s 中期是平均气温最低的时段，2000s 末期和 2010s 中后期是最高的时段。

10 月［图 3.3.9（j）］，长江上游 1990～2020 年平均气温较 9 月有较大幅度下降，为 14.8℃。年际变化幅度较 9 月明显增大，标准差增到 0.78℃。平均气温最高在 2006 年，为 16.3℃；最低在 1992 年，只有 13.1℃。整体上，1990～2020 年平均气温呈显著增温的趋势，其值为 0.34℃/10a，通过 90%信度检验。1990s 中期及后期、2000s 中期和 2010s 前期以升温为主，2000s 初期及末期和 2010s 中期及后期以降温为主。平均气温最低的时段在 1990s 前期，最高在 2010s 中期。

11 月［图 3.3.9（k）］，长江上游 1990～2020 年平均气温较 10 月明显下降，只有 9.7℃。但年际变化幅度比 10 月略大，标准差为 0.8℃。平均气温最高在 2011 年，达到 11.3℃；最低在 2009 年，只有 8.0℃。整体上，1990～2020 年平均气温变化不显著，1990s 前期到中

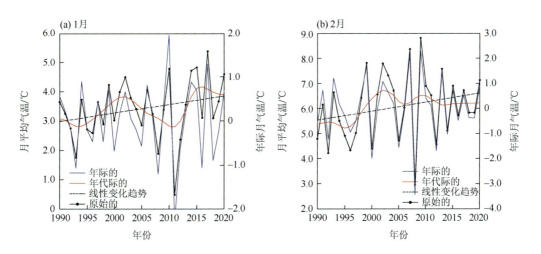

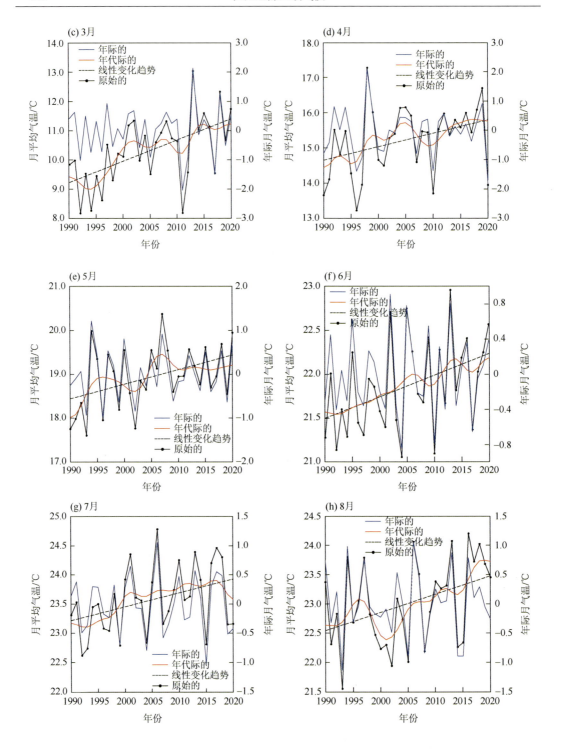

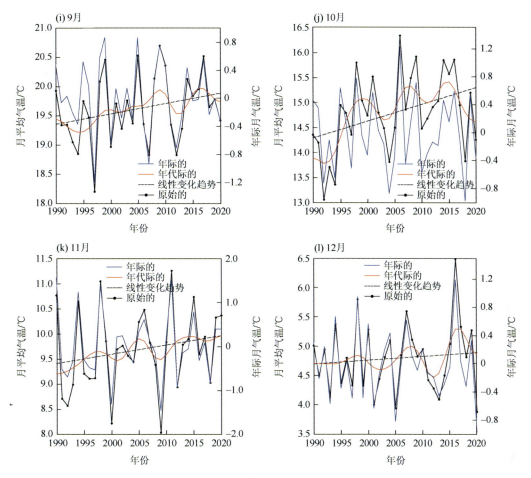

图 3.3.9 1990～2020 年长江上游 1～12 月月平均气温的原始、年际分量、年代际分量时间序列和
线性变化趋势

期、2000s 前期和 2010s 前期以增温为主，1990s 末期和 2000s 中后期以降温为主，而 2010s 中期及后期变化不明显。平均气温最低的时段在 1990s 前期，最高在 2010s 中后期。

12 月［图 3.3.9（l）］，长江上游 1990～2020 年平均气温进一步下降，为 4.8℃，仅高于 1 月。平均气温年际变化幅度较 11 月明显减小，标准差降到 0.59℃。平均气温最高在 2016 年，达到 6.5℃；最低在 2005 年和 2020 年，只有 3.9℃。整体上，12 月平均气温变化趋势不显著，2000s 中期和 2010s 中期以升温为主，2000s 末期到 2010s 初期和 2010s 末期以降温为主，而 1990s 前期和中期变化不明显。平均气温最低的时段在 2010s 前期，最高在 2010s 后期。

3.3.6 最高气温各月年际年代际变化

图 3.3.10 是长江上游 1～12 月月平均最高气温的时间变化特征。1 月［图 3.3.10（a）］，长江上游 1990～2020 年平均最高气温为 8.9℃，是一年中最高气温最低的月份。年际变

化幅度较大，标准差达到 1.46℃。最高气温在 2014 年最高，达到 11.8℃；2011 年最低，只有 5.1℃。整体上，1990～2020 年最高气温的增温趋势不显著，2000s 初期及之前和 2010s 前期以升温为主，2000s 中期及后期和 2010s 后期以降温为主。其中 1990s 前期和 2010s 初期是最高气温最低的时段，2010s 中期是最高的时段。

2 月 [图 3.3.10（b）]，长江上游 1990～2020 年平均最高气温有所升高，达到 11.8℃。年际变化幅度也明显上升，标准差增到 1.78℃。最高气温 2007 年最高，达到 14.9℃；2008 年最低，只有 8.4℃。整体上，1990～2020 年最高气温的升温趋势不显著，2000s 初期之前、2000s 末期和 2010s 中期以升温为主，2000s 中期和 2010s 初期以降温为主。最高气温最高的时段在 2000s 前期，最低在 1990s 前期。

3 月 [图 3.3.10（c）]，长江上游 1990～2020 年平均最高气温开始明显上升，达到 16.4℃。年际变化幅度略有减小，标准差为 1.56℃。最高气温 2013 年最高，达到 20.3℃；1992 年最低，只有 13.2℃。整体上，1990～2020 年最高气温呈显著增温的趋势，其值为 0.98℃/10a，通过 99%信度检验。1990s 中期到 2000s 初期和 2010s 初期以增温为主，2000s 和 2010s 中期及后期变化不显著。1990s 初期是最高气温最低的时段，2010s 后期是最高的时段。

4 月 [图 3.3.10（d）]，长江上游 1990～2020 年平均最高气温进一步上升，达到 21.5℃。但年际变化幅度较 3 月明显减小，标准差为 1.23℃。最高气温 1998 年最高，达到 24.1℃；1996 年最低，只有 18.7℃。整体上，1990～2020 年最高气温呈显著增温的趋势，其值为 0.58℃/10a，通过 90%信度检验。1990s 中期到 2000s 中期和 2010s 以增温为主，2000s 后期以降温为主。1990s 前期是最高气温最低的时段，2000s 中期和 2010s 后期是最高的时段。

5 月 [图 3.3.10（e）]，长江上游 1990～2020 年平均最高气温继续上升，达到 24.9℃。但年际变化幅度较 4 月有所减小，标准差为 1.03℃。最高气温 2007 年最高，达到 27.2℃；2002 年最低，只有 23.1℃。整体上，1990～2020 年最高气温呈显著增温的趋势，其值为 0.45℃/10a，通过 95%信度检验。1990s 前期和 2000s 中期以升温为主，1990s 中期到 2000s 前期和 2000s 末期以降温为主，而 2010s 变化不明显。1990s 初期是最高气温最低的时段，2000s 后期是最高的时段。

6 月 [图 3.3.10（f）]，长江上游 1990～2020 年平均最高气温升高到 27.3℃。年际变化幅度相对于 5 月明显减小，标准差为 0.72℃。最高气温 2013 年最高，达到 28.9℃；2010 年最低，只有 26.2℃。整体上，1990～2020 年最高气温呈显著增温的趋势，其值为 0.32℃/10a，通过 90%信度检验。整个时期，2000s 初期到中期以增温为主，其余时期变化不明显。最高气温最低的时段主要在 1990s，最高在 2000s 中期。

7 月 [图 3.3.10（g）]，长江上游 1990～2020 年平均最高气温进一步上升到 29.0℃，是一年中最高气温最高的月份。年际变化幅度较 6 月略有增大，标准差升到 0.76℃。最高气温 2017 年最高，达到 30.5℃；1993 年最低，只有 27.6℃。整体上，1990～2020 年最高气温呈显著增温的趋势，其值为 0.35℃/10a，通过 95%信度检验。整个时期内，1990s 末期到 2010s 前期以增温为主，尤其是 1990s 末期到 2000s 初期升温最快，2010s 后期以降温为主，1990s 前期到中期和 2000s 变化不明显。1990s 前期到中期是最高气温最低的时段，2010s 中期是最高的时段。

8 月 [图 3.3.10（h）]，长江上游 1990～2020 年平均最高气温开始逐步下降，为 28.7℃，相对 7 月有微弱降温。年际变化较 7 月明显增大,标准差增到 1.08℃。最高气温 2013 年和 2016 年最高,达到 30.3℃;1993 年最低,只有 26.3℃。整体上,1990～2020 年最高气温呈显著增温的趋势,幅度达到 0.44℃/10a,通过 95%信度检验。1990s 中期和 2000s 初期及之后以升温为主,1990s 初期及末期存在降温趋势。最高气温最低的时段在 2000s 前期,最高在 2010s 末期。

9 月[图 3.3.10(i)],长江上游 1990～2020 年平均最高气温较 8 月明显下降,为 25.0℃。年际变化幅度也有所降低,标准差降到 0.70℃。最高气温在 1998 年和 2009 年最高,达到 26.5℃;1994 年最低,只有 23.9℃。整体上,1990～2020 年最高气温的变化不显著,1990s 中期及后期、2000s 中期到末期和 2010s 中期以升温为主,1990s 前期、1990s 末期到 2000s 初期和 2000s 末期到 2010s 初期以降温为主。最高气温最低的时段在 1990s 前期,最高在 2000s 末期。

10 月 [图 3.3.10 (j)],长江上游 1990～2020 年平均最高气温进一步显著降低,达到 20.1℃。年际变化幅度较大,相对 9 月明显增大,标准差升到 0.93℃。最高气温最高在 2006 年和 2014 年,达到 21.7℃;最低在 1992 年,只有 18.5℃。整体上,1990～2020 年最高气温的变化趋势不显著,1990s 中期、2000s 中期到 2010s 前期以升温为主,1990s 末期到 2000s 前期和 2010s 中期及后期以降温为主。最高气温最低时段在 1990s 初期,最高在 2010s 中期。

11 月 [图 3.3.10 (k)],长江上游 1990～2020 年平均最高气温较 10 月明显下降,达到 15.5℃。年际变化幅度较明显,标准差为 0.87℃,较 10 月有所减小。最高气温 1998 年最高,达到 17.9℃;1996 年最低,只有 13.8℃。整体上,1990～2020 年最高气温的变化不显著,年代际变化也较弱。1990s 中期是最高气温最低的时段,2000s 中期是最高的时段。

12 月 [图 3.3.10 (l)],长江上游 1990～2020 年平均最高气温较 11 月大幅度下降,低到 10.5℃,仅高于 1 月。年际变化幅度较明显,标准差达到 0.92℃。最高气温 2016 年最高,达到 12.4℃;2020 年最低,只有 8.7℃。整体上,1990～2020 年最高气温的变化不显著,1990s 后期、2000s 中期和 2010s 中期以增温为主,1990s 末期到 2000s 初期、2000s 末期到 2010s 初期和 2010s 后期以降温为主。最高气温最低的时段在 2000s 前期,最高在 2010s 后期。

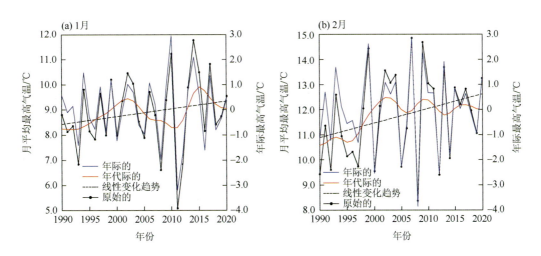

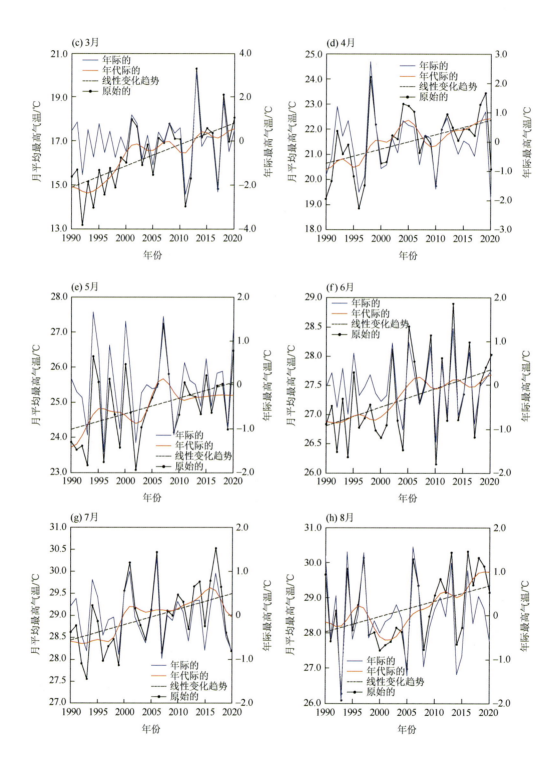

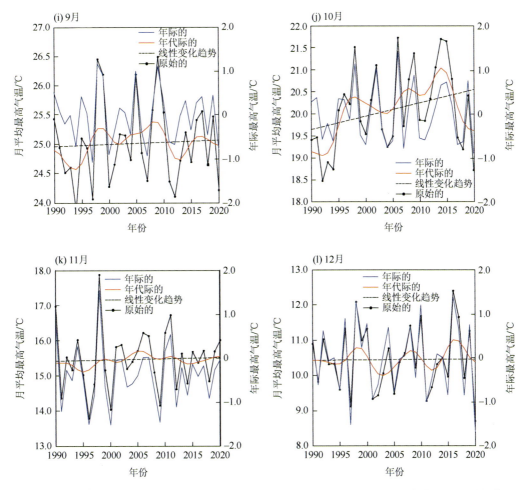

图 3.3.10　1990~2020 年长江上游 1~12 月月平均最高气温的原始、年际分量、年代际分量时间序列和线性变化趋势

3.3.7　最低气温各月年际年代际变化

图 3.3.11 是长江上游 1~12 月月平均最低气温的时间变化特征。1 月 [图 3.3.11（a）]，长江上游 1990~2020 年平均最低气温低于 0℃，为 -0.5℃，是一年中最低气温最低月份。最低气温表现出显著的年际变化，标准差为 0.87℃。最低气温 2017 年最高，为 1.5℃；2011 年最低，为 -2.4℃。整体上，1990~2020 年最低气温呈显著增温的趋势，达到 0.38℃/10a，通过 95%信度检验。最低气温 1990s 中期到 2000s 初期和 2010s 前期以升温为主，1990s 前期和 2000s 以降温为主，2010s 后期变化不明显。其中 1990s 初期是最低气温最低的时段，2010s 后期是最高的时段。

2 月 [图 3.3.11（b）]，长江上游 1990~2020 年平均最低气温上升到 0℃以上，达到 1.9℃。年际变化幅度较 1 月有所加大，标准差升到 1.17℃。2009 年最低气温最高，达到 4.6℃；2008 年最低，只有 -1.0℃。整体上，1990~2020 年最低气温的变化趋势不显著，

1990s 后期到 2000s 初期为增温趋势，1990s 前期和 2000s 中期为降温趋势。1990s 中期是最低气温最低的时段，2000s 前期是最高的时段。

3 月[图 3.3.11（c）]，长江上游 1990～2020 年平均最低气温开始明显上升，达到 5.8℃。年际变化幅度也较强，但较 2 月有所减小，标准差降到 0.99℃。最低气温 2013 年最高，达到 7.7℃；1994 年和 2011 年最低，只有 3.9℃。整体上，1990～2020 年最低气温呈显著增温的趋势，达到 0.64℃/10a，通过 99%信度检验。1990s 中期到 2000s 中期和 2010s 前期以升温为主，1990s 前期和 2000s 末期以降温为主，2010s 后期变化不明显。最低气温在 1990s 前期最低，2010s 中期最高。

4 月［图 3.3.11（d）］，长江上游 1990～2020 年平均最低气温进一步上升，达到 10.4℃。年际变化幅度也较大，但相对 3 月有所减小，标准差 0.83℃。最低气温 1998 年最高，达到 11.9℃；1996 年最低，只有 8.7℃。整体上，1990～2020 年最低气温呈显著增温的趋势，其值为 0.38℃/10a，通过 95%信度检验。1990s 和 2010s 前期到中期以增温为主，2010s 末期以降温为主，2000s 变化不明显。最低气温最低的时段在 1990s 前期，最高在 2010s 后期。

5 月［图 3.3.11（e）］，长江上游 1990～2020 年平均最低气温继续上升到 14.3℃。年际变化幅度较 4 月明显减小，标准差为 0.62℃。最低气温最高在 2012 年，达到 15.4℃；最低在 1990 年，只有 12.9℃。整体上，1990～2020 年最低气温呈显著增温的趋势，其值为 0.37℃/10a，通过 99%信度检验。升温的时段主要在 1990s 前期及中期和 2000s 前期及中期，2000s 末期开始变化不明显。1990s 初期是最低气温最低的时段，2000s 后期和 2010s 前期是最高的时段。

6 月［图 3.3.11（f）］，长江上游 1990～2020 年平均最低气温上升到 17.8℃，上升幅度有所减缓。年际变化幅度较 5 月有所减小，标准差降到 0.54℃。最低气温 2020 年最高，达到 18.7℃；1997 年最低，只有 16.8℃。整体上，1990～2020 年最低气温呈显著增温的趋势，其值为 0.34℃/10a，通过 99%信度检验。1990s 和 2010s 前期以增温为主，其余时期变化不明显。最低气温最高时段在 2010s 后期，最低在 1990s 前期。

7 月［图 3.3.11（g）］，长江上游 1990～2020 年平均最低气温稳定上升到 19.7℃，为一年中最低气温最高的月份。年际变化幅度较 6 月有所加大，标准差升到 0.61℃。2013 年最低气温最高，达到 20.8℃；2015 年最低，只有 18.4℃。整体上，1990～2020 年最低气温呈显著增温的趋势，其值为 0.29℃/10a，通过 95%信度检验。1990s 中期到 2000s 末期以增温为主，1990s 初期和 2010s 初期出现降温趋势。1990s 初期是最低气温最低的时段，2010s 前期是最高的时段。

8 月［图 3.3.11（h）］，长江上游 1990～2020 年平均最低气温开始逐步降低，但降幅微弱，为 19.1℃。年际变化幅度较 7 月略有减小，标准差为 0.60℃。最低气温 2016 年最高，为 20.3℃；2002 年最低，只有 17.8℃。整体上，1990～2020 年最低气温呈显著增温的趋势，其值为 0.38℃/10a，通过 99%信度检验。1990s 前期及中期、2000s 前期和 2010s 中期以升温为主，1990s 后期以降温为主，2000s 中期到 2010s 初期变化不明显。其中 1990s 初期最低气温最低，2010s 后期最高。

9 月[图 3.3.11（i）]，长江上游 1990～2020 年平均最低气温继续明显下降，降到 16.0℃。年际变化幅度较大，标准差升到 0.71℃。2017 年最低气温最高，达到 17.4℃；1997 年最低，只有 14.0℃。整体上，1990～2020 年最低气温呈显著增温的趋势，其值为 0.43℃/10a，通过 99%信度检验。1990s 后期到 2010s 中期以增温为主，1990s 初期到中期和 2010s 末期以降温为主。最低气温最高时段在 2010s 后期，最低在 1990s 中后期。

10 月[图 3.3.11(j)]，长江上游 1990～2020 年平均最低气温进一步下降，降到 11.3℃。年际变化幅度较 9 月明显加大，标准差达到 0.88℃。最低气温 2006 年最高，达到 12.9℃；1992 年最低，只有 9.3℃。整体上，1990～2020 年最低气温有显著增温的趋势，达到 0.48℃/10a，通过 99%信度检验。上升时段主要在 1990s 中期及后期、2000s 中期和 2010s 前期，降温时段主要在 1990s 初期、2000s 初期及末期和 2010s 后期。最低气温最低时段在 1990s 前期，最高在 2000s 后期和 2010s 中期。

11 月［图 3.3.11（k）］，长江上游 1990～2020 年平均最低气温显著下降，降到 5.8℃。年际变化幅度较 11 月增大，标准差升到 0.96℃。最低气温 2011 年最高，达到 7.7℃；1992 年最低，只有 3.7℃。整体上，1990～2020 年最低气温呈显著增温的趋势，其值为 0.39℃/10a，通过 95%信度检验。1990s 前期到中期、2000s 前期和 2010s 前期以升温为主，1990s 末期、2000s 后期和 2010s 后期以降温为主。1990s 初期是最低气温最低的时段，2010s 中期是最高的时段。

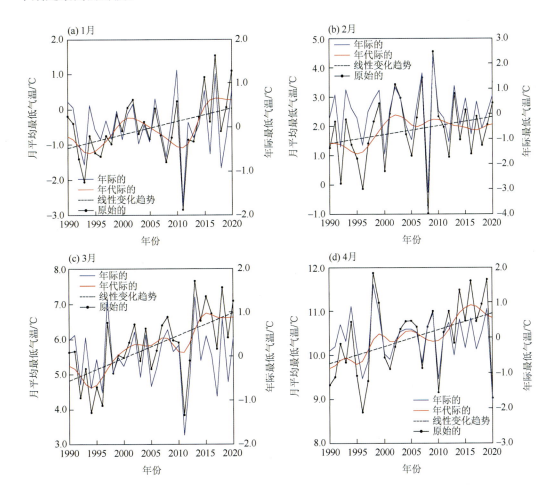

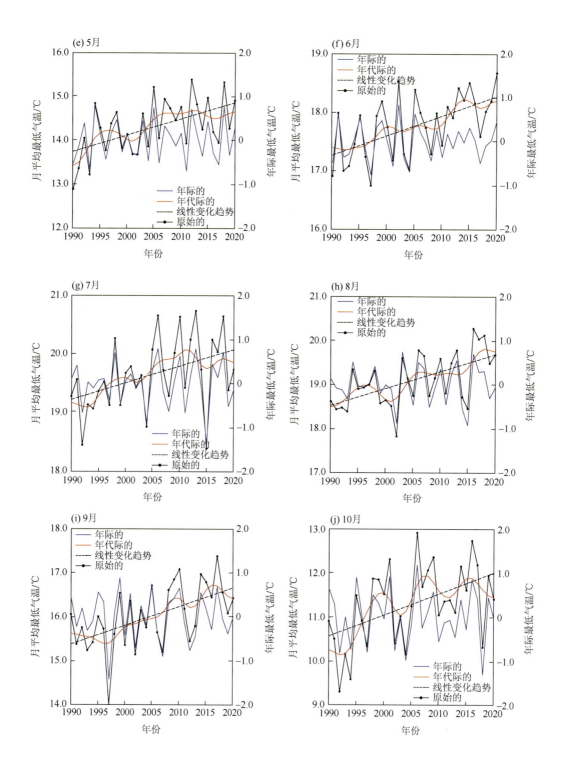

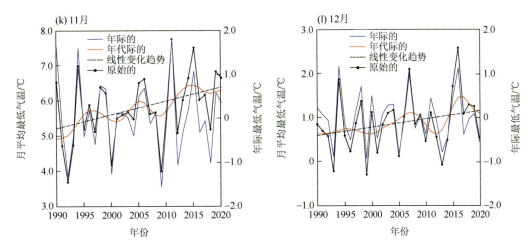

图 3.3.11　1990~2020 年长江上游 1~12 月月平均最低气温的原始、年际分量、年代际分量时间序列和
线性变化趋势

12 月 [图 3.3.11（1）]，长江上游 1990~2020 年平均最低气温大幅度下降，低至 0.9℃，仅高于 1 月。年际变化幅度较 11 月有所减小，标准差降到 0.65℃。最低气温 2016 年最高，达到 2.6℃；1999 年最低，降到 0℃ 以下，只有−0.3℃。整体上，1990~2020 年最低气温的变化不显著，2000s 前期及中期和 2010s 中期有升温趋势，2000s 末期到 2010s 初期和 2010s 末期存在降温趋势，1990s 变化不明显。1990s 是最低气温最低的时段，2010s 后期是最高的时段。

3.4　小　　结

3.4.1　区域降水变化

1. 多年气候变化

1990~2020 年长江上游年平均大雨强度和中雨强度呈显著增强趋势，暴雨强度和小雨强度的变化则不显著。在 1990~2020 年，暴雨次数有显著增多的趋势，中雨次数和小雨次数呈显著减少趋势，大雨次数变化不显著。暴雨强度最强的时段在 2000s 后期，2000s 前期是最弱的时段；暴雨次数最多的时段在 2010s 后期，1990s 前期是最少的时段。大雨强度最强的时段是 2010s 后期，最弱在 1990s 前期；大雨次数最多的时段在 2010s 后期，最少在 1990s 初期和 2000s 末期。2010s 后期中雨强度最强，1990s 前期最弱；中雨次数最多的时段在 1990s 前期，最少在 2000s 末期到 2010s 初期。小雨强度最强的时段在 1990s 末期到 2000s 初期，最弱在 2010s 后期；小雨次数最多的时段在 1990s 前期，2010s 后期最少。

2. 季节气候变化

1）暴雨
季节时间尺度上，暴雨强度四个季节的变化不显著。春季，暴雨强度最强的时段在

1990s 后期，最弱在 1990s 前期；夏季，暴雨强度最强的时段在 2000s 末期到 2010s 初期，最弱在 2000s 前期；秋季，暴雨强度最强的时段在 2010s 中后期，最弱在 1990s 中期；冬季，暴雨强度最强的时段在 1990s 前期，最弱在 1990s 末期到 2000s 初期。

暴雨次数秋季和冬季呈显著增多趋势，春季和夏季的变化趋势不显著。春季，暴雨次数最多的时段在 1990s 后期到 2000s 前期和 2010s 中后期，最少在 2000s 后期；夏季，暴雨次数最多的时段在 1990s 后期和 2010s 后期，最少在 2000s；秋季，暴雨次数最多的时段在 2010s 前期，最少在 1990s 前期；冬季，暴雨次数最多的时段在 2010s 后期，最少在 1990s 末期到 2000s 初期。

2）大雨

夏季大雨强度呈显著增强趋势，其余三个季节的变化不显著。春季，大雨强度最强的时段在 2000s 前期，最弱在 2000s 后期；夏季，大雨强度最强的时段在 2010s 后期，最弱在 1990s 前期；秋季，大雨强度最强的时段在 2010s 前期，最弱在 1990s 前期；冬季，大雨强度最强的时段在 2010s 前期，最弱在 1990s 初期和 2000s 初期。

大雨次数四个季节的变化趋势都不显著。春季，大雨次数在 2000s 前期和 2010s 中期最多，1990s 中期最少；夏季，大雨次数在 1990s 末期到 2000s 初期最多，2010s 前期最少；秋季，大雨次数在 2010s 中期最多，1990s 前期最少；冬季，大雨次数在 1990s 前期和 2000s 中期最多，1990s 末期到 2000s 初期和 2000s 后期最少。

3）中雨

春季和夏季中雨强度都呈显著增强趋势，秋季和冬季的变化趋势不显著。春季、夏季和冬季，中雨强度最强的时段都在 2010s 后期，但最弱的时段三个季节分别在 1990s 中期、2000s 中期和 1990s 后期到 2000s 初期；秋季，中雨强度在 2010s 前期最强，1990s 前期和 2010s 后期最弱。

中雨次数只有夏季呈显著减少趋势，其余三个季节的变化不显著。春季，中雨次数在 2010s 中期最多，1990s 中期最少；夏季，中雨次数最多的时段在 1990s，最少在 2010s；秋季，中雨次数在 2010s 后期最多，2000s 后期最少；冬季，中雨次数最多的时段在 1990s 前期，最少在 2010s 前期。

4）小雨

小雨强度春季和冬季呈显著增强趋势，夏季呈显著减弱趋势，秋季变化不显著。春季，小雨强度在 2000s 后期和 2010s 后期最强，1990s 前期最弱；夏季，小雨强度最强的时段在 2000s 后期之前，最弱在 2010s 后期；秋季和冬季，小雨强度都在 2010s 后期最强，1990s 后期最弱。

小雨次数春、夏、秋、冬四个季节都呈显著减少趋势，其中春季减少最多。四个季节中，小雨次数都在 1990s 前期最多，2010s 后期最少。

3. 各月气候变化

1）暴雨

月时间尺度上，部分年份 1～3 月、11～12 月没有暴雨，年代际变化不明显。其余月份暴雨强度 5 月呈增强趋势，10 月呈减弱趋势，4 月和 6～9 月变化不显著。4 月和 5 月暴雨强度在 1990s 前期最弱，4 月在 1990s 中后期最强，5 月在 2010s 后期最强；6 月暴雨强度 2000s 中期最弱，2010s 前期最强；7 月暴雨强度 2000s 前期最弱，1990s 中期最强；8 月暴雨强度 1990s 前期最强，2000s 中期最弱；9 月暴雨强度 1990s 后期最强，1990s 中期最弱；10 月暴雨强度 1990s 前期最强，2010s 前期最弱。

暴雨次数 9 月呈显著增加趋势，4~8 月和 10 月的变化不显著。4 月暴雨次数 1990s 前期最少，1990s 后期最多；5 月和 10 月暴雨次数都是 2000s 前期最多，2000s 后期最少；6 月和 9 月暴雨次数都在 2010s 后期最多，1990s 前期最少；7 月暴雨次数 1990s 中期最多，2000s 前期最少；8 月暴雨次数最多在 2010s 后期，最少在 2010s 前期。

2）大雨

某些年份 1 月和 12 月未发生大雨。大雨强度仅 7 月呈显著增强趋势，2~6 月和 8~11 月的变化趋势不显著。2 月大雨强度 2010s 前期最强，2000s 前期最弱；3 月大雨强度 2000s 后期最弱，2010s 后期最强；4 月大雨强度 2000s 前期最强，1990s 前期最弱；5 月大雨强度最强在 1990s 中期，最弱在 2010s 后期；6 月大雨强度 1990s 前期最强，2010s 前期最弱；7 月大雨强度 2010s 中期最强，1990s 前期最弱；8 月大雨强度 1990s 后期最强，2000s 中期最弱；9 月大雨强度 2000s 后期最强，1990s 前期最弱；10 月大雨强度 1990s 后期最强，2000s 后期最弱；11 月大雨强度 2010s 中期最强，2010s 后期最弱。

大雨次数仅 9 月呈显著增加趋势，2~8 月和 10~11 月的变化趋势不显著。2 月和 3 月大雨次数最多的时段都在 1990s 前期，最少的时段分别在 2010s 前期和 2000s 中期；4 月、8 月和 10 月大雨次数都在 1990s 前期最少，2000s 前期最多；5 月和 9 月大雨次数最多都在 2000s 前期，5 月最少在 1990s 中期，9 月最少在 1990s 和 2000s；6 月大雨次数最多在 2010s 后期，最少在 2010s 前期；7 月大雨次数 2010s 中期最少，1990s 中期最多；11 月大雨次数 2010s 中期最多，2010s 后期最少。

3）中雨

中雨强度 5~9 月呈显著增强趋势，其中 6 月增强幅度最大，11 月呈显著减弱趋势，其余月份变化不显著。1 月、2 月和 4 月中雨强度最强都在 2000s 中期，最弱分别在 2010s 中期、2000s 中期和 1990s 前期；3 月和 7 月中雨强度都在 2000s 中期最弱，分别在 2010s 中期和 2010s 后期最强；5 月和 6 月中雨强度最强都在 2010s 后期，最弱都在 1990s 中期；8 月和 10 月中雨强度 1990s 前期最弱，分别在 2010s 后期和 2000s 前期最强；9 月中雨强度 2000s 前期最弱，2010s 中期最强；11 月中雨强度 1990s 中期最强，2010s 后期最弱；12 月中雨强度 1990s 前期最强，1990s 后期最弱。

中雨次数仅 9 月呈显著增加趋势，2 月、6 月和 7 月呈显著减少趋势，其余月份变化不显著。1 月和 2 月，中雨次数最多的时段都在 1990s 前期，最少都在 2010s 前期；3 月，中雨次数也是 1990s 前期最多，2000s 前期最少；4 月和 5 月，中雨次数都在 1990s 中期最少，4 月 2010s 中期最多，5 月 2000s 前期最多；6 月和 8 月，中雨次数 2000s 前期最多，6 月 2010s 后期最少，8 月 2010s 前期最少；7 月和 10 月，中雨次数都在 2010s 中期最少，7 月 1990s 后期最多，10 月 2010s 后期最多；9 月和 11 月，中雨次数都在 2010s 中期最多，最少分别在 2000s 中期和 2010s 后期；12 月，中雨次数 2000s 前期最多，1990s 后期最少。

4）小雨

小雨强度 1~4 月和 12 月呈显著增强趋势，6~9 月呈显著减弱趋势，其余月份变化不显著。1~3 月，小雨强度最强的时段都在 2010s 后期，小雨强度最弱 1~3 月分别在 2010s 前期、1990s 后期和 2000s 前期；4 月，小雨强度最强在 2010s 后期，最弱在 1990s 中期；5~9 月，小雨强度最弱都在 2010s 后期，最强分别在 2000s 后期、1990s 前期、1990s 后期、1990s 中期和 2000s 中期；10 月和 11 月，小雨强度最强在 2010s 后期，最弱在 2000s 中期；12 月，小雨强度 2010s 中期最强，1990s 中期最弱。

小雨次数 1~11 月都呈显著减少趋势，12 月变化趋势不显著。1~5 月和 9 月，小雨次数最多的时段都在 1990s 前期，最少都在 2010s 后期；6~8 月，小雨次数最少都在 2010s 后期，最多分别在 1990s 后期、1990s 中期和 2000s 前期；10~12 月，小雨次数最少都在 2010s 中期，最多分别在 1990s 前期、1990s 中期和 2000s 前期。

3.4.2　区域气温变化

1.多年气候变化

1990~2020 年，长江上游年时间尺度的平均气温、最高气温和最低气温呈显著上升趋势，其中 1990s 前期、2010s 后期分别是最低气温最低、最高的两个时段。

2. 季节气候变化

1）平均气温

季节时间尺度上，平均气温春、夏、秋和冬四个季节都呈显著升温趋势，春季升温最快，冬季其次，然后夏季，秋季最慢。平均气温最低的时段四个季节都是 1990s 前期，最高的时段春、夏和冬三个季节都在 2010s 后期，秋季在 2010s 中期。

2）最高气温

最高气温春、夏和冬三个季节都呈显著升温趋势，其中春季升温最快，夏季和冬季低于春季，但相差不大，秋季则不显著。最高气温最低的时段四个季节都在 1990s 前期，最高的时段春、夏和冬三个季节在 2010s 中后期，秋季在 2000s 后期。

3）最低气温

最低气温四个季节都呈显著升温趋势，春季升温最快，其次秋季，然后夏季，冬季最慢。最低气温最低的时段四季都在 1990s 前期，最高的时段春、夏和冬三个季节都在 2010s 后期，秋季在 2010s 中期。

3. 各月气候变化

1）平均气温

月时间尺度上，平均气温 3~8 月和 10 月都呈显著升温趋势，其中 3 月升温速度明显高于其他月份，6 月和 7 月最小。1~7 月、9~11 月平均气温最低的时段主要在 1990s 前期，8 月和 12 月分别在 1990s 末期到 2000s 初期和 2010s 前期。1 月、3 月、4 月和 6~12 月平均气温最高的时段主要在 2010s，2 月和 5 月则在 2000s。

2）最高气温

最高气温 3～8 月都呈显著升温趋势，其中 3 月升温速率非常突出，6 月最小，其余月份升温不显著。1～11 月最高气温最低的时段主要在 1990s 前期，12 月在 2000s 前期；1 月、3～4 月、6～8 月、10 月和 12 月最高气温最高的时段主要在 2010s，2 月、5 月、9 月和 11 月主要在 2000s。

3）最低气温

最低气温 1 月、3～11 月都呈显著升温趋势，其中 3 月升温趋势最快，7 月最低，2 月和 12 月变化不显著。1～12 月最低气温最低的时段主要在 1990s，最高的时段 1 月和 3～12 月都在 2010s，2 月主要在 2000s。

第4章 长江上游极端天气气候事件

4.1 干旱少雨气候

4.1.1 干旱少雨时空分布特征

图 4.1.1 是根据 Z 指数统计得到的长江上游干旱次数的空间分布。由图 4.1.1 可看到，1990～2020 年，长江上游干旱次数从西北向东南逐渐递减，东南部的广西、贵州、重庆、湖南和四川东部等发生干旱较少，基本少于 50 次，低值区在湖北咸丰县、宣恩县、鹤峰县和湖南桑植县一带，仅发生 18 次干旱。青海、西藏、甘肃和四川西部一带发生干旱多，大部分区域干旱次数超过 250 次，其中三江源为重旱区，干旱发生次数最多在沱沱河，共 355 次。此外，青海玛多县、西藏隆子县和八宿县等也是高值中心，分别发生 342 次、337 次和 338 次干旱。西藏墨竹工卡县到林芝市一带为相对低值区，最少发生 136 次干旱。

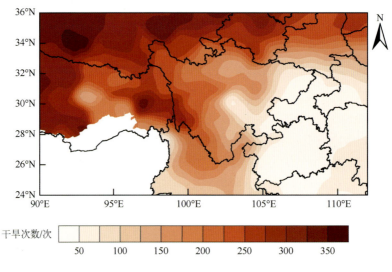

图 4.1.1　1990～2020 年长江上游干旱次数的空间分布

图 4.1.2 是长江上游平均单站点干旱次数 1990～2020 年的时间序列。由图 4.1.2 可知，长江上游 1990～2020 年平均干旱次数为 4.24 次/年。干旱次数年际变化较为显著，标准差为 0.18 次/年。干旱最严重为 2002 年，干旱次数达到 4.53 次；2010 年干旱次数最少，仅为 3.85 次。整体上，1990～2020 年长江上游单站干旱次数呈减少趋势，其值为–0.016 次/10a，但未通过信度检验。1990s 后期到 2000s 前期和 2000s 末期之后干旱次数主要呈增加趋势，1990s 中期和 2000s 以减少趋势为主。1996～2009 年干旱次数波动变化较大，

而 1990s 前期和 2010s 相对较小。2000s 前期是长江上游干旱较为严重的时段，气候相对偏干；2000s 后期干旱次数波动变化较大，且这一时段干旱次数较少，气候相对偏湿，干旱状况有所好转。

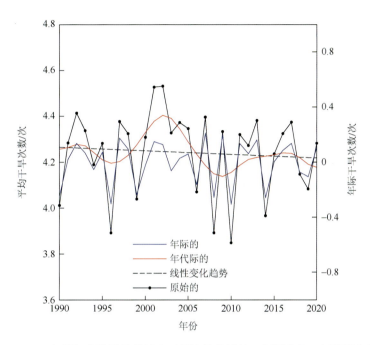

图 4.1.2 1990~2020 年长江上游平均单站点干旱次数的原始、年际分量、年代际分量时间序列和线性变化趋势

图 4.1.3 和图 4.1.4 分别是长江上游干旱次数 EOF 分解前四个模态的空间分布及其时间系数。由此得到，长江上游干旱次数 EOF 第一模态的方差贡献为 13.8%，主要体现了干旱次数南北反位相的分布特征，正值区主要在大约 30°N 以北区域，包括西藏那曲市、青海、四川北部、甘肃和陕西南部等，其中甘肃张家川回族自治县（简称张家川县）、华亭市附近出现正值中心，三江源青海治多县、曲麻莱县和格尔木市等还有较明显的大值区；负值区主要在大约 30°N 以南的西藏、云南北部、四川中南部、贵州、重庆、广西北部和湖南西部等，中心位于云南宣威市、会泽县等。第一模态的时间系数大约 2003 年以前以正值为主，之后转为以负值为主，表明 30°N 以北区域 2003 年以前干旱发生频次较多，之后干旱有所减少；相反，30°N 以南区域 2003 年以前干旱发生较少，之后干旱频次增多。长江上游以 30°N 为界的南北两个区域干旱次数具有"跷跷板"的相互变化特征。

长江上游干旱次数 EOF 第二模态的方差贡献达到 7.9%，主要反映了干旱次数东西反位相的分布特征。正值区在重庆、贵州中东部、云南东北部、广西北部、陕西南部、湖南西部和湖北西部等，陕西大荔县、湖南芷江县、云南弥勒市等分别为正值中心，负值区主要在西藏东北部、四川除川西南山地以外地区、青海和甘肃等，中心主要在四川成都市附近。第二模态的时间系数大约 2003 年以前以负值为主，之后转为以正值为主，

表明重庆、贵州中东部、云南东北部、广西北部、陕西南部、湖南西部和湖北西部等
2003年以前干旱频次较少，之后干旱频次明显增加；相反，西藏东北部、四川除川西南
山地以外地区、青海和甘肃等2003年以前干旱频次较多，之后干旱频次减少。长江上游
以上东西两个区域的干旱次数也具有"跷跷板"的相互变化特征。

长江上游干旱次数EOF第三模态的方差贡献为6.9%，反映了由西北向东南呈正—负—
正的空间分布特征。西藏东南部、云南北部、四川中南部及东部、重庆和湖北西部等是
负值区，其中云南北部和四川南部是绝对值较大的负值区。西藏北部、青海、甘肃南部、
广西北部、贵州和湖南西部等是正值区，其中三江源、贵州东南部、广西北部和湖南西
南部等是高值区。第三模态的时间系数2011年以前以正值为主，之后以负值为主。因
此，西藏东南部、云南北部、四川中南部及东部、重庆和湖北西部等2011年以前干旱
次数偏少，之后干旱频发；相反，西藏北部、青海、甘肃南部、广西北部、贵州和湖南
西部等2011年以前干旱发生较多，之后干旱次数减少。

长江上游干旱次数EOF第四模态的方差贡献为5.6%，反映出四川阿坝州及东部、重
庆和湖北西部等是正值区，其中重庆北部是高值区；西藏、青海、甘肃南部、陕西南部、
云南北部、贵州、广西北部和湖南西部等是负值区，其中云南北部、广西西北部和贵州
西南部是高绝对值负值区。第四模态对应的时间系数2009年以前以正值为主，之后以负
值为主，表明四川阿坝州及东部、重庆和湖北西部等2009年以前干旱次数较多，之后减
少；相反，云南北部、广西西北部和贵州西南部等2009年以前干旱次数较少，之后较多。

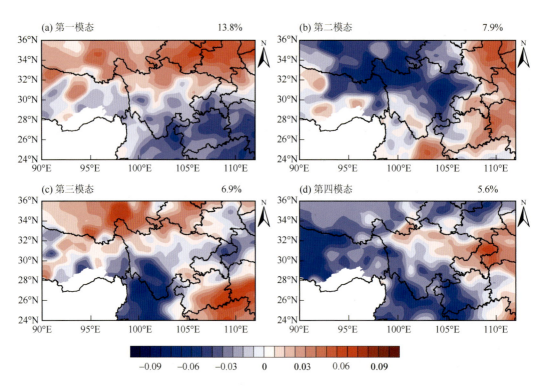

图4.1.3　1990~2020年长江上游干旱次数EOF分解前四个模态特征向量的空间分布

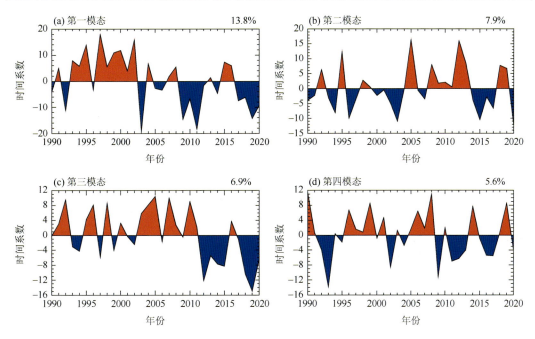

图 4.1.4　1990～2020 年长江上游干旱次数 EOF 分解前四个模态的时间系数

4.1.2　干旱少雨年际变化特征

图 4.1.5 是长江上游干旱次数年际分量 EOF 分解前四个模态的空间分布。由图 4.1.5 看到，第一模态的方差贡献为 13.0%，主要反映了长江上游干旱次数南北反位相的分布特征。西藏那曲市、青海三江源、甘肃南部和陕西南部等是正值区，尤其是陕西南部和甘肃南部相对较高。西藏东部、四川、重庆、贵州、云南北部、广西北部、湖南西部和湖北西部等是大范围负值区，其中四川中部、贵州、广西北部和湖南西部等是高绝对值负值区。

第二模态的方差贡献为 9.4%，主要体现了干旱次数东西反向的分布特征。大约 108°E 以西的区域是大范围正值区，其中四川阿坝州西北部和青海南部等是高值区；108°E 以东则是负值区，其高绝对值负值区在湖南西部和湖北西部等。

第三模态的方差贡献为 7.5%，主要反映了从西北向东南呈负—正—负的空间分布特征。云南西北部、四川、重庆和湖北西部等是正值区，其中重庆是高值区；这些区域西北和东南方向的西藏、青海、甘肃南部、陕西南部、云南东北部、贵州、广西北部和湖南西部等是负值区，其高绝对值负值区在湖南西部、广西北部和贵州东南部等。

第四模态的方差贡献为 6.2%，主要反映出由西南向东北呈负—正—负的空间分布特征。模态正值区主要在青海、四川北部、重庆、广西东北部和湖南西南部等，负值区主要在西藏、四川南部、云南北部、贵州、甘肃南部和陕西南部等，其中云南北部是高绝对值负值区。

结合 EOF 分解前四个模态正（负）时间系数的年际变化特征（图 4.1.6）可知，第一模态反映了长江上游北部区域偏多（少）和南部区域偏少（多）的干旱次数年际变化；第二模态反映了长江上游西部区域偏多（少）和东部区域偏少（多）的干旱次数年际变

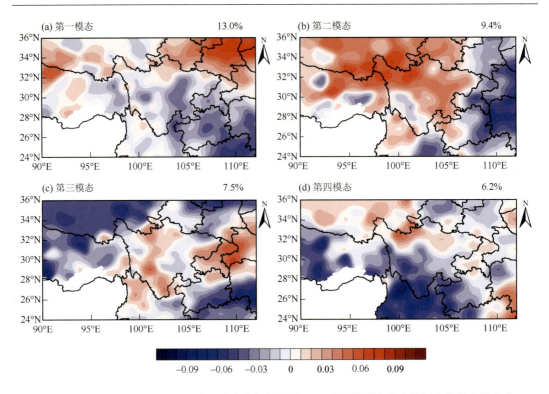

图 4.1.5　1990~2020 年长江上游干旱次数年际分量 EOF 分解前四个模态特征向量的空间分布

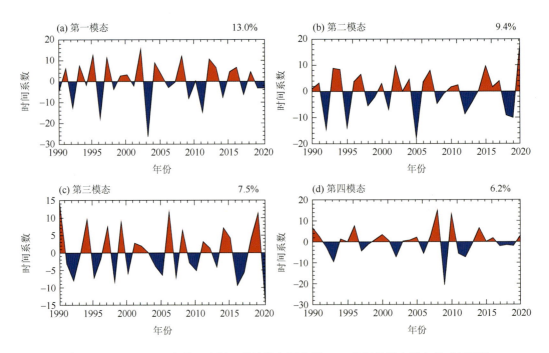

图 4.1.6　1990~2020 年长江上游干旱次数年际分量 EOF 分解前四个模态的时间系数

化；第三模态反映了长江上游云南西北部、四川、重庆和湖北西部等偏多（少）和西藏、青海、甘肃南部、陕西南部、云南东北部、贵州、广西北部和湖南西部等偏少（多）的干旱次数年际变化；第四模态反映了长江上游的青海、四川北部、重庆、广西东北部和湖南西南部等偏多（少）和西藏、四川南部、云南北部、贵州、甘肃南部和陕西南部等偏少（多）的干旱次数年际变化。

4.1.3　干旱少雨年代际变化特征

图 4.1.7 和图 4.1.8 分别是长江上游干旱次数年代际分量 EOF 分解前四个模态的空间分布及其时间系数。由此可知，第一模态的方差贡献为 29.5%，主要反映了干旱次数的南北反位相分布特征。大约 30°N 以北的西藏北部、四川北部、青海、甘肃南部、陕西南部和湖北西北部等是正值区，其中甘肃秦安县、青海曲麻莱县—治多县和玛多县—达日县一带是高值区；大约 30°N 以南的西藏南部、四川中南部、云南北部、贵州、重庆、广西北部和湖南西部等是负值区，其中云南北部和贵州东北部是高绝对值负值区。第一模态的时间系数 2006 年以前是正值，之后转为负值，表明 2006 年以前，30°N 以北区域的干旱次数偏多，以南区域的干旱次数偏少；2006 年以后，30°N 以北区域的干旱次数减少，以南区域的干旱次数增多。长江上游南北两个区域的干旱次数具有"跷跷板"式的年代际变化特征。

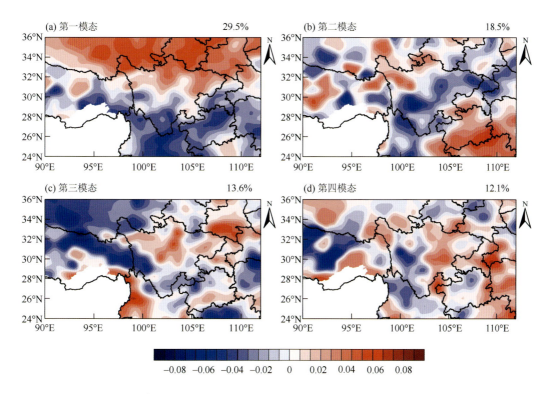

图 4.1.7　1990～2020 年长江上游干旱次数年代际分量 EOF 分解前四个模态特征向量的空间分布

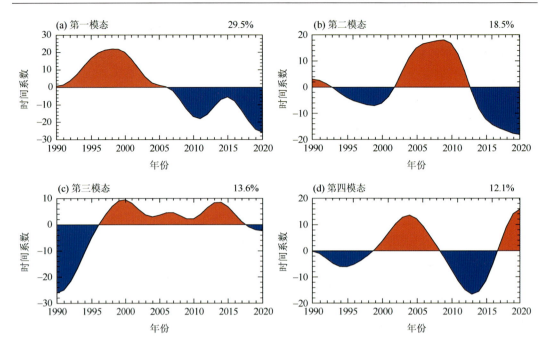

图 4.1.8　1990～2020 年长江上游区域干旱次数年代际分量 EOF 分解前四个模态的时间系数

第二模态的方差贡献为 18.5%，正值区主要在云南东北部、贵州、广西北部、重庆南部和湖南西部等，其中广西三江侗族自治县（简称三江县）到贵州从江县一带是高值区，此外西藏那曲市、四川阿坝州及甘孜州和青海玉树州等还存在正值区；云南西北部、四川南部及中东部、甘肃南部、陕西南部和湖北西部等是负值区。第二模态的时间系数 2002 年以前和 2013 年以后是负值，2002～2013 年为正值，表明云南西北部、四川南部及中东部、甘肃南部、陕西南部和湖北西部等 2002 年以前和 2013 年以后干旱次数较多，2002～2013 年干旱次数相对较少；相反，云南东北部、贵州、广西北部、重庆南部和湖南西部等 2002 年以前和 2013 年以后干旱次数较少，2002～2013 年干旱次数较多。

第三模态的方差贡献为 13.6%，正值区主要在西藏南部、云南北部、四川中北部及东部、重庆、贵州南部、陕西南部和湖北西部等，其中云南西北部和陕西南部存在高值区；西藏北部、青海、甘肃南部、云南东北部、广西北部和湖南西部等是负值区，其中青海三江源和西藏北部是高绝对值负值区。第三模态的时间系数 1996 年以前是负值，1996 年以后为正值。因此，西藏南部、云南北部、四川中北部及东部、重庆、贵州南部、陕西南部和湖北西部等 1996 年以前干旱次数较少，之后干旱次数明显增多；相反，西藏北部、青海、甘肃南部、云南东北部、广西北部和湖南西部等 1996 年以前干旱次数较多，之后干旱次数减少。

第四模态的方差贡献为 12.1%，主要表现出西藏那曲市及拉萨市、青海玉树州、四川川西高原、贵州中部、甘肃南部、陕西南部、云南北部和广西西北部等是负值区，西藏林芝市、四川中东部、重庆、广西东北部、湖北西部和湖南西部等是正值区。第四模态的时间系数 1999 年以前和 2008～2016 年是负值，2000～2007 年和 2017 年以后是正值，表明西藏那曲市及拉萨市、青海玉树州、四川川西高原、贵州中部、甘肃南部、陕西南部、云南北部和广西西北部等 1999 年以前和 2008～2016 年干旱次数偏多，2000～2007 年和 2017 年以后干旱次数偏少；西藏林芝市、四川中东部、重庆、广西东北部、湖北西部和湖南西部等 1999 年以前和 2008～2016 年干旱次数偏少，2000～2007 年和 2017 年以后干旱次数偏多。

4.2　暴雨洪涝气候

4.2.1　暴雨洪涝时空分布特征

图 4.2.1 是 1990～2020 年长江上游洪涝次数的空间分布。从图 4.2.1 可看到，长江上游洪涝次数从西北向东南逐渐递增，其中广西北部、贵州、重庆和湖南西部等是较多的区域，洪涝次数超过 100 次，尤其是广西资源县—兴安县—恭城瑶族自治县（简称恭城县）一带最高达到 261 次，湖南安化县也有 256 次。三江源和西藏大部分区域在 1990～2020 年的洪涝次数仅有 3～4 次，但西藏林芝市附近大气水汽通道区域洪涝次数相对较多，最高可达 80 次。

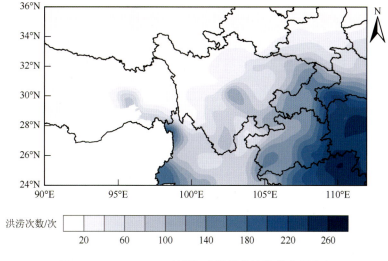

图 4.2.1　1990～2020 年长江上游洪涝次数的空间分布

图 4.2.2 是长江上游 1990～2020 年洪涝次数的时间序列。由图 4.2.2 可知，1990～2020 年长江上游的平均洪涝次数为 2.96 次/年。洪涝次数的年际变化较显著，标准差为 0.25 次/年。长江上游 1999 年洪涝最严重，平均洪涝次数达到 3.92 次；2012 年洪涝次数最少，只有 2.63 次。整体上，1990～2020 年长江上游洪涝次数呈下降趋势，但较微弱，其值为–0.008 次/10a，未通过信度检验。1990s 长江上游洪涝次数呈上升趋势，1990s 末期达到最大值，之后主要呈波动式下降。洪涝次数最多的时段在 1990s 后期，最少在 1990s 前期。

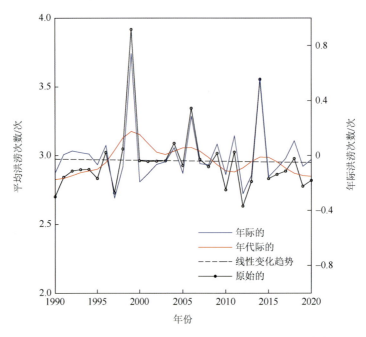

图 4.2.2　1990～2020 年长江上游站点平均洪涝次数的原始、年际分量、年代际分量时间序列和
线性变化趋势

　　图 4.2.3 和图 4.2.4 分别是长江上游洪涝次数 EOF 分解前四个模态的空间分布及其时间
系数。第一模态的方差贡献为 12.8%，正值区主要在青海、四川中东部及甘孜州北部、重庆
北部、甘肃南部、陕西南部和湖北西部等，陕西南部是高值区；西藏、四川中部及南部、重
庆南部、云南北部、贵州、广西北部和湖南西部等是负值区，其中高绝对值负值区主要在云
南北部、贵州和湖南西部一带。第一模态的时间系数 2009 年以前以负值为主，之后以正值
为主，表明青海、四川中东部及甘孜州北部、重庆北部、甘肃南部、陕西南部和湖北西
部等 2009 年以前洪涝次数较少，之后洪涝次数增多；相反，西藏、四川中部及南部、重庆
南部、云南北部、贵州、广西北部和湖南西部等 2009 年以前洪涝次数偏多，之后减少。
　　第二模态的方差贡献为 10.0%，以负值为主，只有少部分正值区，主要在青海和四川
东北部等，其余区域都是负值区，其中西藏东部、云南北部、广西北部等是高绝对值负
值区。第二模态的时间系数 2004 年以前主要为负值，之后以正值为主，表明 2004 年以
前青海和四川东北部等洪涝次数偏少，长江上游其余区域偏多；相反，2004 年以后青海
和四川东北部等洪涝次数偏多，其余区域偏少。
　　第三模态的方差贡献为 7.3%，以正值为主，主要包括西藏、青海、四川、云南北部、
重庆北部、甘肃南部、陕西南部和湖北西部等，其中云南北部、四川川西高原和西藏东
部是高值区；负值区主要在贵州、重庆南部、广西北部和湖南西部等，其中广西东北部
是高绝对值负值区。第三模态的时间系数 2013 年以前主要为正值，之后以负值为主。
因此，西藏、青海、四川、云南北部、重庆北部、甘肃南部、陕西南部和湖北西部等
2013 年以前洪涝次数较多，之后减少；相反，贵州、重庆南部、广西北部和湖南西部
等 2013 年以前洪涝次数较少，之后增多。

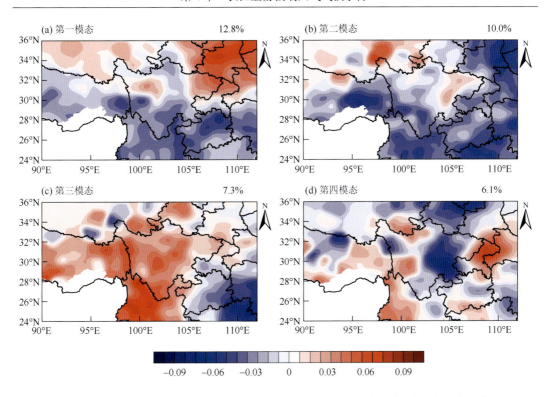

图 4.2.3　1990~2020 年长江上游洪涝次数 EOF 分解前四个模态特征向量的空间分布

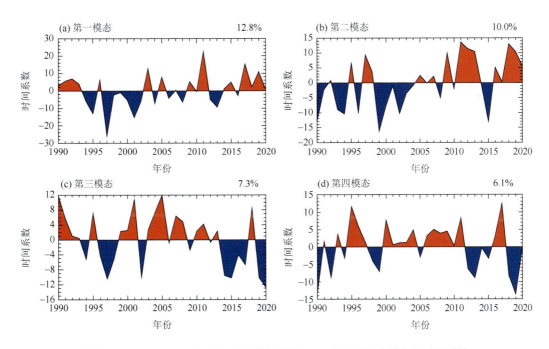

图 4.2.4　1990~2020 年长江上游洪涝次数 EOF 分解前四个模态的时间系数

第四模态的方差贡献为 6.1%，西藏东部、云南西北部、四川甘孜州南部、重庆、湖北西部等以正值为主，其中重庆北部是高值中心；西藏那曲市、青海、四川中东部及南部、甘肃南部、陕西南部、广西东北部和湖南西部等以负值为主，中心在四川成都市—宜宾市一带。第四模态的时间系数 1994 年以前和 2012 年之后以负值为主，1994～2012 年以正值为主。因此，西藏东部、云南西北部、四川甘孜州南部、重庆和湖北西部等 1994 年以前和 2012 年之后洪涝次数较少，1994～2012 年较多；相反，西藏那曲市、青海、四川中东部及南部、甘肃南部、陕西南部、广西东北部和湖南西部等 1994 年以前和 2012 年之后洪涝次数较多，1994～2012 年较少。

4.2.2　暴雨洪涝年际变化特征

图 4.2.5 是长江上游洪涝次数年际分量 EOF 分解前四个模态的空间分布。由图 4.2.5 看到，第一模态的方差贡献为 16.3%，整个长江上游以负值为主，尤其是大约 30°N 以北的青海、甘肃南部和陕西南部等，表明整个长江上游的洪涝次数具有空间一致的变化趋势。

第二模态的方差贡献为 10.1%，以正值为主，包括青海、西藏、四川除川东北以外区域、甘肃南部、云南北部、贵州、广西北部和湖南西部等是大范围正值区，其中青海和西藏那曲市等是正值高值区；负值区主要在四川东北部、陕西南部和湖北西部等。

第三模态的方差贡献为 8.3%，主要体现了洪涝次数的南北反位相分布，大约 27°N 以北的西藏、青海、四川、重庆、贵州北部、湖南西部、湖北西部和甘肃南部等以正值为主，其中重庆、湖南西北部和湖北西南部等是高值中心；大约 27°N 以南的云南北部、贵州南部和广西北部等以负值为主，云南东北部为高绝对值负值中心。

第四模态的方差贡献达到 6.7%，云南北部、四川、贵州西部和湖北西部等以负值为主，四川广元市—成都市一带是高绝对值负值区；西藏、青海、广西北部、甘肃南部、陕西南部和湖南西部等主要是正值区。

结合 EOF 分解前四个模态正（负）时间系数的年际变化特征（图 4.2.6）可知，第一模态反映了长江上游整个区域空间一致偏少（多）的洪涝次数年际变化；第二模态反映了四川东北部、陕西南部和湖北西部等偏少（多）和长江上游其余大部分区域偏多（少）的洪涝次数年际变化；第三模态反映了长江上游北部区域洪涝次数偏多（少）和南部区域洪涝次数偏少（多）相反分布的年际变化；第四模态反映了长江上游西藏、青海、广

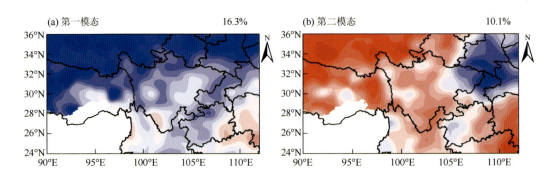

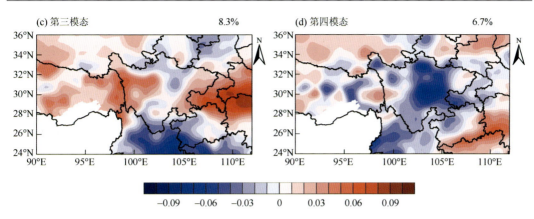

图 4.2.5　1990～2020 年长江上游洪涝次数年际分量 EOF 分解前四个模态特征向量的空间分布

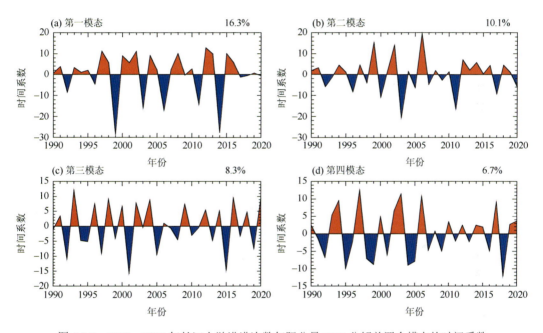

图 4.2.6　1990～2020 年长江上游洪涝次数年际分量 EOF 分解前四个模态的时间系数

西北部、甘肃南部、陕西南部和湖南西部等偏多（少）与云南北部、四川、贵州西部和湖北西部等偏少（多）的洪涝次数年际变化。

4.2.3　暴雨洪涝年代际变化特征

图 4.2.7 和图 4.2.8 分别是长江上游洪涝次数年代际分量 EOF 分解前四个模态的空间分布及其时间系数。第一模态的方差贡献为 27.6%，正值区主要在青海、四川中东部、重庆、甘肃南部、陕西南部和湖北西部等，高值中心在陕西南部等；西藏、四川西部及南部、贵州、云南北部、广西北部和湖南西部等是负值区，云南北部和湖南西部是高绝对值负值区。第一模态的时间系数 2002 年以前是负值，之后变为正值，因此，青海、四川中东部、重庆、

甘肃南部、陕西南部和湖北西部等 2002 年以前洪涝较少，之后洪涝增多；西藏、四川西部及南部、贵州、云南北部、广西北部和湖南西部等 2002 年以前洪涝较多，之后洪涝减少。

第二模态的方差贡献为 19.3%，以负值为主，只有四川中北部和贵州等少数是正值区，长江上游其余区域都是负值区。第二模态的时间系数 1996 年以前和 2009 年以后是正值，1996～2009 年是负值，表明长江上游四川中北部和贵州等 1996～2009 年洪涝较少，1996 年以前和 2009 年之后洪涝较多；相反，长江上游其余大多数区域 1996～2009 年洪涝较多，1996 年以前和 2009 年之后洪涝偏少。

第三模态的方差贡献为 14.0%，以正值分布为主，除西藏林芝市、云南西北部、四川东北部和陕西南部等为负值区外，长江上游其余区域都是正值区，尤其西藏还是高值区。第三模态的时间系数 1996 年以前和 2003～2013 年为负值，1996～2003 年和 2013 年之后为正值，表明长江上游西藏林芝市、云南西北部、四川东北部和陕西南部等 1996 年以前和 2003～2013 年洪涝较多，1996～2003 年和 2013 年之后洪涝偏少；相反，长江上游其余区域 1996 年以前和 2003～2013 年洪涝较少，1996～2003 年和 2013 年之后洪涝偏多。

第四模态的方差贡献为 11.9%，西藏、青海、甘肃南部、陕西南部、四川西部及南部、贵州南部和广西北部等以正值为主，尤其是四川甘孜州北部有高值中心，长江上游其余区域是负值区。第四模态的时间系数 2010 年以前和 2017 年之后以负值为主，2010～2017 年为正值，表明西藏、青海、甘肃南部、陕西南部、四川西部及南部、贵州南部和广西北部等 2010 年以前和 2017 年之后洪涝较少，2010～2017 年洪涝较多；相反，长江上游其余区域 2010 年以前和 2017 年之后洪涝较多，2010～2017 年洪涝较少。

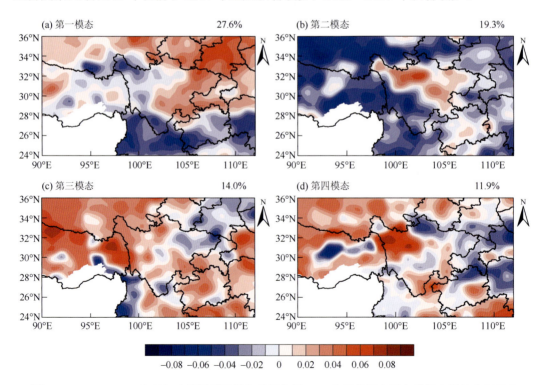

图 4.2.7　1990～2020 年长江上游洪涝次数年代际分量 EOF 分解前四个模态特征向量的空间分布

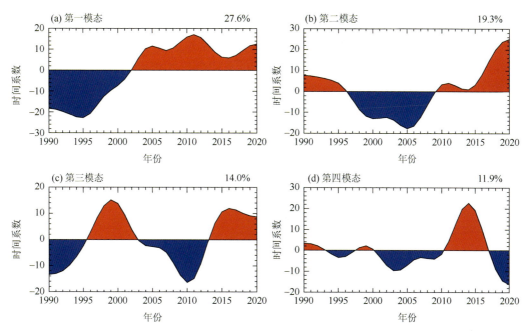

图 4.2.8　1990~2020 年长江上游洪涝次数年代际分量 EOF 分解前四个模态的时间系数

4.3　高温热浪气候

4.3.1　高温热浪时空分布特征

图 4.3.1 是长江上游 1990~2020 年平均高温热浪强度的空间分布。由图 4.3.1 可看到，四川东部、陕西南部、重庆、湖北西部、湖南西部和广西东北部等高温热浪强度达到 35.6℃以上，其中四川东部、重庆西南部、陕西西安市—镇安县、湖北西部和湖南西北部等更强，超过 36.6℃，尤其是重庆沙坪坝区高温热浪强度最强，达到 37.0℃。

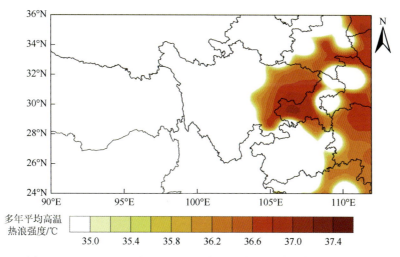

图 4.3.1　1990~2020 年长江上游多年平均高温热浪强度的空间分布

　　图 4.3.2 是长江上游高温热浪强度 1990～2020 年的时间序列。1990～2020 年长江上游平均高温热浪强度为 36.52℃，标准差为 0.15℃。其中高温热浪最强在 2017 年，达到 36.82℃；最弱在 1996 年，为 36.22℃。整体上，1990～2020 年的 31 年间，长江上游高温热浪强度呈递增趋势，其值为 0.06℃/10a，通过 95%信度检验。1990s 前期、2000s 前期和 2000s 末期到 2010s 后期呈增加趋势，尤其是 2000s 前期增加更迅速；1990s 中后期和 2000s 中后期有所降低。高温热浪强度最弱的时段在 1990s 后期，最强在 2000s 中期和 2010s 前期到中期。

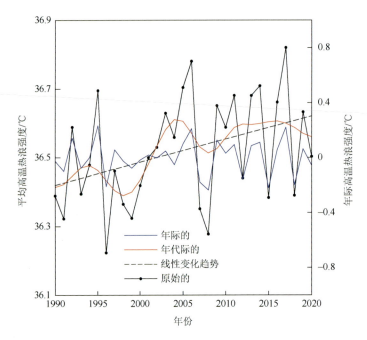

图 4.3.2　1990～2020 年长江上游平均高温热浪强度的原始、年际分量、年代际分量时间序列和
线性变化趋势

　　图 4.3.3 是长江上游 1990～2020 年平均高温热浪频次的空间分布。高温热浪天气主要在四川中东部及南部、陕西南部、重庆、贵州北部及东部、湖北西部、湖南西部和广西北部等，其中四川宜宾市一巴中市一带、陕西西安市及安康市、重庆、湖北西部、湖南西部和广西东北部等较多，大部分区域高温热浪频次达到 2 次以上，尤其是重庆沙坪坝区、涪陵区和万州区附近为大值区，其中万州区出现频次最多，达到 4 次；其次涪陵区和沙坪坝区达到 3.5 次。湖南西部高温热浪天气也较多，其中湖南沅陵县和永州市零陵区也存在大值中心，年均高温热浪频次都达到 3.5 次。此外，四川南部和云南接壤处也出现高温热浪天气，达到 1 次以上，云南华坪县还达到 2 次。

　　图 4.3.4 是长江上游 1990～2020 年高温热浪频次的时间序列。1990～2020 年长江上游平均高温热浪频次为 1.31 次，标准差为 0.43 次，其中 2006 年高温热浪频次最多，达到 2.17 次；1993 年最少，只有 0.27 次。整体上，1990～2020 年的 31 年间，长江上游高温热浪频次呈显著增加趋势，幅度为 0.21 次/10a，通过 95%信度检验。整个时期，高温热浪频次以增加为主，其中 1990s 前中期是最少的时段，2010s 是最多的时段。

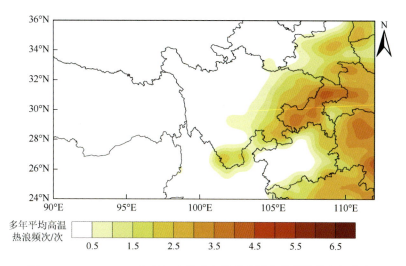

图 4.3.3　1990～2020 年长江上游多年平均高温热浪频次的空间分布

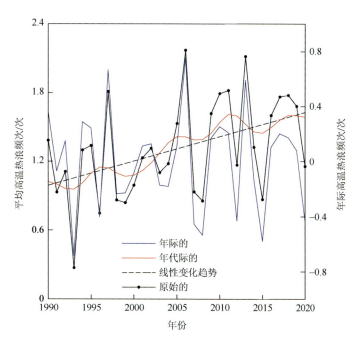

图 4.3.4　1990～2020 年长江上游平均高温热浪频次的原始、年际分量、年代际分量时间序列和
线性变化趋势

　　图 4.3.5 和图 4.3.6 分别是长江上游高温热浪强度 EOF 分解前四个模态的空间分布及其时间系数。第一模态的方差贡献为 20.3%，整个区域都是负值，高绝对值负值区主要在四川中东部、重庆、陕西南部、湖南西部、贵州东部和广西北部等，表明长江上游高温热浪强度具有空间一致的变化特征。第一模态的时间系数 2000 年以前以正值为主，之后以负值为主，即 2000 年以前，长江上游高温热浪强度较弱，之后增强。

　　第二模态的方差贡献为 9.0%，西藏、青海、四川、重庆、云南北部、贵州西部、甘肃南部和陕西南部等是正值区，其中四川中东部、甘肃南部和陕西南部等是高值区，高值中心在四川中东部；广西北部、贵州东部、湖南西部和湖北西南部等是负值区，广西东北部到湖南西南部为高绝对值负值区。第二模态的时间系数 1993 年以前和 1998～2010 年以负值为主，1993～1998 年和 2010 年以后以正值为主，表明西藏、青海、四川、重庆、云南北部、贵州西部、甘肃南部和陕西南部等 1993 年以前和 1998～2010 年高温热浪强度较弱，1993～1998 年和 2010 年以后强度较强；相反，广西北部、贵州东部、湖南西部和湖北西部等 1993 年以前和 1998～2010 年高温热浪强度较强，1993～1998 年和 2010 年以后较弱。

第三模态的方差贡献为 7.1%，青海果洛州、甘肃南部、四川中东部、贵州西南部和广西北部等是负值区，其中高绝对值负值区在四川巴中市、自贡市等；西藏、青海玉树州及海西州、四川西部及南部、云南北部、重庆、贵州中东部、陕西南部、湖南西北部和湖北西部等是大范围正值区，正值高值区在湖北西南部和湖南西北部等。第三模态的时间系数 1995 年以前和 2002 年以后以正值为主，1995～2002 年以负值为主，表明青海果洛州、甘肃南部、四川中东部、贵州西南部和广西北部等高温热浪强度 1995 年以前和 2002 年以后较弱，1995～2002 年较强；相反，西藏、青海玉树州及海西州、四川西部及南部、云南北部、重庆、贵州中东部、陕西南部、湖南西北部和湖北西部等 1995 年以前和 2002 年以后高温热浪强度较强，1995～2002 年较弱。

第四模态的方差贡献为 5.6%，以负值为主，西藏、青海、四川、云南北部、重庆西部、贵州、广西北部和湖南西部等是大范围负值区，其中四川内江市—宜宾市等是高绝对

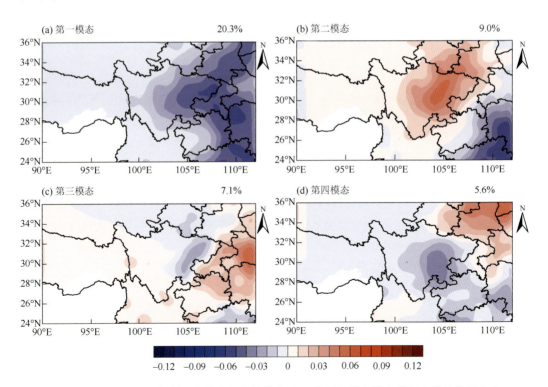

图 4.3.5 1990～2020 年长江上游高温热浪强度 EOF 分解前四个模态特征向量的空间分布

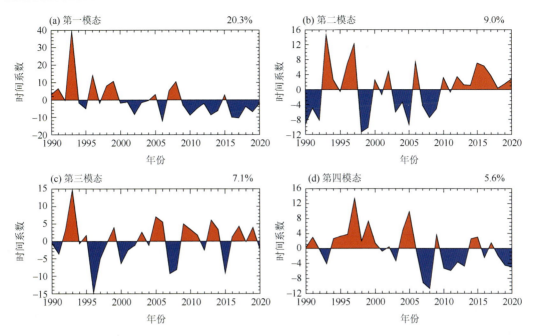

图 4.3.6　1990～2020 年长江上游高温热浪强度 EOF 分解前四个模态的时间系数

值负值区；甘肃南部、陕西南部、重庆东部和湖北西部等是正值区。第四模态的时间系数 2006 年以前以正值为主，之后转为以负值为主。因此，西藏、青海、四川、云南北部、重庆西部、贵州、广西北部和湖南西部等 2006 年以前高温热浪强度较弱，之后变强；相反，甘肃南部、陕西南部、重庆东部和湖北西部等 2006 年以前高温热浪强度较强，之后变弱。

　　图 4.3.7 和图 4.3.8 分别是长江上游高温热浪频次 EOF 分解前四个模态的空间分布及其时间系数。由此可知，第一模态的方差贡献为 24.9%，主要表现为全区一致型分布，长江上游都是正值区，其中四川东北部、重庆、贵州东北部、陕西南部、湖南西北部和湖北西部等是高值区。第一模态的时间系数 2005 年以前以负值为主，之后以正值为主，说明长江上游高温热浪频次 2005 年以前较少，之后较多。

　　第二模态的方差贡献为 12.6%，西藏、青海海西州及玉树州南部、云南北部、贵州、重庆、广西北部、湖南西部和湖北西部等是正值区，其中广西北部和湖南西部是高值区；青海玉树州西北部、四川、甘肃南部和陕西南部等是负值区，其中陕西南部等是高绝对值负值区。第二模态的时间系数 2003 年以前和 2014 年以后以负值为主，2003～2014 年以正值为主，表明西藏、青海海西州及玉树州南部、云南北部、贵州、重庆、广西北部、湖南西部和湖北西部等 2003 年以前和 2014 年以后高温热浪频次较少，2003～2014 年较多；相反，青海玉树州西北部、四川、甘肃南部和陕西南部等 2003 年以前和 2014 年以后高温热浪频次较多，2003～2014 年较少。

　　第三模态的方差贡献为 7.3%，分布以负值为主，包括西藏、青海、四川、云南西北部、贵州和重庆等，其中四川绵阳市—宜宾市等是高绝对值负值区；甘肃南部、陕西南部、广西北部、湖南西部和湖北西部等是正值区，陕西南部是高值区。第三模态的时间系数 2005 年以前以正值为主，之后转为以负值为主，说明 2005 年以前西藏、青海、四川、云南西北部、贵州和重庆等高温热浪频次偏少，2005 年以后变多；甘肃南部、陕西南部、广西北部、湖南西部和湖北西部等 2005 年以前较多，之后减少。

第四模态的方差贡献为 5.9%，青海、西藏、四川西部及南部、云南北部、贵州南部、甘肃南部、广西北部和湖南西南部等是大范围正值区，四川北部、贵州北部、湖南西北部和湖北西部等是负值区。第四模态的时间系数 2009 年以前以负值为主，之后以正值为主，因此，青海、西藏、四川西部及南部、云南北部、贵州南部、甘肃南部、广西北部和湖南西南部等高温热浪频次 2009 年以前偏少，之后增多；相反，四川北部、贵州北部、湖南西北部和湖北西部等 2009 年以前偏多，之后减少。

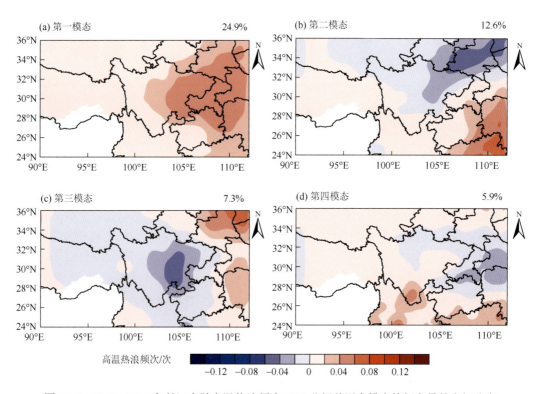

图 4.3.7　1990～2020 年长江上游高温热浪频次 EOF 分解前四个模态特征向量的空间分布

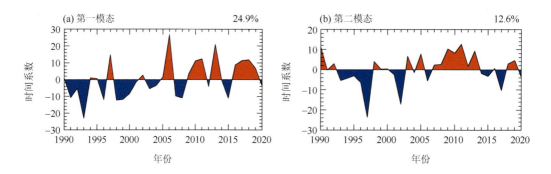

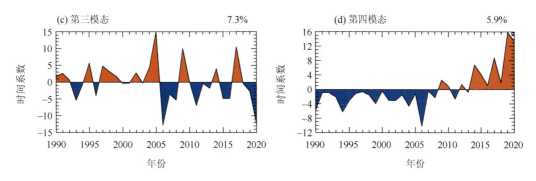

图 4.3.8　1990～2020 年长江上游高温热浪频次 EOF 分解前四个模态的时间系数

4.3.2　高温热浪年际变化特征

图 4.3.9 和图 4.3.10 分别是长江上游高温热浪强度年际分量 EOF 分解前四个模态的空间分布及其时间系数。第一模态的方差贡献为 20.5%，长江上游是一致的正值区，高值区在四川东北部、重庆、贵州东北部和湖南西北部等。

第二模态的方差贡献为 10.2%，主要是西北到东南的反位相分布，其中西藏、青海、四川、甘肃南部、陕西南部、贵州西部和重庆等是负值区，四川中部是高绝对值负值区；云南北部、广西北部、贵州东部、湖南西部和湖北西部等是正值区，广西北部和湖南西部是高值区。

第三模态的方差贡献为 8.4%，正值区主要在西藏、青海海西州、四川西部及南部、云南北部、陕西南部、重庆、贵州东北部、湖南西部和湖北西部等，其中湖北西部和湖南西北部是高值区；青海玉树州、四川中东部、贵州西部和广西北部等是负值区，高绝对值负值区在四川遂宁市—内江市一带。

第四模态的方差贡献为 5.9%，主要是自西南向东北呈正—负—正的空间分布，其中负值区在四川、贵州、重庆、广西北部和湖南西部等；正值区在西藏、青海、云南北部、甘肃南部、陕西南部和湖北西部等。

结合 EOF 分解前四个模态正（负）时间系数的年际变化特征。第一模态反映了长江上游空间一致性的高温热浪强度偏强（弱）的年际变化；第二模态反映了长江上游西北区域偏弱（强）和东南区域偏强（弱）的高温热浪强度年际变化；第三模态反映了长江上游西藏、青海海西州、四川西部及南部、云南北部、陕西南部、重庆、贵州东北部、

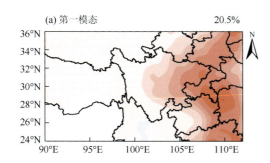

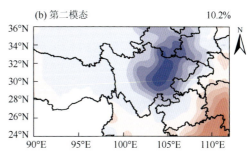

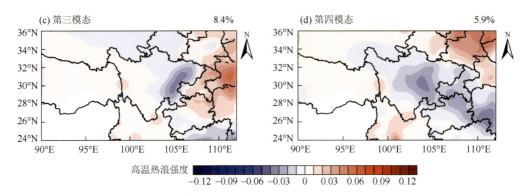

图 4.3.9　1990～2020 年长江上游高温热浪强度年际分量 EOF 分解前四个模态特征向量的空间分布

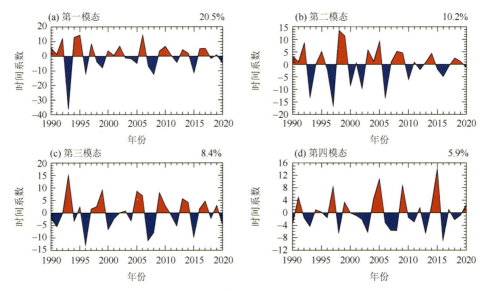

图 4.3.10　1990～2020 年长江上游高温热浪强度年际分量 EOF 分解前四个模态的时间系数

湖南西部和湖北西部等偏强（弱）与青海玉树州、四川中东部、贵州西部和广西北部等偏弱（强）的高温热浪强度年际变化；第四模态反映了长江上游四川、贵州、重庆、广西北部和湖南西部等偏弱（强）与西藏、青海、云南北部、甘肃南部、陕西南部和湖北西部等偏强（弱）的高温热浪强度年际变化。

　　图 4.3.11 和图 4.3.12 分别是长江上游高温热浪频次年际分量 EOF 分解前四个模态的空间分布及其时间系数。第一模态的方差贡献为 27.0%，主要反映了长江上游空间一致的正值区，表明长江上游高温热浪频次具有区域一致的增减变化。

　　第二模态的方差贡献为 12.4%，西藏、贵州、重庆、广西北部、湖南西部和湖北西部等以正值为主，其中广西东北部和湖南西部是高值区；青海、四川、云南北部、甘肃南部和陕西南部等以负值为主。

　　第三模态的方差贡献为 8.9%，主要反映由西南向东北呈正—负—正的空间分布，正值区主要在西藏、云南北部、甘肃南部、陕西南部、广西东北部、湖南西部和湖北西部等，负值区主要在青海、四川、重庆、贵州等。

　　第四模态的方差贡献为 5.3%，主要反映东西反位相的空间分布，正值区主要在青海、西藏、四川中西部、云南北部、甘肃南部和广西北部等，负值区在陕西南部、四川东北部、重庆、贵州、湖南西部和湖北西部等。

　　结合 EOF 分解前四个模态正（负）时间系数的年际变化特征，第一模态反映了长江上游空间一致性的高温热浪频次偏多（少）的年际变化；第二模态反映了长江上游西藏、贵州、重庆、广西北部、湖南西部和湖北西部等偏多（少）与青海、四川、云南北部、甘肃南部和陕西南部等偏少（多）的高温热浪频次年际变化；第三模态反映了长江上游西藏、云南北部、甘肃南部、陕西南部、广西东北部、湖南西部和湖北西部等偏多（少）与青海、四川、重庆、贵州等偏少（多）的高温热浪频次年际变化；第四模态反映了长江上游陕西南部、四川东北部、重庆、贵州、湖南西部和湖北西部等东部区域偏少（多）与青海、西藏、四川中西部、云南北部、甘肃南部和广西北部等西部区域偏多（少）的高温热浪频次年际变化。

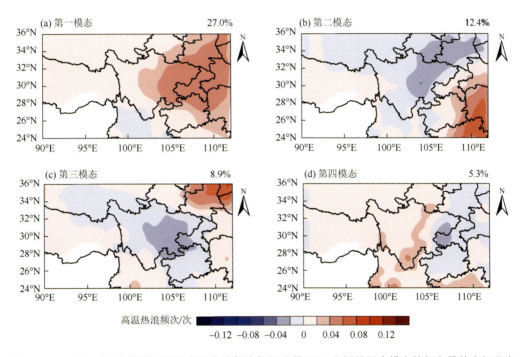

图 4.3.11　1990～2020 年长江上游高温热浪频次年际分量 EOF 分解前四个模态特征向量的空间分布

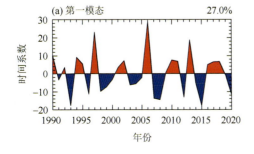
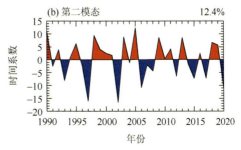

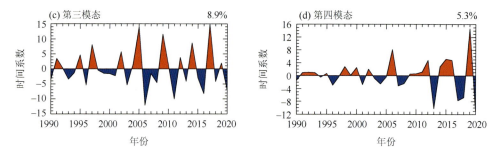

图 4.3.12　1990～2020 年长江上游高温热浪频次年际分量 EOF 分解前四个模态的时间系数

4.3.3　高温热浪年代际变化特征

　　图 4.3.13 和图 4.3.14 分别是长江上游高温热浪强度年代际分量 EOF 分解前四个模态的空间分布及其时间系数。第一模态的方差贡献为 36.7%，主要反映了长江上游空间一致的正值区，其中四川东北部和重庆是高值区，体现了长江上游高温热浪强度年代际变化具有一致性。第一模态的时间系数 2002 年以前是负值，之后转为正值，表明 2002 年以前长江上游高温热浪强度偏弱，之后偏强。

　　第二模态的方差贡献为 15.5%，主要是由西北向东南呈正—负—正的空间分布，西藏、四川、云南北部、贵州西部、重庆、陕西南部和湖北西部等以负值为主，青海、甘肃南部、贵州中东部、广西北部和湖南西部等主要是正值。第二模态的时间系数 1999 年之前和 2012 年以后为负值，1999～2012 年为正值，表明西藏、四川、云南北部、贵州西部、重庆、陕西南部和湖北西部等高温热浪强度 1999 年之前和 2012 年以后偏强，1999～2012 年较弱；相反，青海、甘肃南部、贵州中东部、广西北部和湖南西部等高温热浪强度 1999 年之前和 2012 年以后偏弱，1999～2012 年较强。

　　第三模态的方差贡献为 14.9%，主要体现了由西南向东北呈反位相的分布，西藏、四川南部及东部、重庆西部、云南北部、贵州中西部和广西西北部等是负值区，青海、四川中北部、甘肃南部、陕西南部、重庆东部、贵州东部和广西东北部等以正值为主。第三模态的时间系数 1995 年以前和 2005 年之后主要是负值，1995～2005 年则以正值为主。因此，西藏、四川南部及东部、重庆西部、云南北部、贵州中西部和广西西北部等高温热浪强度 1995 年以前和 2005 年之后较强，1995～2005 年较弱；相反，青海、四川中北部、甘肃南部、陕西南部、重庆东部、贵州东部和广西东北部等高温热浪强度 1995 年以前和 2005 年之后较弱，1995～2005 年较强。

　　第四模态的方差贡献为 8.9%，主要反映了高温热浪强度的东西反位相分布，其中西藏、青海、四川、云南北部、甘肃南部、陕西南部和重庆西部等以正值为主，贵州、广西北部、重庆东部、湖南西部和湖北西部等是负值区。第四模态的时间系数 1993 年以前、1998～2006 年和 2016 年之后以负值为主，1993～1998 年和 2006～2016 年主要为正值，表明西藏、青海、四川、云南北部、甘肃南部、陕西南部和重庆西部等高温热浪强度 1993 年以前、1998～2006 年和 2016 年之后偏弱，1993～1998 年和 2006～2016 年偏强；相反，贵州、广西北部、重庆东部、湖南西部和湖北西部等高温热浪强度 1993 年以前、1998～2006 年和 2016 年之后偏强，1993～1998 年和 2006～2016 年偏弱。

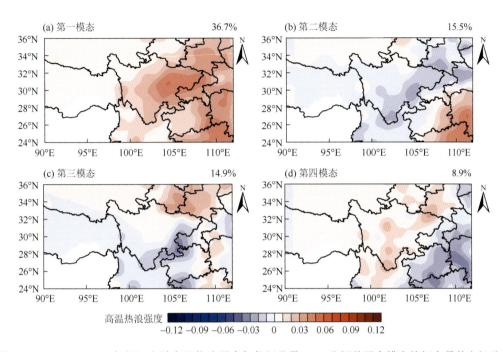

图 4.3.13　1990～2020 年长江上游高温热浪强度年代际分量 EOF 分解前四个模态特征向量的空间分布

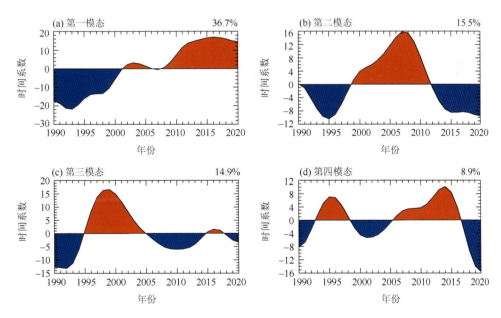

图 4.3.14　1990～2020 年长江上游高温热浪强度年代际分量 EOF 分解前四个模态的时间系数

图 4.3.15 和图 4.3.16 分别是长江上游高温热浪频次年代际分量 EOF 分解前四个模态

的空间分布及其时间系数。第一模态的方差贡献为38.1%，主要反映了长江上游高温热浪频次一致性增减的空间分布，整个长江上游都是正值区，其中四川东部、重庆、湖南西部和广西东北部等是高值区。第一模态的时间系数2004年之前为负值，之后转为正值，表明2004年之前长江上游高温热浪频次较少，之后增多。

第二模态的方差贡献为20.5%，主要体现了高温热浪频次由西北向东南呈负—正—负的空间分布，云南北部、四川、贵州西部、甘肃南部和陕西南部等以正值为主，其中四川东北部到陕西南部是高值区；青海、西藏、广西北部、贵州中东部、重庆、湖南西部和湖北西部等以负值为主，高绝对值负值区在湖南西部。第二模态的时间系数1994年以前、2003～2014年为负值，1994～2003年和2014年以后正值。因此，云南北部、四川、贵州西部、甘肃南部和陕西南部等高温热浪事件1994年以前、2003～2014年发生较少，1994～2003年和2014年以后较多；相反，青海、西藏、广西北部、贵州中东部、重庆、湖南西部和湖北西部等高温热浪频次1994年以前、2003～2014年较多，1994～2003年和2014年以后较少。

第三模态的方差贡献为11.4%，主要反映了高温热浪频次南北反位相变化的空间分布，西藏北部、青海、四川中北部、甘肃南部、陕西南部、重庆、湖北西部和湖南西部等以正值为主，其中四川北部到陕西南部是高值区；西藏南部、四川南部、云南北部、贵州和广西北部等以负值为主。第三模态的时间系数1995年以前和2008年之后以负值为主，1995～2008年主要为正值，表明西藏北部、青海、四川中北部、甘肃南部、陕西南部、重庆、湖北西部和湖南西部等高温热浪频次1995年以前和2008年之后较少，1995～2008年较多；相反，西藏南部、四川南部、云南北部、贵州和广西北部等高温热浪频次1995年以前和2008年之后较多，1995～2008年较少。

第四模态的方差贡献为9.1%，主要反映了高温热浪频次自西北向东南反位相变化的空间分布，青海、西藏、四川西部及东北部、甘肃南部、陕西南部、云南北部、重庆和湖北西部等以正值为主；四川中部、贵州、广西北部和湖南西部等以负值为主。第四模态的时间系数1993年以前、2001～2010年和2017年之后为负值，1993～2000年和2011～2017年为正值。因此，青海、西藏、四川西部及东北部、甘肃南部、陕西南部、云南北部、重庆和湖北西部等高温热浪频次1993年以前、2001～2010年和2017年之后偏少，1993～2000年和2011～2017年偏多；相反，四川中部、贵州、广西北部和湖南西部等高温热浪频次1993年以前、2001～2010年和2017年之后偏多，1993～2000年和2011～2017年偏少。

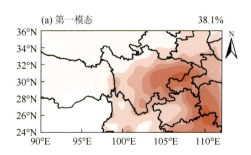

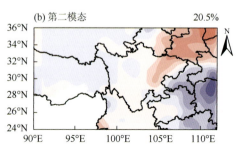

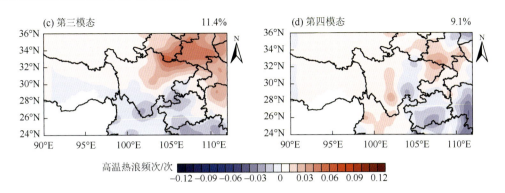

图 4.3.15　1990～2020 年长江上游高温热浪频次年代际分量 EOF 分解前四个模态特征向量的空间分布

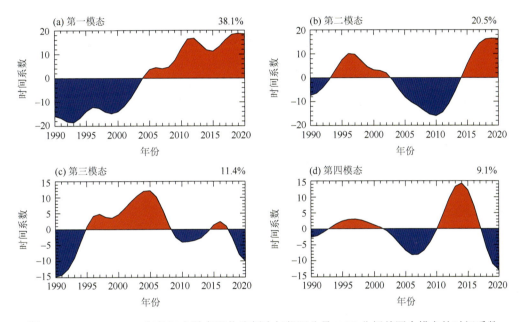

图 4.3.16　1990～2020 年长江上游高温热浪频次年代际分量 EOF 分解前四个模态的时间系数

4.4　小　　结

4.4.1　干旱少雨

长江上游干旱少雨次数从西北向东南逐渐递减，西北部三江源干旱最严重，干旱次数大部分在 300 次以上，东南部广西、重庆、贵州、湖南和四川东部干旱次数较少，大部分区域在 50 次以下。长江上游 1990～2020 年单站干旱次数总体变化不显著。长江上游干旱次数主要呈南北反位相变化，30°N 以北区域 2003 年以前干旱发生频次较多，之后有所减少；相反，30°N 以南区域 2003 年以前干旱发生较少，之后干旱频次增多。

4.4.2　暴雨洪涝

长江上游暴雨洪涝次数空间分布与干旱相反，表现为从西北向东南逐渐递增。洪涝主要发生在广西北部、湖南西部、重庆和贵州，以及云南西北部等，广西和湖南两省区大部分区域洪涝次数可达 200 次以上，西北部三江源最少，仅有 3～4 次。整体上，长江上游 1990～2020 年洪涝次数变化不显著。长江上游洪涝次数大体呈南北反位相变化，主要表现为青海、四川中东部及甘孜州北部、重庆北部、甘肃南部、陕西南部和湖北西部等 2009 年以前洪涝次数较少，之后增多；相反，西藏、四川中部及南部、重庆南部、云南北部、贵州、广西北部和湖南西部等 2009 年以前洪涝次数偏多，之后减少。

4.4.3　高温热浪

长江上游高温热浪频次与高温热浪强度具有相同的空间分布特征，高温热浪主要发生在四川东部、重庆、湖南西部、湖北西部和广西北部等，高温热浪频次和高温热浪强度高值区在重庆，沙坪坝区和万州区为高值中心。长江上游 1990～2020 年高温热浪频次和高温热浪强度都呈显著递增趋势，增幅分别为 0.21 次/10a 和 0.06℃/10a。长江上游高温热浪强度及其频次都具有整个区域一致性的变化，其中高温热浪频次 2004 年之前较少，之后较多；高温热浪强度 2002 年之前较弱，之后增强。

第 5 章 长江上游区域气候模拟评估

全球气候变暖是人类社会面临的巨大挑战，由于工业革命以来温室气体排放持续增长，人类活动造成全球气温较工业化前大约升高 0.8～1.2℃。全球变暖将导致气候系统的长期变化，如冰川面积减小，海平面上升，极端天气气候和环境灾害加剧，生态系统平衡遭到破坏，生物多样性不断丧失，全球社会经济稳定发展受到威胁等，给自然和人类带来深远、严峻的影响。世界气候研究计划耦合模拟工作组（Working Group on Coupled Modelling，WGCM）发起和组织了国际耦合模式比较计划（Coupled Model Intercomparison Project，CMIP），基于 CMIP 的科学成果在整个国际社会的气候研究、评估和气候变化谈判活动中发挥了重要作用。CMIP6 是 CMIP 计划实施以来参与模式数量最多、设计的科学试验最为完善、所提供的模拟数据最为庞大的一次。本章基于 CMIP6 模式对长江上游降水和温度的模拟能力进行评估。

5.1 气候模式对降水模拟能力评估

为了评估 CMIP6 模式对长江上游降水强度和降水次数的模拟能力，选取 26 个模式（表 5.1.1）历史气候模拟试验（Historical 试验）的逐日降水资料。由于不同模式具有不同的空间分辨率，因此，计算台站观测资料与模式结果之间的均方根误差及其相关性时，需要进行插值处理。这里，将不同分辨率模式数据统一插值到气象台站，然后以台站观测资料为参考，评估各个模式对长江上游区域降水强度和降水次数的模拟能力。

表 5.1.1 降水评估使用的 26 个 CMIP6 模式信息

序号	模式名称	所属地区	水平分辨率（经度×纬度）
1	AWI-CM-1-1-MR	德国	384×192
2	ACCESS-CM2	澳大利亚	192×144
3	ACCESS-ESM1-5	澳大利亚	192×144
4	BCC-CSM2-MR	中国	320×160
5	CanESM5	加拿大	128×64
6	CESM2-WACCM	美国	288×192
7	CMCC-ESM2	意大利	288×192
8	CMCC-CM2-SR5	意大利	288×192
9	EC-Earth3	欧盟	512×256
10	EC-Earth3-Veg-LR	欧盟	320×160
11	EC-Earth3-Veg	欧盟	512×256

序号	模式名称	所属地区	水平分辨率（经度×纬度）
12	FGOALS-g3	中国	180×80
13	INM-CM4-8	俄罗斯	180×120
14	INM-CM5-0	俄罗斯	180×120
15	IITM-ESM	印度	192×94
16	IPSL-CM6A-LR	法国	144×143
17	KACE-1-0-G	韩国	192×144
18	MIROC6	日本	256×128
19	MPI-ESM1-2-HR	德国	384×192
20	MRI-ESM2-0	日本	320×160
21	MPI-ESM1-2-LR	德国	192×96
22	NorESM2-LM	挪威	144×96
23	NorESM2-MM	挪威	288×192
24	TaiESM1	中国台湾	288×192
25	NESM3	中国	192×96
26	KIOST-ESM	韩国	192×96

5.1.1　气候模式对暴雨模拟能力评估

图 5.1.1 是长江上游年平均暴雨强度的泰勒图（注：所有泰勒图中未标注的模式均因该模式的值超出绘图范围，所以没有画出，但并不影响分析结果）。由图 5.1.1 可知，26 个模式模拟值与站台观测值的相关系数位于 0.1～0.8，大多数相关系数值超过 0.5。超过 0.7 的模式有 5 个，分别为 ACCESS-ESM1-5、MRI-ESM2-0、NorESM2-LM、NESM3 和 MIROC6，其中 ACCESS-ESM1-5 模式的相关系数最大，为 0.77，模式的相关性最好。相对而言，FGOALS-g3 和 MPI-ESM1-2-HR 模式的相关系数在 0.1 左右，相关性不好。所有模式模拟值与台站观测值的标准差之比位于 0.2～3.5，不同模式差别较明显。MPI-ESM1-2-HR 的标准差之比达到 3.53，其余模式中差别差之比大于 1 的还有 5 个，其中 EC-Earth3-Veg-LR 和 IITM-ESM 的标准差之比为 1.15，EC-Earth3-Veg、IPSL-CM6A-LR 和 EC-Earth3 的标准差之比分别为 1.09、1.06 和 1.05。另外 20 个模式的标准差之比都小于 1，其中有 6 个模式的标准差之比在 0.82～0.96，KACE-1-0-G、MPI-ESM1-2-LR 和 ACCESS-ESM1-5 这 3 个模式的标准差之比在 0.95 左右。另外，所有模式中，CESM2-WACCM 的标准差之比最小，比值仅为 0.22。总体上，大部分模式对长江上游暴雨强度有较好的模拟能力。

图 5.1.2 是长江上游年平均暴雨次数的泰勒图，26 个模式降水模拟值与台站观测值的相关系数为–0.2～0.73，其中 CanESM5、FGOALS-g3 和 INM-CM4-8 这 3 个模式对暴雨次数模拟值与观测值的相关系数为负值（由于相关系数为负值，所以图中没有画出，后同）。在正相关的模式中，相关系数最高的为 ACCESS-CM2，相关系数为 0.73，其余相关系数在 0.7 以上的模式分别为 EC-Earth3、EC-Earth3-Veg、ACCESS-ESM1-5 和 KACE-1-0-G，

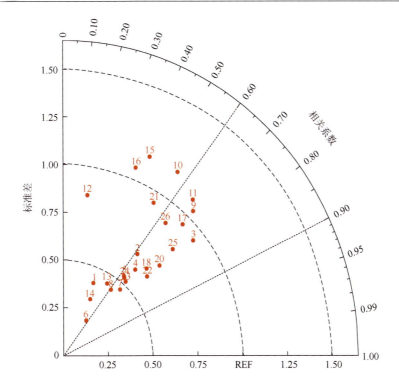

图 5.1.1　26 个模式模拟的长江上游年平均暴雨强度与观测资料的泰勒图

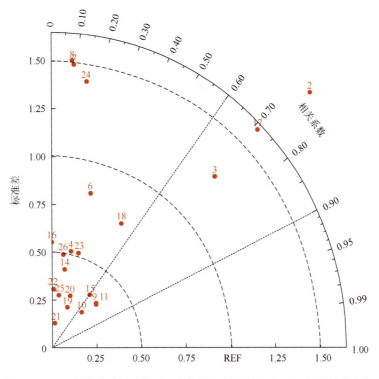

图 5.1.2　26 个模式模拟的长江上游年平均暴雨次数与观测资料的泰勒图

这些模式的暴雨次数模拟值与台站观测值之间有较好相关性。所有模式模拟值与台站观测值的标准差之比有明显差别,其中 AWI-CM-1-1-MR 模式模拟值与台站观测值的标准差之比达到 10.99,与其他模式相差很大。其余 25 个模式模拟值与观测值的标准差之比位于 0.13~1.96,标准差之比高于 1 的模式有 ACCESS-CM2、KACE-1-0-G、CMCC-CM2-SR5、CMCC-ESM2、TaiESM1、ACCESS-ESM1-5 和 CanESM5,其中 CanESM5 模式的标准差之比为 1.01。其次,CESM2-WACCM 和 MIROC6 这两个模式的标准差在 0.7~0.9。另外,模式模拟值与观测值的标准差之比最小的模式是 MPI-ESM1-2-LR,仅为 0.14。总体上,部分模式对长江上游暴雨次数有较好的模拟能力。

5.1.2 气候模式对大雨模拟能力评估

图 5.1.3 是长江上游年平均大雨强度的泰勒图,26 个模式对长江上游大雨强度模拟值与台站观测值的相关系数在–0.067~0.76,其中 AWI-CM-1-1-MR 和 INM-CM4-8 这两个模式为负相关。在正相关的模式中,ACCESS-ESM1-5、ACCESS-CM2 和 KACE-1-0-G 这 3 个模式对长江上游大雨强度模拟值与台站观测值的相关系数都大于 0.7,相关性较好。其余模式中相关性最不好的是 FGOALS-g3,相关系数仅有 0.11。各个模式对长江上游大雨强度模拟值与台站观测值的标准差之比在 0.19~3.81,有 11 个模式的标准差之比高于 1,其中 ACCESS-ESM1-5、CanESM5、MPI-ESM1-2-HR 和 KACE-1-0-G 这 4 个模式的标准差比值在 1.0~1.23。其次,IITM-ESM、ACCESS-CM2 和 MRI-ESM2-0 这 3 个模式的

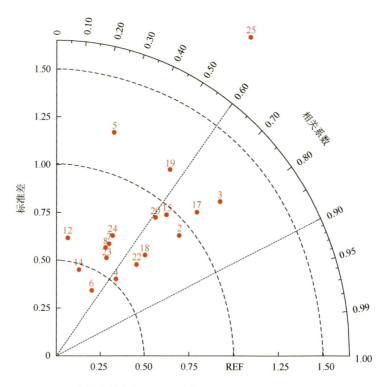

图 5.1.3　26 个模式模拟的长江上游年平均大雨强度与观测资料的泰勒图

标准差比值在 0.92～0.97。其他模式中，AWI-CM-1-1-MR 的模拟值与台站观测值的标准差之比最小，仅为 0.19。总体上，部分模式对长江上游大雨强度有较好的模拟能力。

图 5.1.4 是长江上游年平均大雨次数的泰勒图，26 个模式对长江上游大雨次数模拟值与台站观测值的相关系数在–0.26～0.85，其中相关系数为负值的模式有 6 个，分别是 FGOALS-g3、IPSL-CM6A-LR、CMCC-ESM2、INM-CM4-8、CMCC-CM2-SR5 和 CanESM5。在正相关模式中，ACCESS-ESM1-5、ACCESS-CM2、EC-Earth3-Veg 和 EC-Earth3 的模拟值与台站观测值的相关系数较大，都在 0.8 以上，其中 ACCESS-ESM1-5 的相关系数最大，达到 0.85。各个模式模拟值与台站观测值的标准差之比位于 0.58～2.74，AWI-CM-1-1-MR 模式的标准差之比最大，达到 2.74。长江上游大雨次数模拟值与台站观测值的标准差之比大于 1 的模式有 17 个，其中标准差之比位于 1.0～1.2 的模式有 7 个，分别为 MPI-ESM1-2-LR、INM-CM5-0、EC-Earth3-Veg-LR、CESM2-WACCM、KIOST-ESM、EC-Earth3-Veg 和 EC-Earth3，MPI-ESM1-2-LR 模式模拟值与观测值的标准差之比接近 1，为 1.01。MRI-ESM2-0、NorESM2-MM 和 MPI-ESM1-2-HR 这 3 个模式模拟值与观测值的标准差之比在 0.95～0.98。BCC-CSM2-MR 模式模拟值与观测值的标准差之比最小，只有 0.58。总体上，大部分模式对长江上游大雨次数有较好的模拟能力。

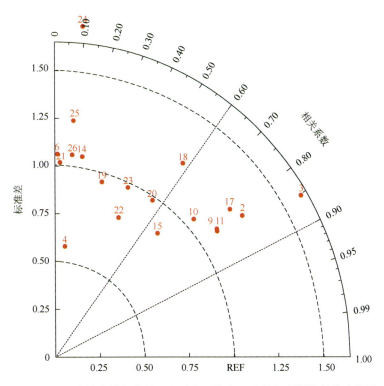

图 5.1.4　26 个模式模拟的长江上游年平均大雨次数与观测资料的泰勒图

5.1.3　气候模式对中雨模拟能力评估

图 5.1.5 是长江上游年平均中雨强度的泰勒图，26 个模式对长江上游中雨强度的模拟

值与台站观测值的相关系数在–0.33～0.72，其中有 9 个模式的相关系数为负值，分别为 CanESM5、 FGOALS-g3、 CMCC-CM2-SR5、 CMCC-ESM2、 IPSL-CM6A-LR、 CESM2-WACCM、INM-CM5-0、AWI-CM-1-1-MR 和 INM-CM4-8。在正相关模式中，KIOST-ESM 模式模拟值与台站观测值的相关系数最大，为 0.72。其余正相关模式中有 8 个模式模拟值与台站观测值的相关系数大于 0.6，分别为 EC-Earth3-Veg、EC-Earth3、ACCESS-ESM1-5、EC-Earth3-Veg-LR、ACCESS-CM2、KACE-1-0-G、NorESM2-LM 和 MIROC6，相关性都较好。各个模式对长江上游中雨强度的模拟值与台站观测值的标准差之比在 0.45～2.02，EC-Earth3-Veg-LR 模式的标准差之比最大，达到 2.02。此外，还有 12 个模式的标准差之比大于 1，其中 INM-CM5-0、NESM3 和 FGOALS-g3 这 3 个模式的标准差之比在 1.05～1.21。另外，MRI-ESM2-0、MIROC6 和 KACE-1-0-G 这 3 个模式的标准差之比在 0.92～0.99。其余模式中，CESM2-WACCM 模式的标准差之比最小，只有 0.45。总体上，部分模式对长江上游中雨强度有较好的模拟能力。

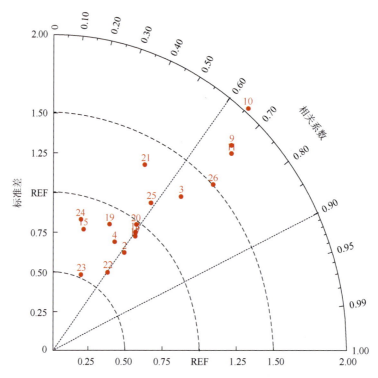

图 5.1.5　26 个模式模拟的长江上游年平均中雨强度与观测资料的泰勒图

图 5.1.6 是长江上游年平均中雨次数的泰勒图，26 个模式模拟值与台站观测值的相关系数位于 0.02～0.73，其中相关系数超过 0.7 的模式有 5 个，分别为 EC-Earth3-Veg、EC-Earth3、INM-CM5-0、CanESM5 和 INM-CM4-8，这些模式模拟值与台站观测值的相关性较好。KIOST-ESM 模式的相关性最差，相关系数仅有 0.02。各个模式模拟值与台站观测值的标准差之比在 0.94～3.91。26 个模式中只有 BCC-CSM2-MR 模式的标准差之比小于 1，其值为 0.94，其余 25 个模式模拟值与台站观测值的标准差之比都大于 1，其中

标准差之比在 1.0～1.5 的模式有 7 个，分别为 CanESM5、NorESM2-LM、KIOST-ESM、CESM2-WACCM、NorESM2-MM、MIROC6 和 FGOALS-g3。总体上，对于长江上游中雨次数的模拟，部分模式表现出较好的模拟能力。

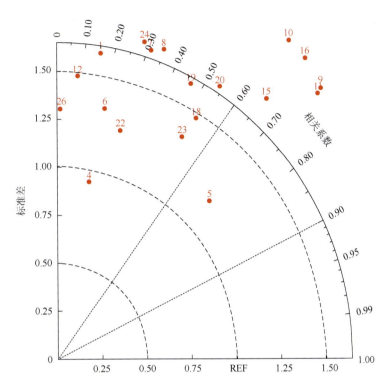

图 5.1.6　26 个模式模拟的长江上游年平均中雨次数与观测资料的泰勒图

5.1.4　气候模式对小雨模拟能力评估

图 5.1.7 是长江上游年平均小雨强度的泰勒图，26 个模式模拟值与台站观测值的相关系数在–0.16～0.7，其中 MPI-ESM1-2-LR、AWI-CM-1-1-MR 和 KIOST-ESM 这 3 个模式的相关系数为负值。在正相关模式中，IPSL-CM6A-LR 模式模拟值与台站观测值的相关系数最高，达到 0.7，相关性较好。其次，还有 4 个模式的相关系数在 0.5 以上，分别为 EC-Earth3、EC-Earth3-Veg、MRI-ESM2-0 和 NESM3，这些模式能较好地模拟小雨强度。各个模式对长江上游小雨强度模拟值与台站观测值的标准差之比在 0.83～2.46，CanESM5、NorESM2-LM、NESM3 和 MIROC6 这 4 个模式的标准差之比小于 1，标准差之比在 0.82～0.94，其中 CanESM5 模式的标准差之比最大，为 0.94。其余 22 个模式的标准差之比大于 1，其中还有 11 个模式的标准差之比在 1.0～1.25，尤其是 KIOST-ESM、CESM2-WACCM、BCC-CSM2-MR 和 NorESM2-MM 这 4 个模式的标准差之比在 1.0～1.09，且 NorESM2-MM 模式模拟值与观测值的标准差之比最接近 1，达到 1.01。整体上，对于长江上游小雨强度的模拟，大部分模式具有较好的模拟能力。

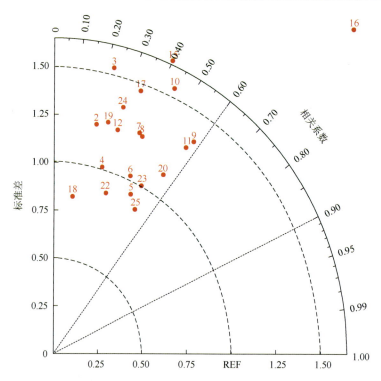

图 5.1.7　26 个模式模拟的长江上游年平均小雨强度与观测资料的泰勒图

　　图 5.1.8 是长江上游年平均小雨次数的泰勒图，26 个模式模拟值与台站观测值的相关系数在−0.12～0.81，其中相关系数为负值的模式是 NESM3 模式。正相关的模式中，EC-Earth3-Veg 和 EC-Earth3 这两个模式的相关系数较大，达到 0.81，相关性最好。其次，EC-Earth3-Veg-LR 、 MPI-ESM1-2-HR 、 KACE-1-0-G 、 ACCESS-CM2 、 MIROC6 、 MRI-ESM2-0 和 IITM-ESM 的模式模拟值与台站观测值的相关系数位于 0.6～0.75，也有较好相关性。26 个模式模拟值与台站观测值的标准差之比在 0.48～1.4，其中标准差之比大于 1 的模式有 11 个，且标准差之比在 1.0～1.2 的模式有 7 个，分别为 EC-Earth3-Veg-LR、MPI-ESM1-2-HR、ACCESS-ESM1-5、ACCESS-CM2、IITM-ESM、MPI-ESM1-2-LR 和 IPSL-CM6A-LR。其次，KACE-1-0-G 和 BCC-CSM2-MR 这两个模式的标准差之比在 0.9～0.94。CMCC-ESM2 模式的标准差之比最小，只有 0.48。总体上，部分模式对长江上游小雨次数有较好的模拟能力。

5.1.5　气候模式对降水模拟能力评分

1. 气候模式对暴雨模拟能力评分

　　表 5.1.2 是 26 个模式对长江上游年平均暴雨强度模拟能力的评分排序。总体上，评分差距较大，26 个模式的评分在 0.03～0.61。有 5 个模式的评分在 0.5 以上，其中 ACCESS-ESM1-5 模式的评分最高，为 0.61；MPI-ESM1-2-HR 模式的评分最低，仅为 0.03。整体上，只有部分模式对长江上游暴雨强度的模拟能力较好。

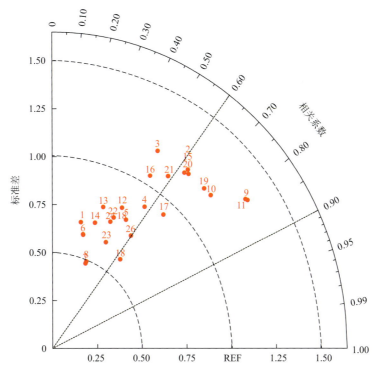

图 5.1.8　26 个模式模拟的长江上游年平均小雨次数与观测资料的泰勒图

表 5.1.2　26 个模式对长江上游年平均暴雨强度模拟能力的评分排序

序号	模式名称	得分
1	ACCESS-ESM1-5	0.61
2	NESM3	0.55
3	MRI-ESM2-0	0.53
4	KACE-1-0-G	0.52
5	EC-Earth3	0.51
6	EC-Earth3-Veg	0.48
7	NorESM2-LM	0.47
8	MIROC6	0.45
9	KIOST-ESM	0.44
10	BCC-CSM2-MR	0.38
11	ACCESS-CM2	0.36
12	EC-Earth3-Veg-LR	0.36
13	MPI-ESM1-2-LR	0.35
14	NorESM2-MM	0.32
15	TaiESM1	0.31
16	CanESM5	0.31
17	CMCC-ESM2	0.29
18	IITM-ESM	0.25

续表

序号	模式名称	得分
19	IPSL-CM6A-LR	0.23
20	CMCC-CM2-SR5	0.22
21	INM-CM4-8	0.20
22	AWI-CM-1-1-MR	0.12
23	FGOALS-g3	0.11
24	INM-CM5-0	0.10
25	CESM2-WACCM	0.07
26	MPI-ESM1-2-HR	0.03

表 5.1.3 是 26 个模式对长江上游年平均暴雨次数模拟能力的评分排序。可以看到，各模式对暴雨次数模拟能力的评分总体不高，评分在 0.004～0.505，评分大于 0.3 的有 4 个模式，其中评分最高的模式为 ACCESS-ESM1-5，达到 0.505。AWI-CM-1-1-MR 模式的评分最低，仅有 0.004。整体上，大部分模式对长江上游暴雨次数的模拟能力较差，仅少部分模式较好。

表 5.1.3　26 个模式对长江上游年平均暴雨次数模拟能力的评分排序

序号	模式名称	得分
1	ACCESS-ESM1-5	0.505
2	KACE-1-0-G	0.427
3	ACCESS-CM2	0.370
4	MIROC6	0.302
5	EC-Earth3	0.205
6	EC-Earth3-Veg	0.202
7	IITM-ESM	0.160
8	CESM2-WACCM	0.153
9	NorESM2-MM	0.115
10	EC-Earth3-Veg-LR	0.105
11	TaiESM1	0.095
12	BCC-CSM2-MR	0.089
13	CMCC-ESM2	0.075
14	CMCC-CM2-SR5	0.072
15	KIOST-ESM	0.065
16	MRI-ESM2-0	0.061
17	INM-CM5-0	0.060
18	IPSL-CM6A-LR	0.045
19	MPI-ESM1-2-HR	0.043
20	CanESM5	0.037
21	NESM3	0.029

序号	模式名称	得分
22	FGOALS-g3	0.023
23	NorESM2-LM	0.023
24	MPI-ESM1-2-LR	0.007
25	INM-CM4-8	0.005
26	AWI-CM-1-1-MR	0.004

2. 气候模式对大雨模拟能力评分

表 5.1.4 是 26 个模式对长江上游年平均大雨强度模拟能力的评分排序，26 个模式模拟能力的评分在 0.006～0.569。所有模式中，评分在 0.4 以上的模式有 7 个，其中 ACCESS-CM2、ACCESS-ESM1-5 和 KACE-1-0-G 这 3 个模式的评分超过 0.5，评分最高的是 ACCESS-CM2，达到 0.569，对长江上游大雨强度的模拟能力最好。其余模式中，AWI-CM-1-1-MR 模式的评分最低，模拟能力差。整体上，部分模式对长江上游大雨强度有较好的模拟能力。

表 5.1.4　26 个模式对长江上游年平均大雨强度模拟能力的评分排序

序号	模式名称	得分
1	ACCESS-CM2	0.569
2	ACCESS-ESM1-5	0.563
3	KACE-1-0-G	0.549
4	MIROC6	0.463
5	IITM-ESM	0.457
6	NorESM2-LM	0.431
7	MRI-ESM2-0	0.419
8	MPI-ESM1-2-HR	0.352
9	BCC-CSM2-MR	0.308
10	TaiESM1	0.247
11	CMCC-ESM2	0.237
12	NorESM2-MM	0.231
13	NESM3	0.230
14	CMCC-CM2-SR5	0.221
15	CanESM5	0.156
16	CESM2-WACCM	0.154
17	MPI-ESM1-2-LR	0.146
18	KIOST-ESM	0.144
19	EC-Earth3	0.141
20	EC-Earth3-Veg	0.134
21	IPSL-CM6A-LR	0.133

续表

序号	模式名称	得分
22	EC-Earth3-Veg-LR	0.101
23	INM-CM5-0	0.099
24	FGOALS-g3	0.075
25	INM-CM4-8	0.031
26	AWI-CM-1-1-MR	0.006

表 5.1.5 是 26 个模式对长江上游年平均大雨次数模拟能力的评分排序，各个模式对大雨次数的模拟能力差距较大，整体评分在 0.02～0.66。模式评分在 0.5 以上的有 6 个，其中有 4 个的评分在 0.6 以上，评分最高的模式为 EC-Earth3-Veg，达到 0.66，这些模式对大雨次数都有较好的模拟能力。FGOALS-g3 模式的评分最低，模拟能力不好。整体上，部分模式对长江上游大雨次数有较好的模拟能力。

表 5.1.5　26 个模式对长江上游年平均大雨次数模拟能力的评分排序

序号	模式名称	得分
1	EC-Earth3-Veg	0.66
2	EC-Earth3	0.65
3	ACCESS-CM2	0.64
4	KACE-1-0-G	0.61
5	ACCESS-ESM1-5	0.59
6	EC-Earth3-Veg-LR	0.56
7	IITM-ESM	0.47
8	MIROC6	0.37
9	MRI-ESM2-0	0.37
10	NorESM2-LM	0.26
11	NorESM2-MM	0.25
12	MPI-ESM1-2-HR	0.17
13	INM-CM5-0	0.11
14	KIOST-ESM	0.09
15	NESM3	0.08
16	MPI-ESM1-2-LR	0.07
17	BCC-CSM2-MR	0.07
18	CESM2-WACCM	0.07
19	TaiESM1	0.07
20	CanESM5	0.05
21	INM-CM4-8	0.04
22	CMCC-CM2-SR5	0.04
23	AWI-CM-1-1-MR	0.04
24	CMCC-ESM2	0.03
25	IPSL-CM6A-LR	0.03
26	FGOALS-g3	0.02

3. 气候模式对中雨模拟能力评分

表 5.1.6 是 26 个模式对长江上游年平均中雨强度模拟能力的评分排序。由表 5.1.6 可知，各模式对中雨强度的评分较低，在 0.01~0.46。模式评分在 0.40 以上的有 5 个，其中得分最高的是 KIOST-ESM，为 0.46，其对长江上游中雨强度有一定的模拟能力。其余模式中，得分最低的是 AWI-CM-1-1-MR 和 INM-CM4-8，都只有 0.01。整体上，各模式对长江上游中雨强度的模拟能力不强，仅有少部分模式有一定的模拟能力。

表 5.1.6　26 个模式对长江上游年平均中雨强度模拟能力的评分排序

序号	模式名称	得分
1	KIOST-ESM	0.46
2	ACCESS-ESM1-5	0.45
3	KACE-1-0-G	0.42
4	MIROC6	0.41
5	ACCESS-CM2	0.41
6	MRI-ESM2-0	0.39
7	NESM3	0.39
8	EC-Earth3-Veg	0.39
9	EC-Earth3	0.37
10	NorESM2-LM	0.34
11	BCC-CSM2-MR	0.32
12	EC-Earth3-Veg-LR	0.30
13	MPI-ESM1-2-LR	0.27
14	MPI-ESM1-2-HR	0.26
15	IITM-ESM	0.15
16	NorESM2-MM	0.15
17	TaiESM1	0.14
18	FGOALS-g3	0.05
19	CanESM5	0.05
20	CMCC-ESM2	0.04
21	CMCC-CM2-SR5	0.04
22	IPSL-CM6A-LR	0.03
23	INM-CM5-0	0.02
24	CESM2-WACCM	0.02
25	AWI-CM-1-1-MR	0.01
26	INM-CM4-8	0.01

表 5.1.7 是 26 个模式对长江上游年平均中雨次数模拟能力的评分排序，各模式对长江上游中雨次数的评分在 0.06~0.53。其中有 5 个模式的评分在 0.30 及以上，得分最高的是 CanESM5，达到 0.53，该模式对长江上游中雨次数的模拟能力较好。所有模式中，

评分最低的是 KIOST-ESM，模拟能力差。整体上，部分模式对长江上游中雨次数有较好的模拟能力。

表 5.1.7　26 个模式对长江上游年平均中雨次数模拟能力的评分排序

序号	模式名称	得分
1	CanESM5	0.53
2	EC-Earth3-Veg	0.35
3	EC-Earth3	0.35
4	IITM-ESM	0.34
5	NorESM2-MM	0.30
6	MIROC6	0.29
7	IPSL-CM6A-LR	0.29
8	MRI-ESM2-0	0.27
9	EC-Earth3-Veg-LR	0.26
10	MPI-ESM1-2-HR	0.23
11	ACCESS-ESM1-5	0.21
12	ACCESS-CM2	0.17
13	NorESM2-LM	0.16
14	INM-CM5-0	0.16
15	CMCC-CM2-SR5	0.16
16	CMCC-ESM2	0.14
17	KACE-1-0-G	0.14
18	TaiESM1	0.13
19	BCC-CSM2-MR	0.13
20	INM-CM4-8	0.12
21	CESM2-WACCM	0.12
22	NESM3	0.11
23	AWI-CM-1-1-MR	0.09
24	MPI-ESM1-2-LR	0.08
25	FGOALS-g3	0.07
26	KIOST-ESM	0.06

4. 气候模式对小雨模拟能力评分

表 5.1.8 是 26 个模式对长江上游年平均小雨强度模拟能力的评分排序，各个模式对小雨强度的模拟得分位于 0.03~0.36。有 5 个模式对小雨强度的模拟得分在 0.30 以上，其中得分最高的是 MRI-ESM2-0 和 EC-Earth3，均为 0.36，这些模式对长江上游小雨强度有一定的模拟能力。其余模式中，KIOST-ESM 模式的得分最低，为 0.03，模拟能力差。总体上，大部分模式对长江上游小雨强度的模拟能力不强，只有少部分模式具有一定的模拟能力。

表 5.1.8　26 个模式对长江上游年平均小雨强度模拟能力的评分排序

序号	模式名称	得分
1	MRI-ESM2-0	0.36
2	EC-Earth3	0.36
3	EC-Earth3-Veg	0.35
4	NESM3	0.33
5	NorESM2-MM	0.31
6	CanESM5	0.29
7	IPSL-CM6A-LR	0.27
8	CESM2-WACCM	0.26
9	CMCC-CM2-SR5	0.23
10	EC-Earth3-Veg-LR	0.22
11	CMCC-ESM2	0.22
12	NorESM2-LM	0.19
13	IITM-ESM	0.19
14	KACE-1-0-G	0.17
15	FGOALS-g3	0.17
16	BCC-CSM2-MR	0.16
17	TaiESM1	0.16
18	INM-CM5-0	0.16
19	MPI-ESM1-2-HR	0.14
20	INM-CM4-8	0.14
21	ACCESS-CM2	0.12
22	ACCESS-ESM1-5	0.12
23	MIROC6	0.10
24	AWI-CM-1-1-MR	0.04
25	MPI-ESM1-2-LR	0.04
26	KIOST-ESM	0.03

表 5.1.9 是 26 个模式对长江上游小雨次数模拟能力的评分排序，各个模式对小雨次数的模拟得分在 0.03～0.62。这些模式中，有 8 个模式得分在 0.40 以上，其中有两个模式的得分还在 0.60 以上，分别为 EC-Earth3-Veg 和 EC-Earth3，都为 0.62。此外，EC-Earth3-Veg-LR 和 MPI-ESM1-2-HR 这两个模式的得分分别为 0.56 和 0.52，模拟能力也较好。NESM3 模式的得分最低，只有 0.03，模拟能力差。整体上，部分模式对长江上游小雨次数有较好的模拟能力。

表 5.1.9　26 个模式对长江上游年平均小雨次数模拟能力的评分排序

序号	模式名称	得分
1	EC-Earth3-Veg	0.62
2	EC-Earth3	0.62

续表

序号	模式名称	得分
3	EC-Earth3-Veg-LR	0.56
4	MPI-ESM1-2-HR	0.52
5	KACE-1-0-G	0.48
6	ACCESS-CM2	0.44
7	IITM-ESM	0.43
8	MRI-ESM2-0	0.43
9	MPI-ESM1-2-LR	0.39
10	BCC-CSM2-MR	0.38
11	KIOST-ESM	0.37
12	MIROC6	0.35
13	IPSL-CM6A-LR	0.33
14	CanESM5	0.32
15	ACCESS-ESM1-5	0.30
16	FGOALS-g3	0.28
17	NorESM2-LM	0.26
18	TaiESM1	0.25
19	NorESM2-MM	0.24
20	INM-CM4-8	0.20
21	INM-CM5-0	0.18
22	CMCC-CM2-SR5	0.14
23	CMCC-ESM2	0.14
24	CESM2-WACCM	0.14
25	AWI-CM-1-1-MR	0.13
26	NESM3	0.03

5.1.6 优选气候模式的降水模拟效果

由 5.1.5 可知，各个模式对长江上游暴雨强度、暴雨次数、大雨强度、大雨次数、中雨强度、中雨次数、小雨强度和小雨强度的模拟能力具有差异性。因此，综合考虑各个模式对每一种要素的模拟能力并进行比较和筛选，进一步选择 6 个代表模式（表 5.1.10），进行长江上游区域降水气候的未来情景预估。

表 5.1.10 选择的 6 个模式评估结果

序号	模式名称	暴雨强度得分	暴雨次数得分	大雨强度得分	大雨次数得分	中雨强度得分	中雨次数得分	小雨强度得分	小雨次数得分
1	ACCESS-ESM1-5	0.61	0.51	0.56	0.59	0.45	0.21	0.12	0.30
2	IITM-ESM	0.25	0.16	0.46	0.47	0.15	0.34	0.19	0.43
3	KACE-1-0-G	0.52	0.43	0.55	0.61	0.42	0.14	0.17	0.48

序号	模式名称	暴雨强度 得分	暴雨次数 得分	大雨强度 得分	大雨次数 得分	中雨强度 得分	中雨次数 得分	小雨强度 得分	小雨次数 得分
4	MIROC6	0.45	0.30	0.46	0.37	0.41	0.29	0.10	0.35
5	MRI-ESM2-0	0.53	0.06	0.42	0.37	0.39	0.27	0.36	0.43
6	NorESM2-MM	0.32	0.12	0.23	0.25	0.15	0.30	0.31	0.24

1. 优选气候模式的暴雨模拟效果

图 5.1.9 是台站观测值、6 个模式和多模式集合平均的长江上游年平均暴雨强度的空间分布。由图 5.1.9 可知，所选模式可以较好地模拟长江上游暴雨强度西弱东强的基本分布，6 个模式在长江上游东南部的暴雨强度模拟值弱于暴雨强度观测值，其中 KACE-1-0-G 模式与台站观测值较为接近。IITM-ESM 和 KACE-1-0-G 这两个模式对西藏暴雨强度的模拟能力较差，此外，IITM-ESM 模式也不能很好地模拟四川东部的暴雨强度；KACE-1-0-G 不能很好地模拟四川南部的暴雨强度。NorESM2-MM、MRI-ESM2-0 和 MIROC6 这 3 个模式对西藏和长江上游东南部的暴雨强度空间分布模拟较好，ACCESS-ESM1-5 稍差，但效果也较好。多模式集合模拟的暴雨强度与观测的暴雨强度空间分布较相似，只是数值低于观测值，并且能够很好地模拟出长江上游暴雨强度自西北向东南增强的空间分布，但西藏林芝市附近的模拟效果不好。总之，多模式集合平均对长江上游暴雨强度有一定的模拟能力。

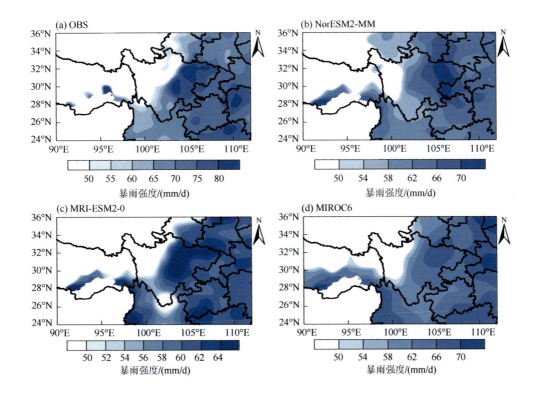

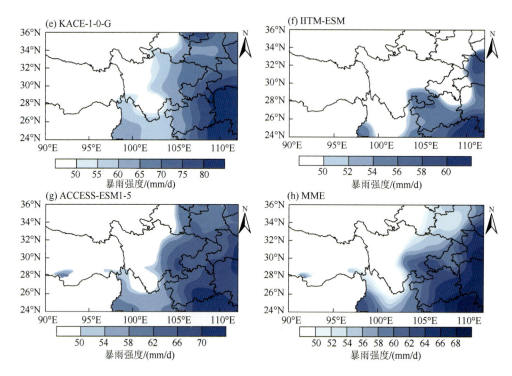

图 5.1.9 长江上游观测（a）OBS 与（b）NorESM2-MM、（c）MRI-ESM2-0、（d）MIROC6、（e）KACE-1-0-G、（f）IITM-ESM、（g）ACCESS-ESM1-5 和（h）MME 多模式集合平均模拟的 1990～2014 年平均暴雨强度气候态的空间分布

　　图 5.1.10 是台站观测值、6 个模式和多模式集合平均的长江上游年平均暴雨次数的空间分布。由图 5.1.10 可知，所有模式都能够很好地模拟暴雨次数的空间分布，大多数模式能模拟出广西北部和湖南西部等暴雨次数的高值区，NorESM2-MM、MRI-ESM2-0 和 MIROC6 这 3 个模式还能较好地模拟四川中部乐山市—广元市一带的暴雨次数高值区，但高估了青藏高原南部的暴雨次数。IITM-ESM 模式低估了四川和重庆的暴雨次数。多模式集合平均能够很好地模拟长江上游暴雨次数的空间分布，能基本模拟出四川中部乐山市—广元市一带、广西北部和湖南西部等暴雨次数的高值区。整体上，多模式集合平均可以很好地模拟长江上游的暴雨次数分布状况。

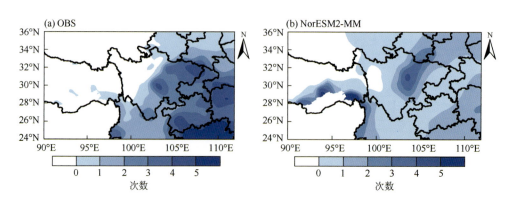

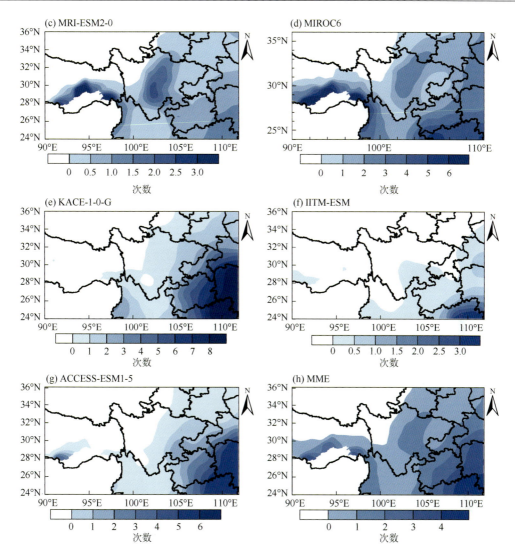

图 5.1.10　长江上游观测（a）OBS 与（b）NorESM2-MM、（c）MRI-ESM2-0、（d）MIROC6、（e）KACE-1-0-G、（f）IITM-ESM、（g）ACCESS-ESM1-5 和（h）MME 多模式集合平均模拟的 1990～2014 年平均暴雨次数气候态的空间分布

2. 优选气候模式的大雨模拟效果

图 5.1.11 是台站观测值、6 个模式和多模式集合平均的长江上游年平均大雨强度的空间分布。结果表明，所有模式都能模拟出大雨强度由西北向东南增强的基本空间特征，尤其能很好地模拟出大雨强度在青海三江源较弱，在广西北部等较强的分布。其中 NorESM2-MM、MRI-ESM2-0、MIROC6 和 ACCESS-ESM1-5 这 4 个模式还能较好地模拟出四川东部等地区为大雨强度的高值区。除 KACE-1-0-G 模式以外，其余模式都高估了西藏南部的大雨强度。多模式集合平均很好地模拟了大雨强度的空间分布，只是强度稍弱于台站观测值。

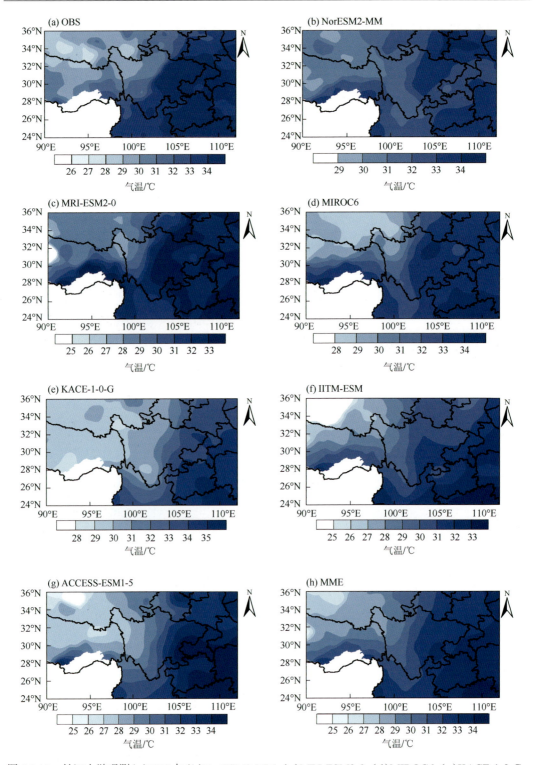

图 5.1.11　长江上游观测（a）OBS 与（b）NorESM2-MM、（c）MRI-ESM2-0、（d）MIROC6、（e）KACE-1-0-G、（f）IITM-ESM、（g）ACCESS-ESM1-5 和（h）MME 多模式集合平均模拟的 1990～2014 年平均大雨强度气候态的空间分布

图 5.1.12 是台站观测值、6 个模式和多模式集合平均的长江上游年平均大雨次数的空

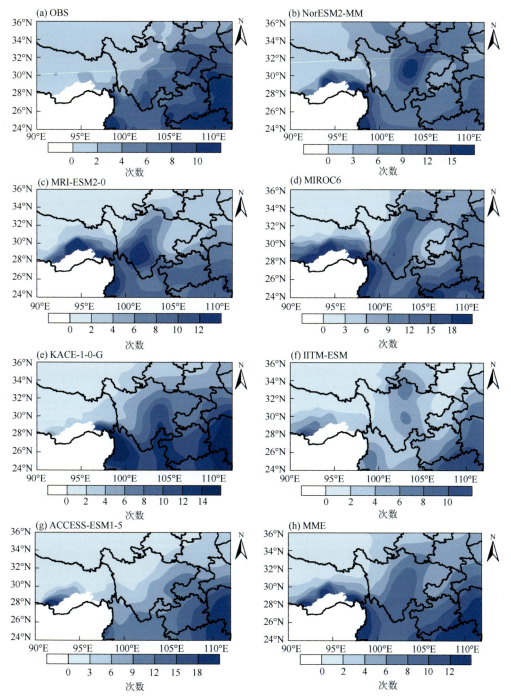

图 5.1.12　长江上游观测（a）OBS 与（b）NorESM2-MM、（c）MRI-ESM2-0、（d）MIROC6、（e）KACE-1-0-G、（f）IITM-ESM、（g）ACCESS-ESM1-5 和（h）MME 多模式集合平均模拟的 1990~2014 年平均大雨次数气候态的空间分布

间分布。整体上，各模式都能较好地模拟出长江上游大雨次数由西北向东南递增的空间基本分布，都能模拟出大雨次数在青海和西藏较少，在广西北部和湖南等较多的特征。但所有模式都高估了四川中北部和西藏南部的大雨次数。除 IITM-ESM 模式以外，其余模式还能较好地模拟出四川西南山地为大雨次数高值区。多模式集合平均能很好地模拟出长江上游大雨次数的空间分布，但也高估了西藏南部的大雨次数。

3. 优选气候模式的中雨模拟效果

图 5.1.13 是台站观测值、6 个模式和多模式集合平均的长江上游年平均中雨强度的空间分布。所有模式都能够模拟出中雨强度在青海三江源较弱，在云南北部、广西北部和湖南西部等较强的空间分布。除 KACE-1-0-G 模式对西藏中雨强度的模拟偏弱以外，其余模式都很好地模拟出西藏南部中雨强度较强的分布特征。多模式集合平均能很好地反映大雨强度的空间分布，只是强度稍弱于台站观测值。

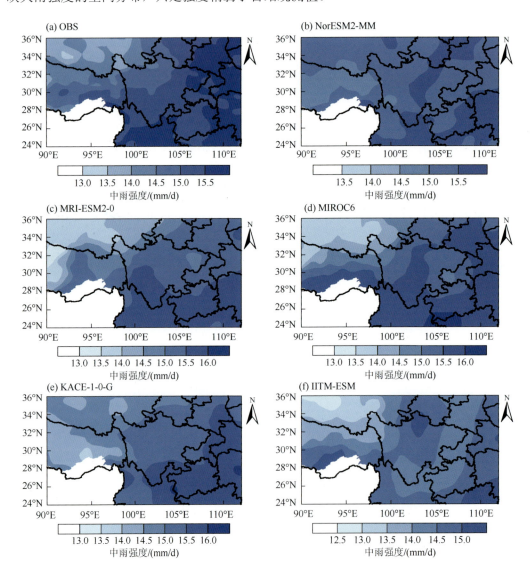

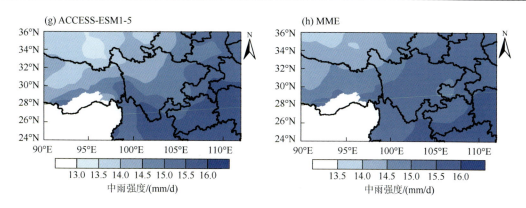

图 5.1.13　长江上游观测(a)OBS 与(b)NorESM2-MM、(c)MRI-ESM2-0、(d)MIROC6、(e)KACE-1-0-G、(f) IITM-ESM、(g) ACCESS-ESM1-5 和 (h) MME 多模式集合平均模拟的 1990～2014 年平均中雨强度气候态的空间分布

　　图 5.1.14 是台站观测值、6 个模式和多模式集合平均的长江上游年平均中雨次数的空间分布。图 5.1.14 表明，各模式都能很好地模拟出三江源中雨次数偏少的特征，其中 MRI-ESM2-0、MIROC6、KACE-1-0-G 和 ACCESS-ESM1-5 模式还能较好地模拟出西藏、四川西南山地、云南北部和广西北部等为中雨次数高值区，而 NorESM2-MM 和 IITM-ESM 模式高估了四川中北部的中雨次数。多模式集合平均对长江上游中雨次数空间分布的模拟值与台站观测值相似，但对西藏的模拟相对较差，高估了西藏南部的中雨次数。

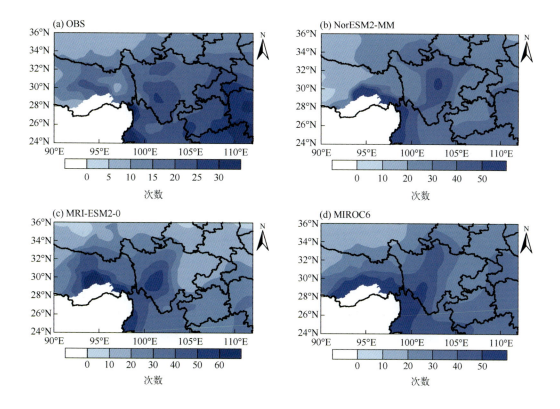

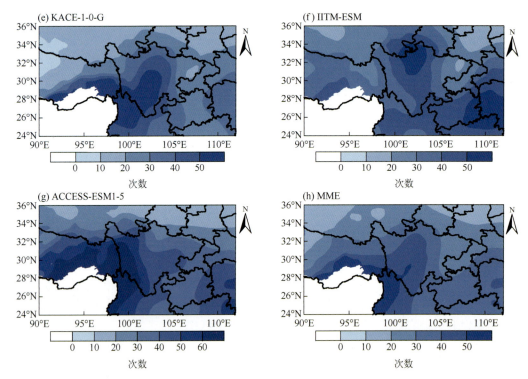

图 5.1.14　长江上游观测（a）OBS 与（b）NorESM2-MM、（c）MRI-ESM2-0、（d）MIROC6、（e）KACE-1-0-G、
（f）IITM-ESM、（g）ACCESS-ESM1-5 和（h）MME 多模式集合平均模拟的 1990～2014 年平均中雨
次数气候态的空间分布

4. 优选气候模式的小雨模拟效果

图 5.1.15 是台站观测值、6 个模式和多模式集合平均的长江上游年平均小雨强度的空间分布。所有模式都能一定程度上模拟出三江源小雨强度较弱的特征，MRI-ESM2-0、KACE-1-0-G、IITM-ESM 和 ACCESS-ESM1-5 模式还能很好地模拟出四川西部、云南北部、广西北部和湖南西部等为小雨强度高值区，而 NorESM2-M 模式高估了四川中北部的小雨强度，MIROC6 模式低估了广西北部和湖南西部等的小雨强度。所有模式对西藏小雨强度的模拟都较差，都高估了西藏南部的小雨强度。多模式集合平均能很好地模拟长江上游小雨强度的空间分布，但同样对西藏小雨强度的模拟效果不好。

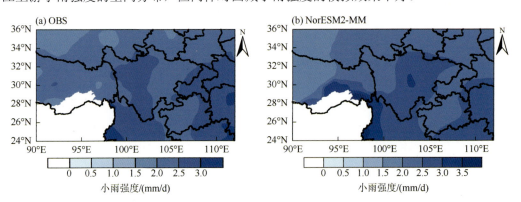

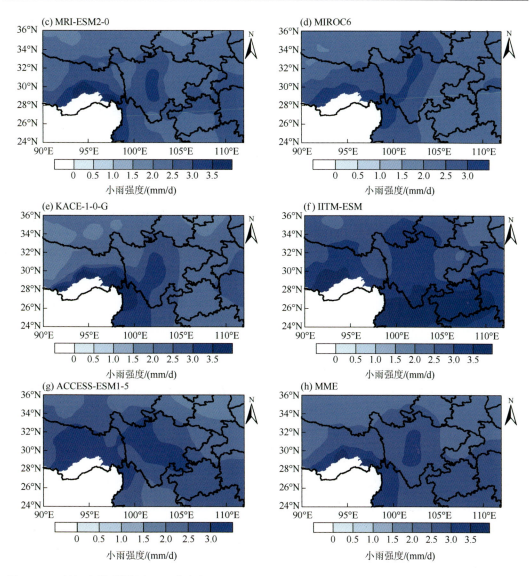

图 5.1.15　长江上游观测（a）OBS 与（b）NorESM2-MM、（c）MRI-ESM2-0、（d）MIROC6、（e）KACE-1-0-G、（f）IITM-ESM、（g）ACCESS-ESM1-5 和（h）MME 多模式集合平均模拟的 1990～2014 年平均小雨强度气候态的空间分布

图 5.1.16 是台站观测值、6 个模式和多模式集合平均的长江上游年平均小雨次数的空间分布。所有模式都能较好地模拟长江上游小雨次数的空间分布，都能模拟出三江源为小雨次数的高值区，MRI-ESM2-0、KACE-1-0-G、MIROC6、IITM-ESM 和 ACCESS-ESM1-5 这 5 个模式基本能模拟出自青海经四川到贵州为小雨次数的高值区，而 NorESM2-M 模式对贵州等小雨次数高值区的模拟较差。所有模式对西藏小雨次数的模拟都不好。多模式集合平均能很好地模拟出长江上游小雨次数的空间分布，也能较好地模拟出自青海经四川到贵州为小雨次数的高值区，但对西藏南部小雨次数的模拟相对较差。

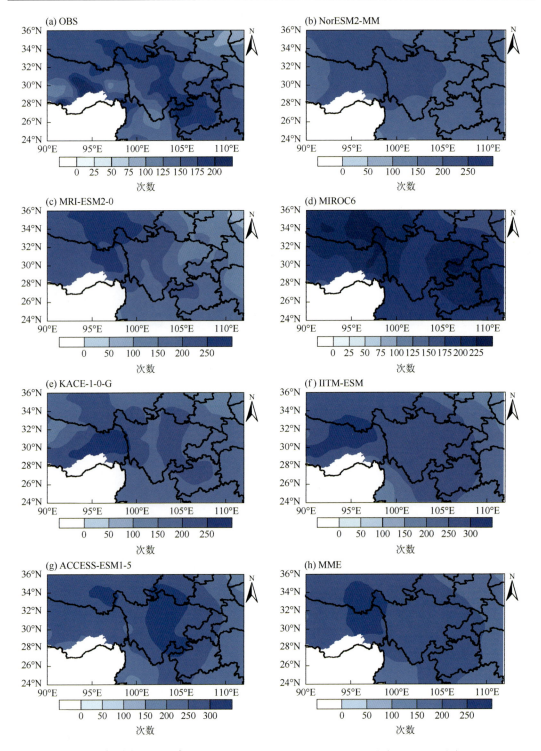

图 5.1.16　长江上游观测（a）OBS 与（b）NorESM2-MM、（c）MRI-ESM2-0、（d）MIROC6、（e）KACE-1-0-G、（f）IITM-ESM、（g）ACCESS-ESM1-5 和（h）MME 多模式集合平均模拟的 1990～2014 年平均小雨次数气候态的空间分布

5.2　气候模式对气温模拟能力评估

5.2.1　气候模式对平均气温模拟能力评估

为了评估 CMIP6 模式对长江上游平均气温的模拟能力，选取资料比较完善的 33 个模式（表 5.2.1）历史气候模拟试验（Historical 试验）的逐月平均气温资料。由于不同模式具有不同的空间分辨率，因此，计算台站观测资料与模式结果之间的均方根误差及其相关时，需要进行插值处理。这里，首先将不同分辨率模式数据统一插值到气象台站，然后以台站观测资料为参考，评估各个模式对长江上游平均气温的模拟能力。

表 5.2.1　平均气温评估所使用的 33 个 CMIP6 模式信息

序号	模式名称	所属地区	水平分辨率（经度×纬度）
1	ACCESS-CM2	澳大利亚	192×144
2	ACCESS-ESM1-5	澳大利亚	192×144
3	AWI-CM-1-1-MR	德国	384×192
4	BCC-CSM2-MR	中国	320×160
5	CAMS-CSM1-0	中国	320×160
6	CanESM5	加拿大	128×64
7	CESM2	美国	288×192
8	CESM2-WACCM	美国	288×192
9	CIESM	中国	288×192
10	CMCC-CM2-SR5	意大利	288×192
11	EC-Earth3	欧盟	512×256
12	EC-Earth3-Veg	欧盟	512×256
13	EC-Earth3-Veg-LR	欧盟	320×160
14	FGOALS-f3-L	中国	360×180
15	FGOALS-g3	中国	180×80
16	FIO-ESM-2-0	中国	192×288
17	GFDL-ESM4	美国	360×180
18	GISS-E2-1-G	美国	144×90
19	IITM-ESM	印度	192×94
20	INM-CM4-8	俄罗斯	180×120
21	INM-CM5-0	俄罗斯	180×120
22	IPSL-CM6A-LR	法国	144×143
23	KACE-1-0-G	韩国	192×144
24	KIOST-ESM	韩国	192×96
25	MCM-UA-1-0	美国	96×80

续表

序号	模式名称	所属地区	水平分辨率（经度×纬度）
26	MIROC6	日本	256×128
27	MPI-ESM1-2-HR	德国	384×192
28	MPI-ESM1-2-LR	德国	192×96
29	MRI-ESM2-0	日本	320×160
30	NESM3	中国	192×96
31	NorESM2-LM	挪威	144×96
32	NorESM2-MM	挪威	288×192
33	TaiESM1	中国	288×192

　　图 5.2.1 是 33 个模式模拟的长江上游年平均气温与台站观测值的泰勒图。由图 5.2.1 可知，所有模式模拟值与台站观测值的相关系数位于 0.8～0.9，大多数都超过 0.85，其中超过 0.88 的模式达到 13 个，尤其是 EC-Earth3 和 EC-Earth3-Veg 与台站观测值的相关系数达到 0.9，是相关性最好的两个模式。相对而言，MCM-UA-1-0 与台站观测值的相关系数只有 0.8，相关性相对最差。此外，所有模式模拟值与台站观测值的标准差之比位于 0.98～1.47，除 NESM3 模式模拟值与观测值的标准差之比小于 1 外，为 0.98，其余模式模拟值与观测值的标准差之比都大于 1，并且大部分比值在 1.0～1.2，其中 CanESM5、FGOALS-f3-L、FGOALS-g3、GISS-E2-1-G、IPSL-CM6A-LR、KACE-1-0-G 和 KIOST-ESM 这 6 个模式模拟值与台站观测值标准差之比大于 1.2，尤其是 IPSL-CM6A-LR 的模拟值与观测值标准差比值还达到 1.47，是标准差之比最大的模式。因此，所有模式都能很好地模拟长江上游年平均气温。

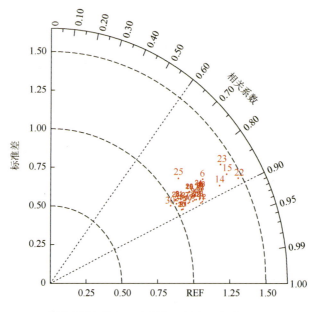

图 5.2.1　33 个模式模拟的长江上游年平均气温与台站观测值的泰勒图

　　图 5.2.2（a）是长江上游春季平均气温的泰勒图。除 MCM-UA-1-0 模式模拟值与台站观测值的空间相关系数只有 0.78 以外，其余 32 个模式的模拟值与台站观测值的空间相关系数在 0.81～0.89，其中 EC-Earth3 和 EC-Earth3-Veg 模式模拟值与台站观测值的相关系数都达到 0.89，是相关性最好的模式。并且，所有模式模拟值与台站观测值的空间标准差之比都大于 1，其中有 26 个模式的模拟值与台站观测值的标准差之比位于 1.0～1.3，CanESM5、FGOALS-f3-L、FGOALS-g3、IPSL-CM6A-LR、KACE-1-0-G、KIOST-ESM 和 MRI-ESM2-0 这 7 个模式的模拟值与台站观测值的标准差之比高于 1.3，尤其是 FGOALS-g3 和 IPSL-CM6A-LR 模式都大于 1.5，分别为 1.63 和 1.57。

　　图 5.2.2（b）是长江上游夏季平均气温的泰勒图。夏季模式模拟值与台站观测值的空间相关性较春季有所提高，其中 30 个模式模拟值与观测值的空间相关系数高于 0.86，大部分还大于 0.89，EC-Earth3 模式最高，为 0.9。MCM-UA-1-0 和 KACE-1-0-G 模式模拟值与台站观测值的空间相关系数相对较低，尤其是 MCM-UA-1-0 只有 0.78。并且，所有模式模拟值与台站观测值的标准差之比在 0.91～1.44，其中 INM-CM4-8 和 INM-CM5-0 模式的标准差之比低于 1，尤其 INM-CM4-8 模式最低，只有 0.91。其余 31 个模式模拟值与观测值的标准差之比位于 1.0～1.41，其中大多数比值在 1.0～1.3，只有 FGOALS-f3-L、FGOALS-g3、IPSL-CM6A-LR 和 KACE-1-0-G 这 4 个模式高于 1.3，其中 IPSL-CM6A-LR 模式最大，为 1.44。总体上，所有模式都能很好地模拟夏季长江上游的平均气温。

　　秋季[图 5.2.2（c）]，所有模式模拟值与台站观测值的空间相关系数都高于 0.81，有 9 个模式的相关系数低于 0.88，分别是 CanESM5、IITM-ESM、KACE-1-0-G、KIOST-ESM、MCM-UA-1-0、MIROC6、MPI-ESM1-2-LR、NESM3 和 NorESM2-LM，其中 MCM-UA-1-0 模式相关系数最低。其余 24 个模式模拟值与台站观测值的空间相关系数高于 0.88，尤其是 EC-Earth3 和 EC-Earth3-Veg 模式模拟值与观测值的相关系数达到 0.91，表明秋季模式模拟的平均气温空间分布与台站观测值非常接近。并且，秋季模式模拟值与台站观测值的空间标准差之比主要在 0.92～1.42，其中低于 1.0 的模式有 7 个，尤其是 INM-CM4-8 和 INM-CM5-0 相对较小，分别为 0.94 与 0.92。其余模式模拟值与观测值的空间标准差之比大于 1 的 26 个模式中，有 3 个模式还大于 1.25，为 FGOALS-g3、KACE-1-0-G 和 IPSL-CM6A-LR，分别达到 1.26、1.34 和 1.42。总体上，大多数模式能很好地模拟长江上游的秋季平均气温。

　　冬季[图 5.2.2（d）]，模式模拟值与台站观测值的空间相关系数除 MCM-UA-1-0 模式为 0.82 以外，其余 32 个模式模拟值与观测值的空间相关系数在 0.85～0.9，其中 EC-Earth3 和 EC-Earth3-Veg 模式达到 0.9，是相关系数最高的两个模式。可见，所有模式能很好地模拟长江上游冬季平均气温的分布状况。另外，模式模拟值与台站观测值的空间标准差之比在 0.88～1.45，其中有 5 个模式模拟值与观测值的空间标准差之比低于 1，尤其是 ACCESS-CM2 和 ACCESS-ESM1-5 模式相对较小，分别只有 0.89 和 0.88。其余 28 个模式模拟值与观测值的空间标准差比值都高于 1，其中有 22 个模式小于 1.25，有 6 个模式高于 1.25，尤其是 IPSL-CM6A-LR 和 KACE-1-0-G 模式分别达到 1.41 和 1.45，是标准差之比最大的两个模式。整体上，所有模式能够很好地模拟长江上游的冬季平均气温。

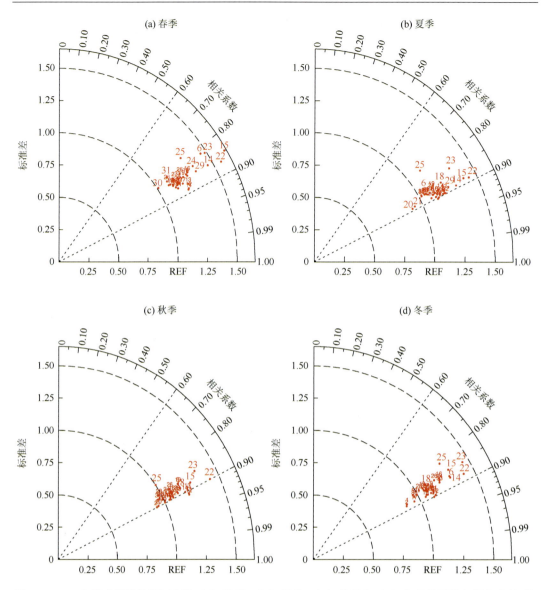

图 5.2.2　33 个模式模拟的长江上游（a）春季、（b）夏季、（c）秋季和（d）冬季的平均气温与台站观测值的泰勒图

5.2.2　气候模式对最高气温模拟能力评估

为了评估 **CMIP6** 模式对长江上游最高气温和最低气温的模拟能力，选择资料比较完整的 26 个模式历史气候模拟试验（Historical 试验）的逐月最高气温与最低气温资料（表 5.2.2）。同样，由于不同模式具有不同的空间分辨率，因此，计算台站观测资料与模式结果的均方根误差及其相关时，需要进行插值处理。这里，首先将不同分辨率模式数据统一插值到气象台站，然后以台站观测资料为参考，评估各个模式对长江上游最高气温与最低气温的模拟能力。

表 5.2.2　最高气温和最低气温评估使用的 26 个 CMIP6 模式信息

序号	模式名称	所属地区	水平分辨率（经度×纬度）
1	ACCESS-CM2	澳大利亚	192×144
2	ACCESS-ESM1-5	澳大利亚	192×145
3	AWI-CM-1-1-MR	德国	384×192
4	AWI-ESM-1-1-LR	德国	192×96
5	BCC-CSM2-MR	中国	320×160
6	BCC-ESM1	中国	128×64
7	CanESM5	加拿大	128×64
8	CAS-ESM2-0	中国	256×128
9	CIESM	中国	288×192
10	CMCC-ESM2	意大利	288×192
11	EC-Earth3	欧盟	512×256
12	EC-Earth3-Veg	欧盟	512×256
13	EC-Earth3-Veg-LR	欧盟	320×160
14	FGOALS-g3	中国	180×80
15	FIO-ESM-2-0	中国	192×288
16	GFDL-ESM4	美国	360×180
17	GISS-E2-1-G-CC	美国	144×90
18	GISS-E2-2-H	美国	144×90
19	INM-CM4-8	俄罗斯	180×120
20	INM-CM5-0	俄罗斯	180×120
21	IPSL-CM6A-LR-INCA	法国	144×143
22	MPI-ESM-1-2-HAM	德国	192×96
23	MPI-ESM1-2-HR	德国	384×192
24	MRI-ESM2-0	日本	320×160
25	NESM3	中国	192×96
26	SAMO-UNICON	韩国	288×192

图 5.2.3 为长江上游年平均最高气温的泰勒图。由图 5.2.3 可知，26 个模式模拟值与台站观测值的空间相关系数在 0.64~0.81，其中有 24 个模式的空间相关系数集中在 0.75~0.81，尤其是 EC-Earth3、INM-CM4-8 和 INM-CM5-0 模式都达到 0.81，是最高气温空间分布模拟最好的 3 个模式。CIESM 和 AWI-CM-1-1-MR 模式模拟值与观测值的空间相关系数都低于 0.75，其中 CIESM 模式最低，只有 0.64。26 个模式模拟值与台站观测值的空间标准差比值在 0.93~1.8，其中有 10 个模式高于 1.3，尤其是 IPSL-CM6A-LR-INCA 和 FGOALS-g3 模式的比值分别达到 1.75 和 1.8，是模拟值与观测值空间变化差异较大的两个模式。此外，只有 CIESM 模式模拟值与观测值的空间标准差比值低于 1.0，为 0.93。总体上，大多数模式能很好地模拟长江上游的年平均最高气温。

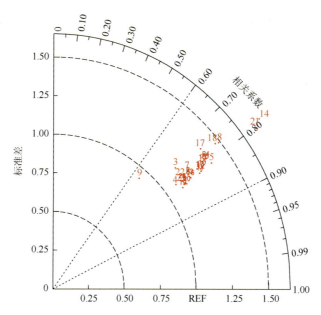

图 5.2.3　26 个模式模拟的长江上游年平均最高气温与台站观测值的泰勒图

图 5.2.4（a）为长江上游春季最高气温的泰勒图。由图 5.2.4（a）可知，CIESM 模式模拟值与台站观测值的空间相关系数最低，只有 0.56，其余 25 个模式的空间相关系数在 0.72～0.82，其中 EC-Earth3 模式达到 0.82，是春季最高气温分布模拟最好的模式。26 个模式模拟值与观测值的空间标准差之比在 0.95～2.0，CIESM 模式的比值小于 1，只有 0.95；其余 25 个模式中，有 15 个模式模拟值与观测值的空间标准差之比大于 1.3，其中 CAS-ESM2-0、IPSL-CM6A-LR-INCA 和 FGOALS-g3 模式的比值分别达到 1.62、1.78 和 2.0，是与观测值振幅差异最大的 3 个模式。

图 5.2.4（b）为长江上游夏季最高气温的泰勒图。由图 5.2.4（b）可知，26 个模式模拟值与台站观测值的空间相关性较春季有所提升，除 CIESM 模式的相关系数只有 0.59 外，其余 25 个模式的相关系数在 0.73～0.84，其中有 17 个模式高于 0.8，尤其是 EC-Earth3 模式达到 0.84，是相关性最好的模式。可见大部分模式都能很好地模拟夏季长江上游最高气温的空间分布。26 个模式模拟值与台站观测值的空间标准差比值在 0.95～1.62，有 2 个模式低于 1.0，为 CIESM 和 INM-CM4-8 模式，都是 0.95。其余 24 个模式中，有 8 个模式模拟值与观测值的空间标准差比值大于 1.3，其中 IPSL-CM6A-LR-INCA 和 FGOALS-g3 分别达到 1.58 和 1.62，是与观测值振幅差别最大的两个模式；其余 16 个模式模拟值与观测值的空间标准差比值在 1.0～1.3。以上表明，大多数模式都能很好地模拟长江上游的夏季最高气温。

图 5.2.4（c）为长江上游秋季最高气温的泰勒图。由图 5.2.4（c）可知，模式模拟值与台站观测值的空间相关系数在 0.73～0.85，其中只有 4 个模式低于 0.8，分别为 CIESM、AWI-CM-1-1-MR、GISS-E2-1-G-CC 和 GISS-E2-2-H，而 CIESM 模式相关系数最低，只有 0.73。其余 22 个模式模拟值与台站观测值的空间相关系数大于 0.8，其中 INM-CM4-8 和 INM-CM5-0 模式达到 0.85，是模拟长江上游秋季最高气温空间分布最好的模式。26 个

模式模拟值与台站观测值的空间标准差比值在 0.82～1.66，其中低于 1 的模式只有 CIESM；其余 25 个模式有 7 个模式的比值高于 1.3，FGOALS-g3 和 IPSL-CM6A-LR-INCA 还分别达到 1.64 和 1.66，是与观测值振幅差别最大的两个模式。大多数模式能够很好地模拟长江上游秋季的最高气温。

　　图 5.2.4（d）为长江上游冬季最高气温的泰勒图。由图 5.2.4（d）可知，长江上游最高气温模式模拟值与台站观测值的空间相关系数在 0.68～0.87，其中有 3 个模式的相关系数低于 0.7，分别为 AWI-CM-1-1-MR、CIESM 和 GISS-E2-1-G-CC，而 GISS-E2-1-G-CC 最低，只有 0.68。其余 23 个模式中，有 10 个模式模拟值与观测值的空间相关系数超过 0.8，尤其是 BCC-ESM1 模式最大，达到 0.87。模式模拟值与台站观测值的空间标准差之比在 0.95～1.58，其中 ACCESS-ESM1-5 和 GFDL-ESM4 模式模拟值与观测值的空间标

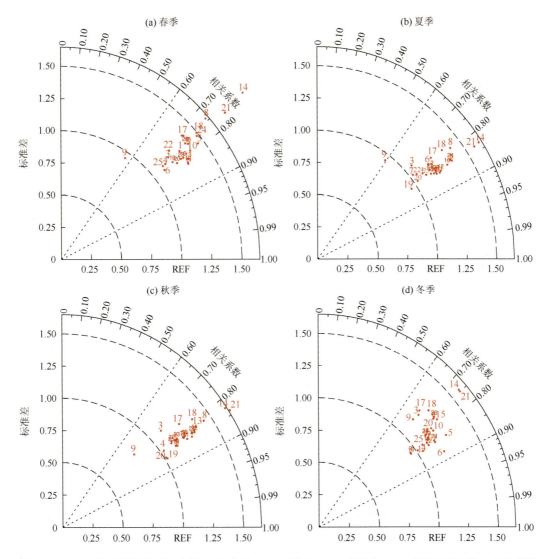

图 5.2.4　26 个模式模拟的长江上游（a）春季、（b）夏季、（c）秋季和（d）冬季最高气温与台站观测值的泰勒图

准差比值低于 1，只有 0.95；其余 24 个模式模拟值与观测值的空间标准差比值都大于 1，其中 22 个模式低于 1.3，只有 FGOALS-g3 和 IPSL-CM6A-LR-INCA 两个模式达到 1.58，是与观测值振幅差别最大的模式。整体上，各模式能够很好地模拟长江上游冬季的最高气温。

5.2.3 气候模式对最低气温模拟能力评估

图 5.2.5 为长江上游年平均最低气温的泰勒图。由图 5.2.5 可知，模式模拟值与台站观测值的空间相关系数在 0.83～0.93，其中 BCC-ESM1 和 CanESM5 这两个模式的相关系数相对较低，但也分别达到 0.83 和 0.86。其余 24 个模式模拟值与观测值的空间相关系数都高于 0.88，其中有 18 个模式达到 0.9 及以上，EC-Earth3 和 EC-Earth3-Veg 模式最高，达到 0.93。可见各模式都能很好地模拟长江上游年平均最低气温的空间分布。模式模拟值与台站观测值的空间标准差比值在 0.85～1.34，其中有 8 个模式的标准差比值低于 1，BCC-ESM1 和 NESM3 甚至还低于 0.9，分别只有 0.87 和 0.85，是比值最低的两个模式；其余 18 个模式中，有 17 个模式模拟值与观测值的空间标准差比值在 1.0～1.3，只有 CIESM 模式高于 1.3，达到 1.34。以上表明，各模式对长江上游年平均最低气温有很好的模拟效果。

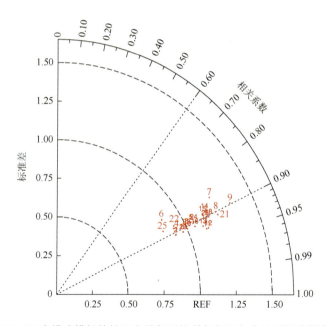

图 5.2.5 26 个模式模拟的长江上游年平均最低气温与台站观测值的泰勒图

图 5.2.6（a）是长江上游春季最低气温的泰勒图。由图 5.2.6（a）可知，长江上游最低气温模式模拟值与台站观测值的空间相关系数在 0.80～0.92，其中有 24 个模式大于 0.85，只有 BCC-ESM1 和 NESM3 这两个模式相对较低，但也分别达到 0.8 和 0.84。有 8 个模式模拟值与观测值的空间相关系数超过 0.9，其中 EC-Earth3 和 EC-Earth3-Veg 模式最高，都达到 0.92，是模拟长江上游春季最低气温空间分布最好的模式。模式模拟值与观测值的空间标准差比值在 0.88～1.47，有 6 个模式低于 1，其中 NESM3 模式比值最小，只有 0.88；

其余 20 个模式中，有 16 个模式模拟值与观测值的空间标准差比值在 1.0～1.3，只有 CanESM5、CIESM、FGOALS-g3 和 IPSL-CM6A-LR-INCA 这 4 个模式的比值大于 1.3，其中 CIESM 最大，达到 1.47。整体上，各模式能够很好地模拟长江上游春季的最低气温。

　　图 5.2.6（b）是长江上游夏季最低气温的泰勒图。由图 5.2.6（b）可知，长江上游最低气温模式模拟值与台站观测值的空间相关系数较春季明显升高，其中有 23 个模式不低于 0.9，EC-Earth3 和 EC-Earth3-Veg 的空间相关系数最高，都达到 0.93。BCC-ESM1、CanESM5 和 NESM3 这 3 个模式低于 0.9，尤其是 BCC-ESM1 只有 0.82，是相关系数相对最低的模式。模式模拟值与观测值的空间标准差比值在 0.93～1.29，其中 INM-CM5-0 和 INM-CM4-8 模式最小，都只有 0.93；比值最大的模式是 IPSL-CM6A-LR-INCA，但也只有 1.29。由此可见，各模式对长江上游夏季最低气温有很好的模拟效果。

　　图 5.2.6（c）是长江上游秋季最低气温的泰勒图。由图 5.2.6（c）可知，长江上游最低气温模式模拟值与台站观测值的空间相关系数在 0.84～0.93，有 20 个模式超过 0.9，其中 EC-Earth3 和 EC-Earth3-Veg 这两个模式相关系数还达到 0.93，是对长江上游秋季最低气温空间分布模拟最好的模式。在 6 个空间相关系数低于 0.9 的模式中，BCC-ESM1 模式相关系数相对最低，只有 0.84。模式模拟值与台站观测值的空间标准差之比在 0.84～1.22，有 12 个模式比值低于 1，尤其还有 7 个模式低于 0.9，其中 BCC-ESM1 模式最小，只有 0.84。模式模拟值与台站观测值的空间标准差之比高于 1 的模式有 14 个，其中 IPSL-CM6A-LR-INCA 模式标准差比值最大，为 1.22。由此可见，各模式都能很好地模拟长江上游秋季的最低气温。

　　图 5.2.6（d）是长江上游冬季最低气温的泰勒图。由图 5.2.6（d）可知，长江上游最低气温模式模拟值与观测值的空间相关系数在 0.84～0.92，其中有 17 个模式低于 0.9，相关系数最低的模式是 BCC-ESM1，为 0.84；9 个模式的空间相关系数高于 0.9，其中 EC-Earth3 和 EC-Earth3-Veg 是最高的两个模式，相关系数都达到 0.92。模式模拟值与台站观测值的空间标准差比值在 0.82～1.44，有 12 个模式高于 1，尤其是 CAS-ESM2-0 和 CIESM 两个模式的比值还高于 1.3，CIESM 模式最大，达到 1.44；其余 14 个模式模拟值

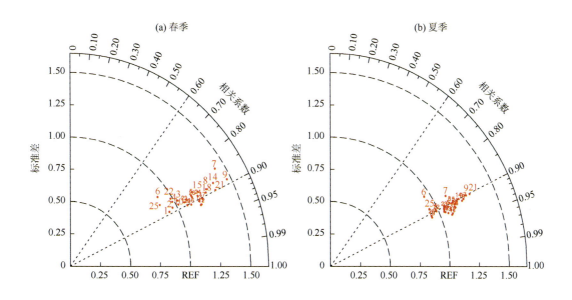

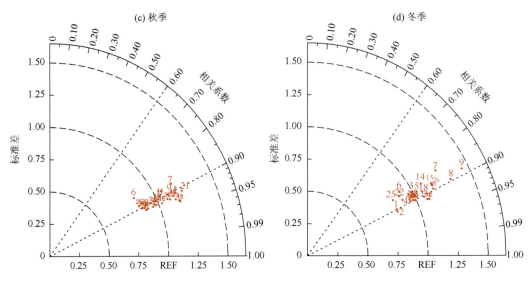

图 5.2.6　26 个模式模拟的长江上游（a）春季、（b）夏季、（c）秋季和（d）冬季最低气温与台站观测值的泰勒图

与台站观测值的空间标准差比值小于 1，有 4 个模式还小于 0.9，分别为 ACCESS-CM2、ACCESS-ESM1-5、MPI-ESM1-2-HAM 和 NESM3 模式，其中 ACCESS-CM2 和 ACCESS-ESM1-5 模式比值最小，都为 0.82。因此，多数模式都能很好地模拟长江上游冬季的最低气温，但各模式总体模拟效果低于其他 3 个季节。

5.2.4　气候模式对气温模拟能力评分

1. 气候模式对年平均气温模拟能力评分

表 5.2.3 是 33 个模式对年平均气温模拟能力的评分排序。从表 5.2.3 可看出，33 个模式的评分在 0.64～0.79，有 28 个模式在 0.72 及以上，其中 19 个模式的评分达到 0.75 及以上，尤其是 INM-CM5-0、INM-CM4-8 和 EC-Earth3 这 3 个模式达到 0.79，是得分最高的模式。有 5 个模式得分低于 0.7，其中最低是 MCM-UA-1-0 和 KACE-1-0-G 这两个模式，评分只有 0.64。总之，各模式对长江上游年平均气温有较好的模拟能力。

表 5.2.3　33 个模式对年平均气温模拟能力的评分排序

序号	模式名称	得分
1	INM-CM5-0	0.79
2	INM-CM4-8	0.79
3	EC-Earth3	0.79
4	EC-Earth3-Veg	0.78
5	CMCC-CM2-SR5	0.78
6	CESM2-WACCM	0.77
7	GFDL-ESM4	0.77

续表

序号	模式名称	得分
8	CAMS-CSM1-0	0.77
9	NorESM2-MM	0.77
10	EC-Earth3-Veg-LR	0.77
11	CESM2	0.77
12	ACCESS-CM2	0.76
13	AWI-CM-1-1-MR	0.76
14	MPI-ESM1-2-HR	0.76
15	BCC-CSM2-MR	0.75
16	ACCESS-ESM1-5	0.75
17	CIESM	0.75
18	TaiESM1	0.75
19	NESM3	0.75
20	MRI-ESM2-0	0.74
21	NorESM2-LM	0.74
22	MPI-ESM1-2-LR	0.73
23	GISS-E2-1-G	0.73
24	FIO-ESM-2-0	0.73
25	IITM-ESM	0.73
26	MIROC6	0.72
27	FGOALS-f3-L	0.72
28	KIOST-ESM	0.72
29	CanESM5	0.69
30	IPSL-CM6A-LR	0.69
31	FGOALS-g3	0.67
32	MCM-UA-1-0	0.64
33	KACE-1-0-G	0.64

表 5.2.4 是 33 个模式对不同季节平均气温模拟能力的评分排序。春季，各模式的评分在 0.58～0.76，其中有 16 个模式大于等于 0.7，EC-Earth3 和 EC-Earth3-Veg 是得分最高的两个模式，都为 0.76，INM-CM5-0 模式评分次之，达到 0.75；其余 17 个模式低于 0.7，其中还有 4 个模式低于 0.6，分别为 CanESM5、MCM-UA-1-0、KACE-1-0-G 和 FGOALS-g3，而最低是 FGOALS-g3 模式，得分仅为 0.58。

夏季，各模式的评分比春季有所升高，分值在 0.61～0.81，其中只有 KACE-1-0-G 和 MCM-UA-1-0 这两个模式低于 0.7，尤其是 MCM-UA-1-0 模式最低，仅为 0.61；其余 31 个模式的评分都大于等于 0.7，其中有 22 个模式还高于 0.75，EC-Earth3 模式最高，达到 0.81，其次是 EC-Earth3-Veg，评分为 0.8，之后有 5 个模式评分为 0.79，这些都是得分比较高的模式。

秋季，各模式的评分又比夏季有所提高，分值在 0.68～0.81，MCM-UA-1-0 模式最低，但也上升到 0.68，其次 KACE-1-0-G 模式为 0.69；其余 31 个模式的评分都高于 0.7，尤其是大于等于 0.8 的模式达到 11 个，其中有 5 个评分还达到 0.81，分别为 CAMS-CSM1-0、INM-CM5-0、GFDL-ESM4、INM-CM4-8 和 CMCC-CM2-SR5，是评分最高的模式。

　　冬季，各模式的评分比秋季有所下降，分值在 0.64～0.81，其中低于 0.7 的模式有 3 个，分别为 FGOALS-g3、KACE-1-0-G 和 MCM-UA-1-0，是评分最低的 3 个模式，尤其是 KACE-1-0-G 和 MCM-UA-1-0 模式最低，都只有 0.64；其余 30 个模式的评分大于等于 0.7，其中还有 15 个模式大于等于 0.75，但只有两个模式大于等于 0.8，即 EC-Earth3 和 EC-Earth3-Veg 模式，EC-Earth3 得分最高，达到 0.81。总之，EC-Earth3 和 EC-Earth3-Veg 这两个模式春季、夏季和冬季三个季节都是评分位列前两位的模式，且秋季和年平均气温的评分也较高。

表 5.2.4　33 个模式对四个季节平均气温模拟能力的评分排序

序号	春季		夏季		秋季		冬季	
	模式名称	得分	模式名称	得分	模式名称	得分	模式名称	得分
1	EC-Earth3	0.76	EC-Earth3	0.81	CAMS-CSM1-0	0.81	EC-Earth3	0.81
2	EC-Earth3-Veg	0.76	EC-Earth3-Veg	0.80	INM-CM5-0	0.81	EC-Earth3-Veg	0.80
3	INM-CM5-0	0.75	EC-Earth3-Veg-LR	0.79	GFDL-ESM4	0.81	CMCC-CM2-SR5	0.79
4	INM-CM4-8	0.74	CMCC-CM2-SR5	0.79	INM-CM4-8	0.81	EC-Earth3-Veg-LR	0.78
5	EC-Earth3-Veg-LR	0.74	INM-CM4-8	0.79	CMCC-CM2-SR5	0.81	CESM2	0.78
6	GFDL-ESM4	0.73	INM-CM5-0	0.79	NorESM2-MM	0.80	CESM2-WACCM	0.78
7	CESM2-WACCM	0.73	CAMS-CSM1-0	0.79	EC-Earth3-Veg	0.80	GFDL-ESM4	0.78
8	CMCC-CM2-SR5	0.73	CESM2-WACCM	0.78	CESM2-WACCM	0.80	INM-CM4-8	0.78
9	NorESM2-MM	0.73	NorESM2-MM	0.78	ACCESS-CM2	0.80	INM-CM5-0	0.78
10	CAMS-CSM1-0	0.72	CESM2	0.78	CESM2	0.80	ACCESS-ESM1-5	0.77
11	CESM2	0.72	TaiESM1	0.78	EC-Earth3	0.80	NorESM2-MM	0.77
12	AWI-CM-1-1-MR	0.72	CIESM	0.78	BCC-CSM2-MR	0.79	BCC-CSM2-MR	0.76
13	MPI-ESM1-2-HR	0.72	FIO-ESM-2-0	0.77	FGOALS-f3-L	0.79	ACCESS-CM2	0.76
14	IITM-ESM	0.71	GFDL-ESM4	0.77	TaiESM1	0.79	NESM3	0.76
15	ACCESS-CM2	0.71	ACCESS-ESM1-5	0.77	ACCESS-ESM1-5	0.79	AWI-CM-1-1-MR	0.76
16	CIESM	0.70	MPI-ESM1-2-HR	0.76	CIESM	0.79	NorESM2-LM	0.75
17	NESM3	0.69	AWI-CM-1-1-MR	0.76	AWI-CM-1-1-MR	0.78	MPI-ESM1-2-HR	0.75
18	BCC-CSM2-MR	0.69	BCC-CSM2-MR	0.76	MRI-ESM2-0	0.78	CIESM	0.75
19	TaiESM1	0.69	NESM3	0.76	MPI-ESM1-2-HR	0.78	MRI-ESM2-0	0.75
20	MPI-ESM1-2-LR	0.69	ACCESS-CM2	0.76	EC-Earth3-Veg-LR	0.78	CAMS-CSM1-0	0.74
21	ACCESS-ESM1-5	0.68	MIROC6	0.76	FIO-ESM-2-0	0.77	MPI-ESM1-2-LR	0.74
22	GISS-E2-1-G	0.68	NorESM2-LM	0.76	NESM3	0.77	TaiESM1	0.74
23	MRI-ESM2-0	0.68	MPI-ESM1-2-LR	0.75	NorESM2-LM	0.77	IITM-ESM	0.74
24	FIO-ESM-2-0	0.68	MRI-ESM2-0	0.75	KIOST-ESM	0.77	GISS-E2-1-G	0.73
25	MIROC6	0.67	KIOST-ESM	0.75	GISS-E2-1-G	0.76	KIOST-ESM	0.73
26	NorESM2-LM	0.66	FGOALS-f3-L	0.74	MPI-ESM1-2-LR	0.75	FGOALS-f3-L	0.72
27	FGOALS-f3-L	0.65	IITM-ESM	0.74	MIROC6	0.75	MIROC6	0.72
28	KIOST-ESM	0.65	CanESM5	0.73	FGOALS-g3	0.74	FIO-ESM-2-0	0.71

序号	春季		夏季		秋季		冬季	
	模式名称	得分	模式名称	得分	模式名称	得分	模式名称	得分
29	IPSL-CM6A-LR	0.63	GISS-E2-1-G	0.72	IITM-ESM	0.74	CanESM5	0.71
30	CanESM5	0.59	FGOALS-g3	0.71	CanESM5	0.74	IPSL-CM6A-LR	0.70
31	MCM-UA-1-0	0.59	IPSL-CM6A-LR	0.70	IPSL-CM6A-LR	0.72	FGOALS-g3	0.68
32	KACE-1-0-G	0.59	KACE-1-0-G	0.66	KACE-1-0-G	0.69	KACE-1-0-G	0.64
33	FGOALS-g3	0.58	MCM-UA-1-0	0.61	MCM-UA-1-0	0.68	MCM-UA-1-0	0.64

2. 气候模式对年平均最高气温模拟能力评分

表 5.2.5 是 26 个模式对长江上游年平均最高气温模拟能力的评分排序。相对于年平均气温，模式对年平均最高气温的模拟评分有所降低，分值在 0.45～0.66，其中有 16 个模式的评分大于等于 0.6，最高的 3 个模式是 INM-CM4-8、INM-CM5-0 和 BCC-ESM1，分别为 0.66、0.65 和 0.65。有 10 个模式的评分低于 0.6，其中 IPSL-CM6A-LR-INCA、FGOALS-g3 和 CIESM 是最低的 3 个模式，分别只有 0.49、0.46 和 0.45。可见各模式对长江上游年平均最高气温的模拟效果虽有降低，但也都有一定的模拟能力。

表 5.2.5　26 个模式对长江上游年平均最高气温模拟能力的评分排序

序号	模式名称	得分
1	INM-CM4-8	0.66
2	INM-CM5-0	0.65
3	BCC-ESM1	0.65
4	GFDL-ESM4	0.64
5	NESM3	0.63
6	AWI-ESM-1-1-LR	0.63
7	EC-Earth3	0.63
8	MPI-ESM1-2-HR	0.63
9	EC-Earth3-Veg	0.62
10	ACCESS-ESM1-5	0.62
11	EC-Earth3-Veg-LR	0.61
12	CMCC-ESM2	0.61
13	MPI-ESM1-2-HAM	0.61
14	ACCESS-CM2	0.61
15	BCC-CSM2-MR	0.60
16	CanESM5	0.60
17	FIO-ESM-2-0	0.59
18	SAMO-UNICON	0.59
19	MRI-ESM2-0	0.58
20	AWI-CM-1-1-MR	0.55
21	GISS-E2-1-G-CC	0.53

序号	模式名称	得分
22	GISS-E2-2-H	0.53
23	CAS-ESM2-0	0.53
24	IPSL-CM6A-LR-INCA	0.49
25	FGOALS-g3	0.46
26	CIESM	0.45

表 5.2.6 是 26 个模式对不同季节最高温度模拟能力的评分排序。春季，各模式对最高温度的模拟评分在 0.37～0.64，其中有 8 个模式大于等于 0.6，EC-Earth3 和 EC-Earth3-Veg 是评分最高的 2 个模式，分别为 0.64 和 0.63。分值低于 0.6 的模式有 18 个，其中还有 5 个模式低于 0.5，尤其是 FGOALS-g3 和 CMCC-ESM2 模式只有 0.39 和 0.37，是评分最低的两个模式。

夏季，各个模式的评分与春季相比有所提高，分值在 0.4～0.69，其中有 19 个模式高于 0.6，INM-CM4-8 模式最高，达到 0.69，其次 EC-Earth3-Veg-LR、EC-Earth3 和 CMCC-ESM2 这 3 个模式都为 0.68，也是评分较高的模式。评分低于 0.6 的 7 个模式中，CIESM 模式最低，只有 0.4，其次 AWI-CM-1-1-MR 和 FGOALS-g3，都为 0.56，是评分较低的两个模式。

秋季，模式的评分进一步提高到 0.53～0.74，只有 6 个模式分值低于 0.6，CIESM 模式为 0.53，是得分最低的模式，其次 FGOALS-g3 模式评分也为 0.55，IPSL-CM6A-LR-INCA 和 AWI-CM-1-1-MR 这两个模式的评分也较低，只有 0.56。20 个评分大于等于 0.6 的模式中，INM-CM4-8 和 INM-CM5-0 是两个高于 0.7 的模式，分别为 0.74 和 0.73，其次 ACCESS-ESM1-5、BCC-ESM1 和 GFDL-ESM4 也达到 0.69，这几个是评分排序较高的模式。

冬季，各模式的评分在 0.47～0.75，得分低于 0.6 的模式有 9 个，其中 FGOALS-g3 最低，只有 0.47，其次是 IPSL-CM6A-LR-INCA 和 GISS-E2-1-G-CC 模式，都为 0.48。其余 17 个模式评分大于等于 0.6，尤其是 BCC-ESM1 和 AWI-ESM-1-1-LR 分别达到 0.75 和 0.70，是评分排序前两位的模式，其后是 CanESM5 和 MPI-ESM1-2-HAM 模式，都达到 0.68，也是评分较高的模式。总之，各个模式在不同季节的表现并不尽相同，不同模式不同季节的评分排序也不相同。

表 5.2.6　26 个模式对长江上游四个季节最高气温模拟能力的评分排序

序号	春季		夏季		秋季		冬季	
	模式名称	得分	模式名称	得分	模式名称	得分	模式名称	得分
1	EC-Earth3	0.64	INM-CM4-8	0.69	INM-CM4-8	0.74	BCC-ESM1	0.75
2	EC-Earth3-Veg	0.63	EC-Earth3-Veg-LR	0.68	INM-CM5-0	0.73	AWI-ESM-1-1-LR	0.70
3	BCC-ESM1	0.62	EC-Earth3	0.68	ACCESS-ESM1-5	0.69	CanESM5	0.68
4	INM-CM5-0	0.62	CMCC-ESM2	0.68	BCC-ESM1	0.69	MPI-ESM1-2-HAM	0.68
5	EC-Earth3-Veg-LR	0.62	EC-Earth3-Veg	0.67	GFDL-ESM4	0.69	ACCESS-CM2	0.67
6	MPI-ESM1-2-HR	0.60	SAMO-UNICON	0.67	AWI-ESM-1-1-LR	0.68	MPI-ESM1-2-HR	0.67

续表

序号	春季		夏季		秋季		冬季	
	模式名称	得分	模式名称	得分	模式名称	得分	模式名称	得分
7	GFDL-ESM4	0.60	FIO-ESM-2-0	0.67	ACCESS-CM2	0.68	EC-Earth3	0.67
8	INM-CM4-8	0.60	INM-CM5-0	0.67	BCC-CSM2-MR	0.67	GFDL-ESM4	0.66
9	NESM3	0.59	NESM3	0.66	NESM3	0.67	BCC-CSM2-MR	0.66
10	AWI-ESM-1-1-LR	0.59	GFDL-ESM4	0.65	SAMO-UNICON	0.66	NESM3	0.66
11	CMCC-ESM2	0.58	MPI-ESM1-2-HR	0.65	CanESM5	0.66	ACCESS-ESM1-5	0.65
12	AWI-CM-1-1-MR	0.56	AWI-ESM-1-1-LR	0.65	FIO-ESM-2-0	0.66	EC-Earth3-Veg	0.65
13	ACCESS-CM2	0.56	ACCESS-ESM1-5	0.64	CMCC-ESM2	0.66	EC-Earth3-Veg-LR	0.64
14	BCC-CSM2-MR	0.55	BCC-CSM2-MR	0.64	MPI-ESM1-2-HAM	0.65	MRI-ESM2-0	0.62
15	FIO-ESM-2-0	0.54	ACCESS-CM2	0.63	MPI-ESM1-2-HR	0.65	INM-CM4-8	0.62
16	ACCESS-ESM1-5	0.54	MPI-ESM1-2-HAM	0.63	EC-Earth3-Veg	0.65	CMCC-ESM2	0.62
17	SAMO-UNICON	0.54	MRI-ESM2-0	0.63	MRI-ESM2-0	0.65	INM-CM5-0	0.60
18	MPI-ESM1-2-HAM	0.53	BCC-ESM1	0.62	EC-Earth3	0.64	FIO-ESM-2-0	0.57
19	MRI-ESM2-0	0.52	CanESM5	0.62	EC-Earth3-Veg-LR	0.62	CAS-ESM2-0	0.56
20	GISS-E2-2-H	0.50	GISS-E2-1-G-CC	0.59	CAS-ESM2-0	0.60	SAMO-UNICON	0.55
21	CanESM5	0.50	IPSL-CM6A-LR-INCA	0.58	GISS-E2-1-G-CC	0.58	GISS-E2-2-H	0.51
22	GISS-E2-1-G-CC	0.49	CAS-ESM2-0	0.57	GISS-E2-2-H	0.58	CIESM	0.50
23	CAS-ESM2-0	0.46	GISS-E2-2-H	0.57	AWI-CM-1-1-MR	0.56	AWI-CM-1-1-MR	0.50
24	IPSL-CM6A-LR-INCA	0.45	AWI-CM-1-1-MR	0.56	IPSL-CM6A-LR-INCA	0.56	GISS-E2-1-G-CC	0.48
25	FGOALS-g3	0.39	FGOALS-g3	0.56	FGOALS-g3	0.55	IPSL-CM6A-LR-INCA	0.48
26	CMCC-ESM2	0.37	CIESM	0.40	CIESM	0.53	FGOALS-g3	0.47

3. 气候模式对年平均最低气温模拟能力评分

表 5.2.7 是 26 个模式对长江上游年平均最低气温模拟能力的评分排序。由表 5.2.7 可知，各模式对长江上游最低气温的模拟能力显著高于最高气温，评分在 0.70～0.85，其中有 16 个模式大于等于 0.80，评分最高的是 EC-Earth3 和 EC-Earth3-Veg 这两个模式，都达到 0.85，EC-Earth3-Veg-LR 模式次之，排第三位，评分达到 0.84。低于 0.8 的模式有 10 个，最低是 BCC-ESM1 模式，但评分也达到 0.70，其次是 CanESM5 和 CIESM 模式，评分分别为 0.72 和 0.74，排倒数第二和第三。总体上，各模式对长江上游年平均最低气温都具有较好的模拟能力。

表 5.2.7　26 个模式对长江上游年平均最低气温模拟能力的评分排序

序号	模式名称	得分
1	EC-Earth3	0.85
2	EC-Earth3-Veg	0.85

序号	模式名称	得分
3	EC-Earth3-Veg-LR	0.84
4	INM-CM4-8	0.83
5	INM-CM5-0	0.83
6	GFDL-ESM4	0.83
7	CMCC-ESM2	0.83
8	GISS-E2-1-G-CC	0.82
9	ACCESS-ESM1-5	0.82
10	ACCESS-CM2	0.82
11	MPI-ESM1-2-HR	0.81
12	AWI-CM-1-1-MR	0.81
13	MRI-ESM2-0	0.81
14	SAMO-UNICON	0.80
15	BCC-CSM2-MR	0.80
16	GISS-E2-2-H	0.80
17	IPSL-CM6A-LR-INCA	0.79
18	AWI-ESM-1-1-LR	0.79
19	FIO-ESM-2-0	0.78
20	CAS-ESM2-0	0.78
21	MPI-ESM1-2-HAM	0.77
22	FGOALS-g3	0.77
23	NESM3	0.75
24	CIESM	0.74
25	CanESM5	0.72
26	BCC-ESM1	0.70

　　表 5.2.8 是 26 个模式对长江上游四个季节最低气温模拟能力的评分排序。春季，各个模式的评分在 0.64~0.82，其中只有 CanESM5、BCC-ESM1 和 CIESM 低于 0.7，分别为 0.64、0.66 和 0.69，是评分最低的 3 个模式。其余 23 个评分超过 0.7 的模式中，有 6 个模式大于等于 0.8，尤其是 EC-Earth3 和 EC-Earth3-Veg 达到 0.82，是评分最高的模式，此外，还有 3 个模式达到 0.81，也是评分较高的模式。

　　夏季，各模式的评分与春季相比有所提高，分值在 0.69~0.86，只有 1 个模式低于 0.7，即 BCC-ESM1 模式，为 0.69。其余 25 个模式评分都高于 0.75，其中 19 个模式还大于等于 0.8，EC-Earth3 和 EC-Earth3-Veg 是评分最高的模式，都达到 0.86，其次，EC-Earth3-Veg-LR 模式评分也较高，达到 0.85。

　　秋季，各模式的评分在 0.70~0.85，其中只有 BCC-ESM1、CanESM5 和 NESM3 这 3 个模式低于 0.8，分别为 0.70、0.76 和 0.77。其余 23 个模式评分都大于等于 0.8，EC-Earth3-Veg 模式最高，达到 0.85，其次还有 6 个得分 0.84，也是评分较高的模式。

　　冬季，各模式的评分与秋季相比有所降低，分值在 0.69~0.84，其中低于 0.8 的模式有 17 个，尤其是 CIESM 为 0.69，是评分最低的模式。大于等于 0.8 的模式有 9 个，其中 EC-Earth3-Veg 和 EC-Earth3 这两个模式评分最高，都达到 0.84，其次是 EC-Earth3-Veg-LR、GISS-E2-1-G-CC 和 INM-CM5-0，这 3 个模式评分都为 0.82。总体上，各模式对长江上游最低气温模拟的性能较好，评分稳定，如 EC-Earth3 和 EC-Earth3-Veg 等模式四个季节评分都较高，而 CIESM、BCC-ESM1 和 CanESM5 模式评分较低。

表 5.2.8 26 个模式对长江上游四个季节最低气温模拟能力的评分排序

序号	春季		夏季		秋季		冬季	
	模式名称	得分	模式名称	得分	模式名称	得分	模式名称	得分
1	EC-Earth3	0.82	EC-Earth3	0.86	EC-Earth3-Veg	0.85	EC-Earth3-Veg	0.84
2	EC-Earth3-Veg	0.82	EC-Earth3-Veg	0.86	EC-Earth3	0.84	EC-Earth3	0.84
3	GFDL-ESM4	0.81	EC-Earth3-Veg-LR	0.85	GFDL-ESM4	0.84	EC-Earth3-Veg-LR	0.82
4	INM-CM5-0	0.81	CMCC-ESM2	0.84	CMCC-ESM2	0.84	GISS-E2-1-G-CC	0.82
5	INM-CM4-8	0.81	ACCESS-ESM1-5	0.84	EC-Earth3-Veg-LR	0.84	INM-CM5-0	0.82
6	EC-Earth3-Veg-LR	0.80	AWI-CM-1-1-MR	0.84	AWI-CM-1-1-MR	0.84	CMCC-ESM2	0.81
7	ACCESS-CM2	0.79	INM-CM4-8	0.83	GISS-E2-1-G-CC	0.84	GFDL-ESM4	0.81
8	MPI-ESM1-2-HR	0.79	ACCESS-CM2	0.83	MPI-ESM1-2-HR	0.83	ACCESS-ESM1-5	0.80
9	GISS-E2-1-G-CC	0.79	GFDL-ESM4	0.83	SAMO-UNICON	0.83	INM-CM4-8	0.80
10	CMCC-ESM2	0.79	SAMO-UNICON	0.82	ACCESS-CM2	0.83	MRI-ESM2-0	0.79
11	ACCESS-ESM1-5	0.79	INM-CM5-0	0.82	ACCESS-ESM1-5	0.83	GISS-E2-2-H	0.79
12	MRI-ESM2-0	0.77	MPI-ESM1-2-HR	0.82	GISS-E2-2-H	0.82	IPSL-CM6A-LR-INCA	0.79
13	SAMO-UNICON	0.77	BCC-CSM2-MR	0.82	MRI-ESM2-0	0.82	MPI-ESM1-2-HR	0.79
14	BCC-CSM2-MR	0.76	MPI-ESM1-2-HAM	0.82	INM-CM4-8	0.81	ACCESS-CM2	0.78
15	AWI-CM-1-1-MR	0.76	MRI-ESM2-0	0.81	BCC-CSM2-MR	0.81	BCC-CSM2-MR	0.77
16	GISS-E2-2-H	0.76	AWI-ESM-1-1-LR	0.81	CAS-ESM2-0	0.81	SAMO-UNICON	0.77
17	FIO-ESM-2-0	0.75	FIO-ESM-2-0	0.81	FIO-ESM-2-0	0.81	AWI-ESM-1-1-LR	0.77
18	AWI-ESM-1-1-LR	0.75	CAS-ESM2-0	0.80	INM-CM5-0	0.80	AWI-CM-1-1-MR	0.76
19	IPSL-CM6A-LR-INCA	0.74	GISS-E2-2-H	0.80	MPI-ESM1-2-HAM	0.80	FIO-ESM-2-0	0.76
20	CAS-ESM2-0	0.74	GISS-E2-1-G-CC	0.79	AWI-ESM-1-1-LR	0.80	CAS-ESM2-0	0.75
21	MPI-ESM1-2-HAM	0.73	FGOALS-g3	0.79	IPSL-CM6A-LR-INCA	0.80	FGOALS-g3	0.74
22	FGOALS-g3	0.71	NESM3	0.78	CIESM	0.80	MPI-ESM1-2-HAM	0.73
23	NESM3	0.71	CIESM	0.77	FGOALS-g3	0.80	NESM3	0.71
24	CIESM	0.69	IPSL-CM6A-LR-INCA	0.77	NESM3	0.77	BCC-ESM1	0.71
25	BCC-ESM1	0.66	CanESM5	0.76	CanESM5	0.76	CanESM5	0.70
26	CanESM5	0.64	BCC-ESM1	0.69	BCC-ESM1	0.70	CIESM	0.69

5.2.5　优选气候模式的温度模拟效果

1. 优选气候模式的平均气温模拟效果

为了更好地对长江上游未来气温变化进行预估,在 5.2.4 节各模式评分结果的基础上,挑选模拟能力强的模式进行未来情景预估。根据以下三个条件:①年平均气温评分排序位于前百分之五十;②春、夏、秋和冬四个季节评分之和也位于前百分之五十;③模式评分需在三个及以上季节位于前百分之五十,选择确定模拟长江上游平均气温较好的 13 个代表模式,即 INM-CM4-8、INM-CM5-0、EC-Earth3、EC-Earth3-Veg、CMCC-CM2-SR5、CESM2-WACCM、GFDL-ESM4、CAMS-CSM1-0、NorESM2-MM、EC-Earth3-Veg-LR、CESM2、ACCESS-CM2 和 ACCESS-ESM1-5,来进行未来气温变化预估。

图 5.2.7 是台站观测值、13 个模式模拟和多模式集合平均的长江上游年平均气温的空间分布。从图 5.2.7 可看到,13 个模式及其多模式集合平均都能很好地模拟长江上游年平均气温的空间分布,表现出气温从西北向东南增温的特征,并且能很好地模拟出青海年平均气温低于 0℃,广西北部存在平均气温高值区的特征。此外,大多数模式和多模式集合平均还能很好地模拟出四川宜宾市到重庆西部的高值区,尤其是 EC-Earth3、CMCC-CM2-SR5、CESM2-WACCM、CESM2 和 ACCESS-CM2 模式的模拟值与观测值更加接近。值得注意的是,所有模式和多模式集合平均对西藏年平均气温的模拟结果都不

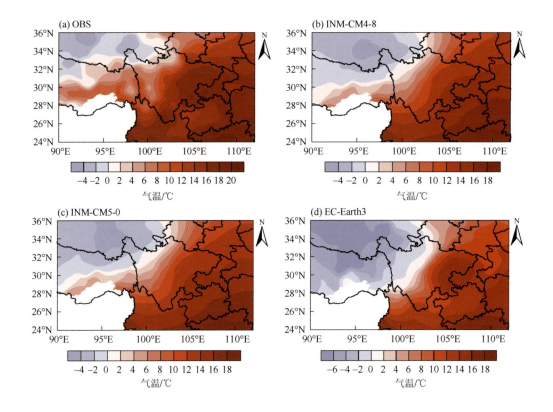

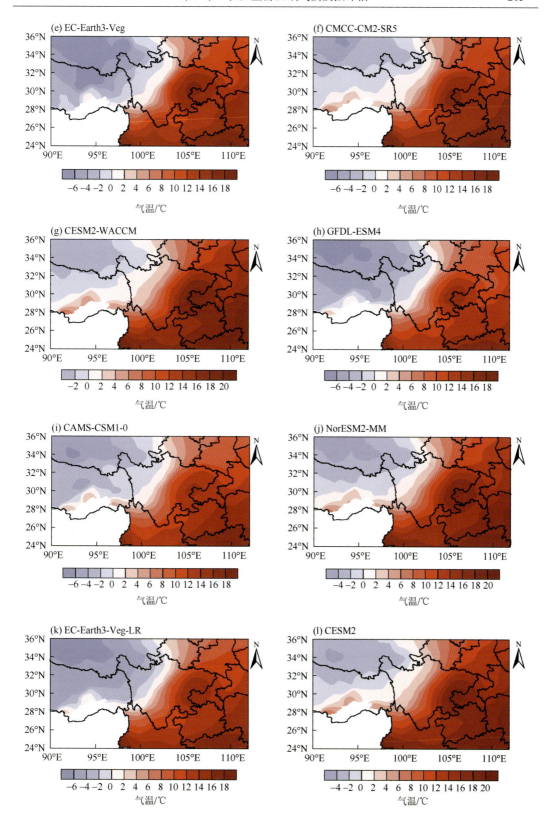

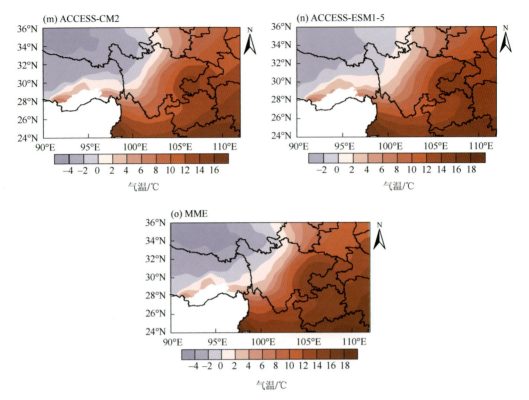

图 5.2.7　长江上游观测（a）OBS 与（b～n）CMIP6 模式 13 个代表模式和（o）多模式集合平均模拟的
1990～2014 年平均气温气候态的空间分布

够准确，如观测值表明西藏年平均气温只有西北部少部分区域低于 0℃，但模式模拟结果都是西藏北部那曲市和昌都市等年平均气温低于 0℃，尤其是 EC-Earth3、EC-Earth3-Veg、GFDL-ESM4、CAMS-CSM1-0 和 EC-Earth3-Veg-LR 模式模拟的年平均气温低于 0℃范围更大。总体上，所选模式都能很好地模拟长江上游年平均气温的空间分布。

　　图 5.2.8 是台站观测值、13 个模式模拟和多模式集合平均的长江上游春季平均气温的空间分布。春季，所有模式和多模式集合平均都能很好地模拟长江上游平均气温由西北向东南递增的空间分布，并且能很好地模拟出广西北部的高值区和青海三江源的低值区。此外，EC-Earth3、EC-Earth3-Veg、CMCC-CM2-SR5、CESM2-WACCM、GFDL-ESM4、EC-Earth3-Veg-LR、CESM2、ACCESS-CM2 和 ACCESS-ESM1-5 模式和多模式集合平均还能很好地模拟出四川宜宾市到重庆西部的高值区。同样，所有模式和多模式集合平均对西藏的模拟效果都较差，尤其是 EC-Earth3、EC-Earth3-Veg、GFDL-ESM4 和 EC-Earth3-Veg-LR 模式模拟出西藏春季平均气温以低于 0℃为主，但观测值是高于 0℃。

　　图 5.2.9 是台站观测值、13 个模式模拟和多模式集合平均的长江上游夏季平均气温的空间分布。夏季，所有模式和多模式集合平均都能模拟出平均气温自西北向东南增温的空间分布，以及广西北部和湖南西部是高值区，三江源是低值区，除 INM-CM5-0、INM-CM4-8 和 ACCESS-ESM1-5 以外，其余模式都能很好地模拟出四川宜宾市到重庆西部的平均气温高值区。

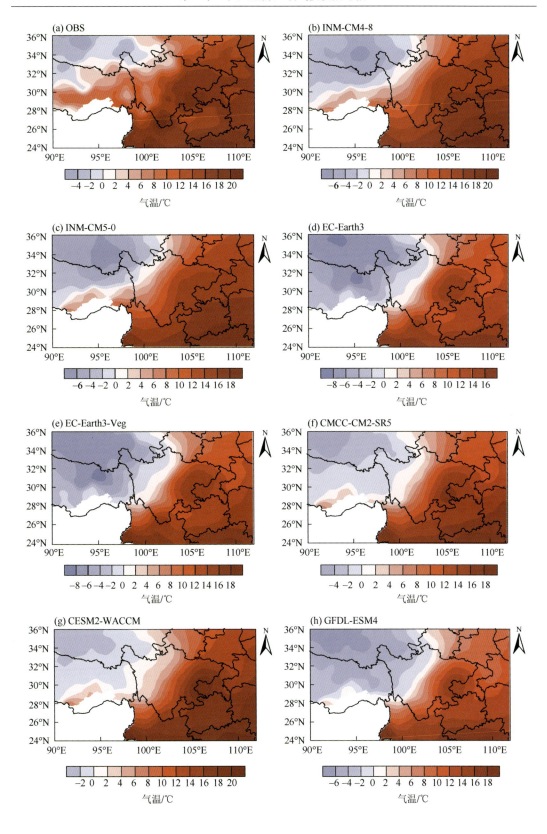

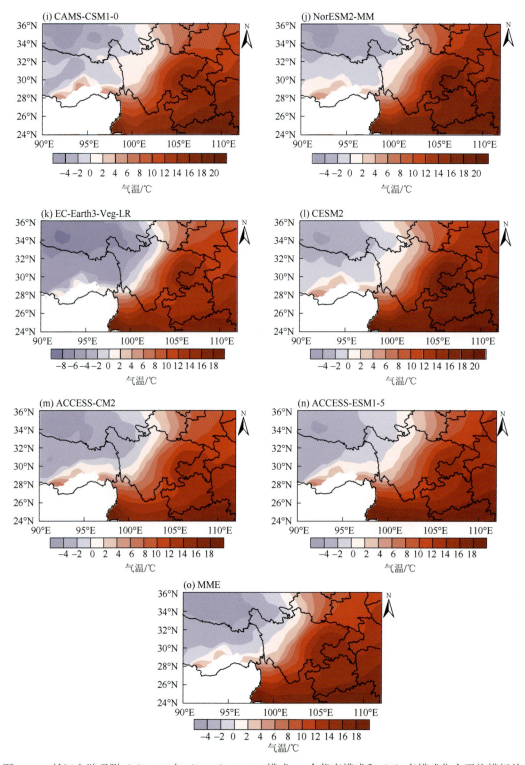

图 5.2.8　长江上游观测（a）OBS 与（b～n）CMIP6 模式 13 个代表模式和（o）多模式集合平均模拟的
1990～2014 年春季平均气温气候态的空间分布

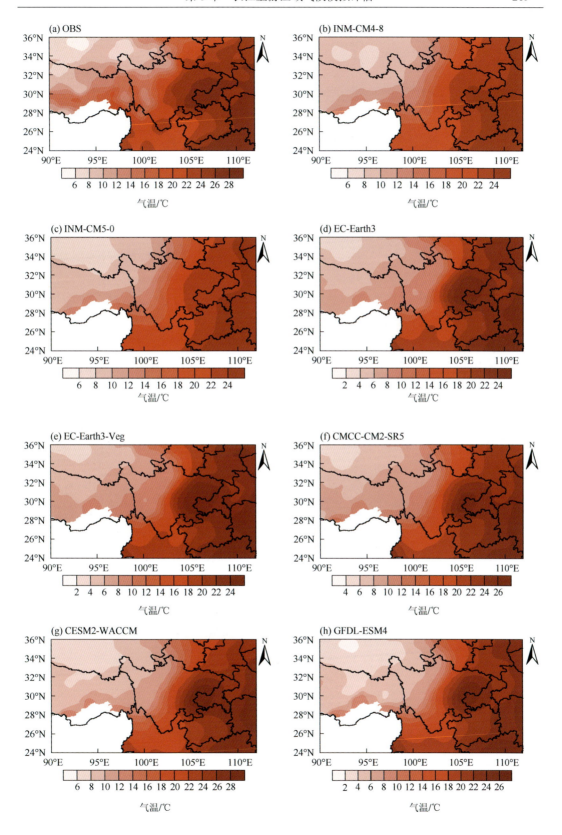

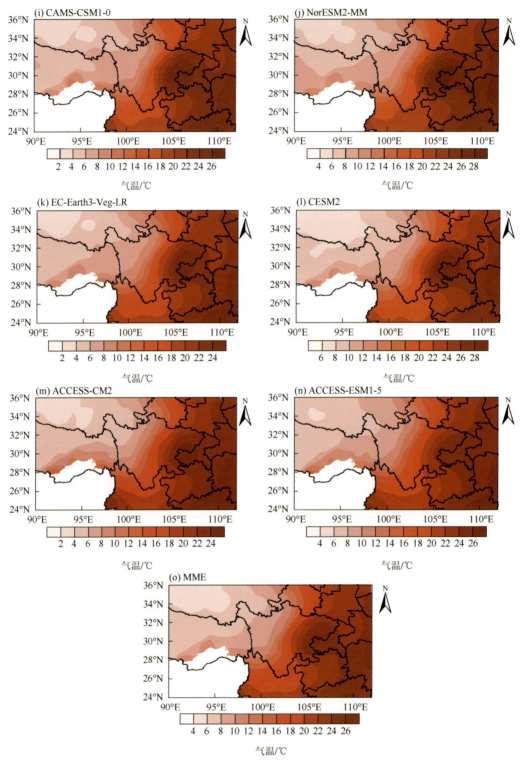

图 5.2.9　长江上游观测（a）OBS 与（b～n）CMIP6 模式 13 个代表模式和（o）多模式集合平均模拟的
1990～2014 年夏季平均气温气候态的空间分布

　　图 5.2.10 是台站观测值、13 个模式模拟和多模式集合平均的长江上游秋季平均气温的空间分布。秋季，各模式和多模式集合平均能很好地模拟长江上游平均气温自西北向东南增温的空间分布，并且大多数模式和多模式集合平均都模拟出四川宜宾市到重庆的平均气温高值区，只有 INM-CM5-0 和 INM-CM4-8 这两个模式模拟效果较差。此外，大多数模式对西藏平均气温的模拟效果较差，尤其是 EC-Earth3、EC-Earth3-Veg、GFDL-ESM4、CAMS-CSM1-0 和 EC-Earth3-Veg-LR 等模式都过度夸大西藏低于 0℃ 的范围。

　　图 5.2.11 是台站观测值、13 个模式模拟和多模式集合平均的长江上游冬季平均气温的空间分布。冬季，所有模式和多模式集合平均都能很好地模拟出平均气温由西北向东

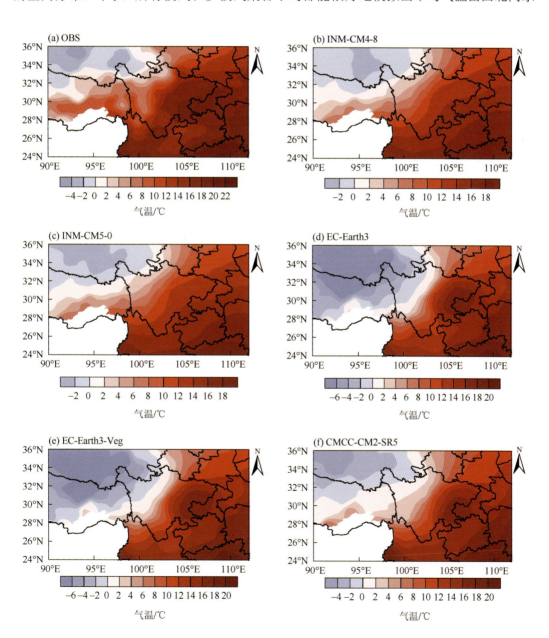

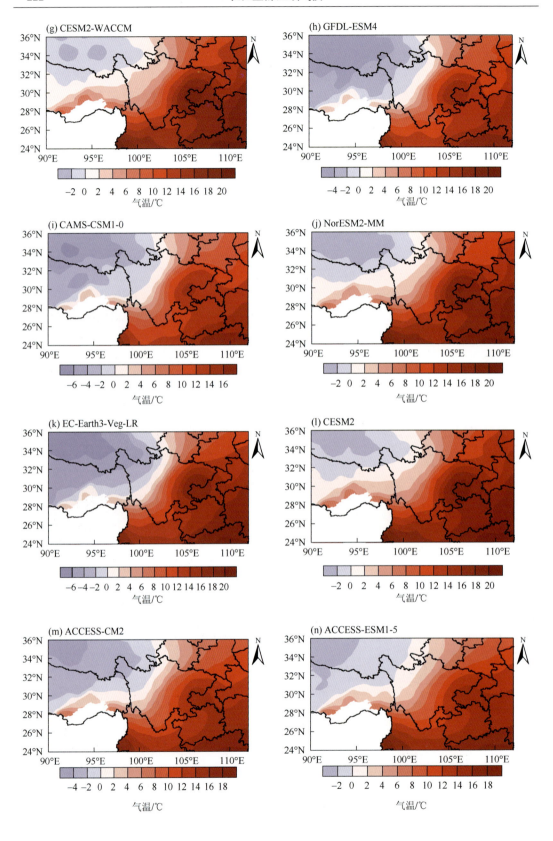

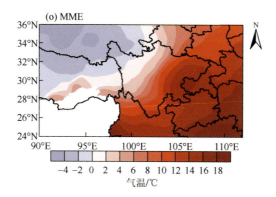

图 5.2.10　长江上游观测（a）OBS 与（b~n）CMIP6 模式 13 个代表模式和（o）多模式集合平均模拟的 1990~2014 年秋季平均气温气候态的空间分布

南增温的空间分布，也能很好地模拟出平均气温的高、低值区，如高于 0℃的四川中东部、贵州、云南北部、广西北部、重庆、湖南和湖北西部等，低于 0℃的西藏、青海、甘肃南部和川西高原等。但 INM-CM5-0 和 INM-CM4-8 模式未能很好地模拟出四川宜宾市到重庆的高值区。

　　总体上，13 个代表模式和多模式集合平均都能很好地模拟长江上游四个季节平均温度的空间分布。

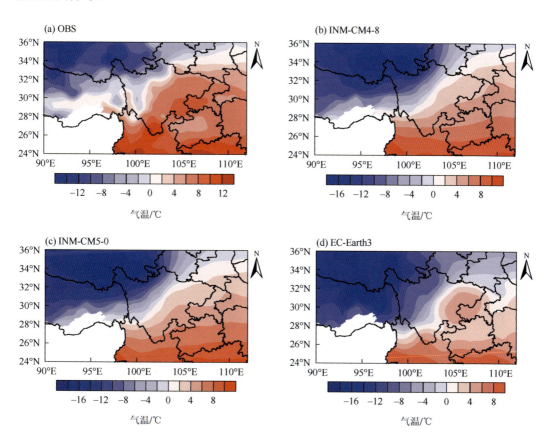

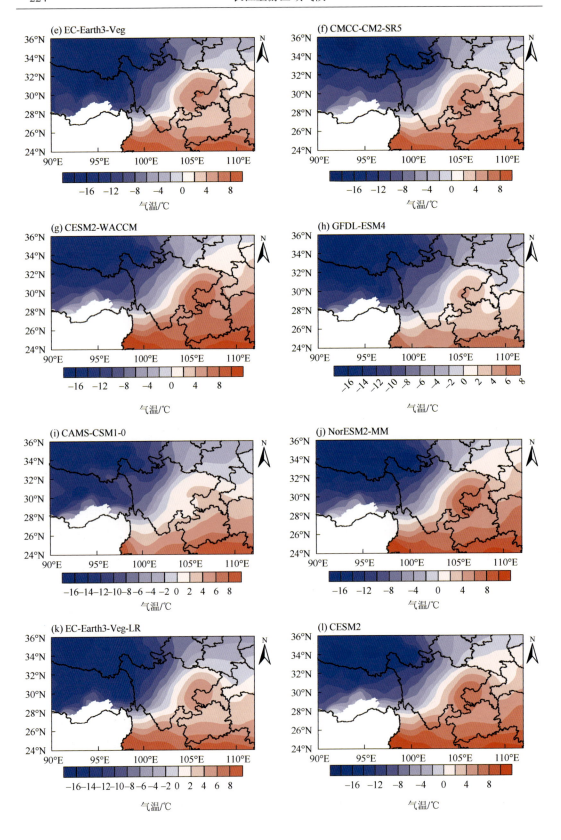

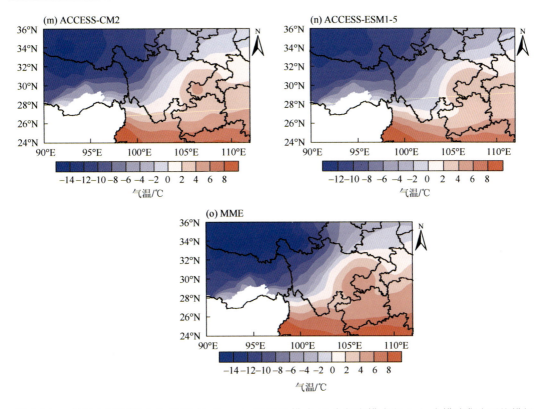

图 5.2.11　长江上游观测（a）OBS 与（b~n）CMIP6 模式 13 个代表模式和（o）多模式集合平均模拟的 1990~2014 年冬季平均气温气候态的空间分布

2. 优选气候模式的年平均最高气温模拟效果

在 5.2.4 节各模式对最高气温与最低气温评分的基础上，根据年平均最高气温与最低气温评分排序同时位于前百分之五十，春、夏、秋和冬四个季节最高与最低气温评分之和也位于前百分之五十，并且模式评分三个及以上季节位于前百分之五十的标准，选择确定模拟长江上游最高气温与最低气温较好的 8 个代表模式，即 EC-Earth3、EC-Earth3-Veg、EC-Earth3-Veg-LR、INM-CM4-8、INM-CM5-0、GFDL-ESM4、CMCC-ESM2 和 MPI-ESM1-2-HR，进行未来气温变化预估。

图 5.2.12 是台站观测值、8 个模式模拟和多模式集合平均的长江上游年平均最高气温的空间分布。各模式能很好地模拟年平均最高气温由西北向东南递增的空间分布，也能模拟出青海三江源为最高气温低值区，但 EC-Earth3、EC-Earth3-Veg、EC-Earth3-Veg-LR、GFDL-ESM4 和 CMCC-ESM2 等模式模拟的三江源气温低于 0℃。大多数模式能很好地模拟出最高气温的高值区，但 INM-CM4-8 和 INM-CM5-0 模式不能很好地模拟四川宜宾市到重庆的高值区。多模式集合平均能很好地模拟长江上游年平均最高气温的分布。

春季（图 5.2.13），所有模式和多模式集合平均能很好地模拟长江上游最高气温的空间分布，都反映出由西北向东南增温的基本特征，也都能很好地模拟出青海和西藏那曲

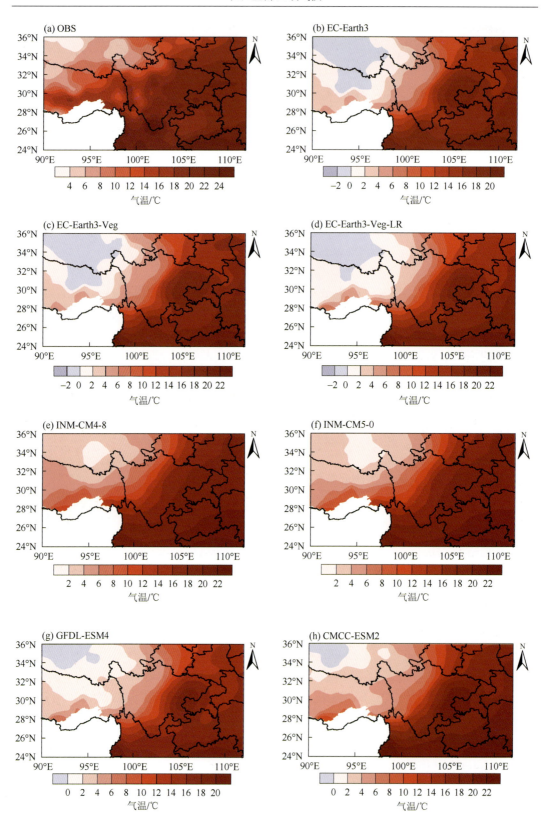

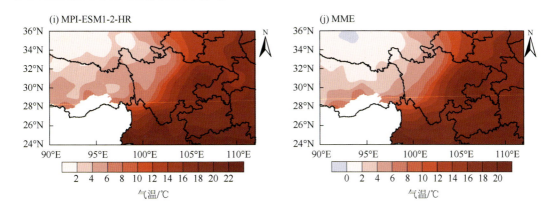

图 5.2.12　长江上游观测（a）OBS 与（b～i）CMIP6 模式 8 个代表模式和（j）多模式集合平均模拟的 1990～2014 年平均最高气温气候态的空间分布

市等最高气温的低值区，但 EC-Earth3、EC-Earth3-Veg、EC-Earth3-Veg-LR、GFDL-ESM4 和 CMCC-ESM2 等模式低估青海和西藏那曲市等的最高气温，模拟结果都低于 0℃。各模式对最高气温高值区的模拟较好，尤其是对云南北部、广西北部和四川宜宾市到重庆高值区的模拟效果较好。

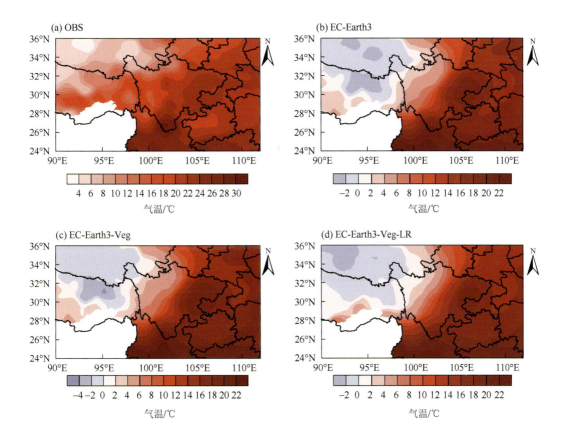

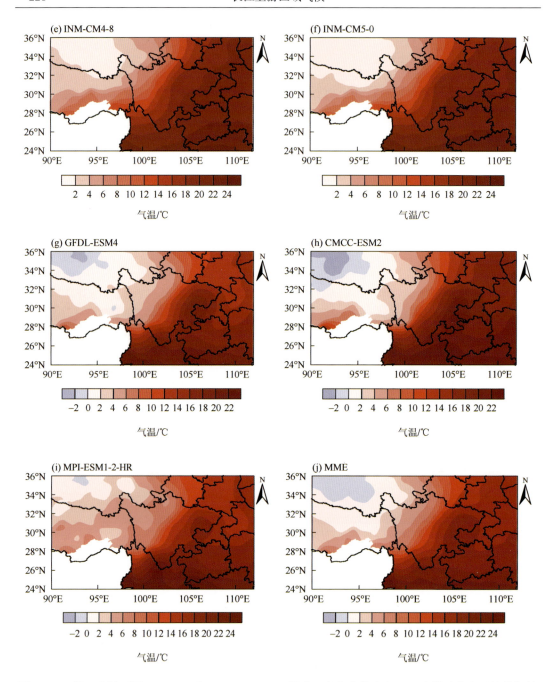

图 5.2.13　长江上游观测（a）OBS 与（b~i）CMIP6 模式 8 个代表模式和（j）多模式集合平均模拟的
1990~2014 年春季最高气温气候态的空间分布

　　夏季（图 5.2.14），所有模式和多模式集合平均都能很好地模拟长江上游最高气温的
空间分布，表现出与观测结果的一致性，最高气温都是由西北向东南增温，最低区域在
青海三江源，最高区域在广西北部。此外，除 INM-CM4-8 和 INM-CM5-0 以外，其余模
式和多模式集合平均都能很好地模拟出四川东部到重庆的最高气温高值区。

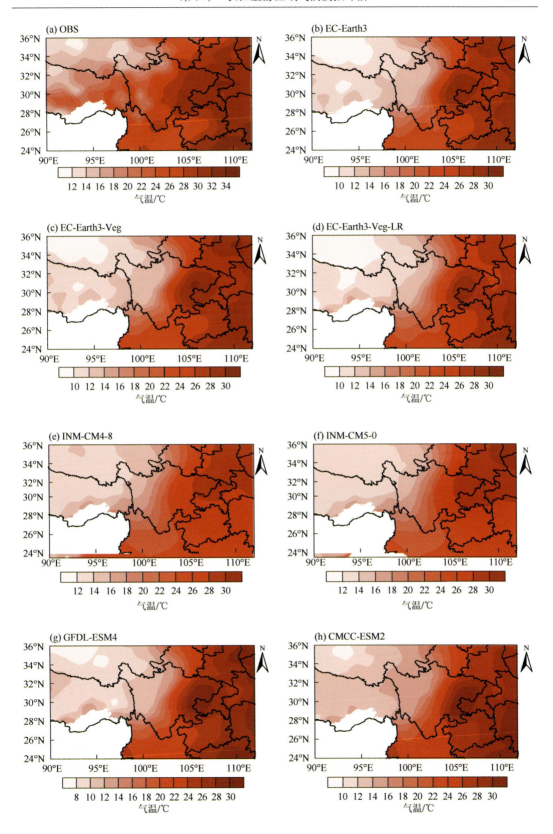

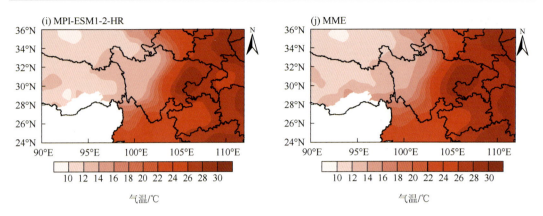

图 5.2.14　长江上游观测（a）OBS 与（b～i）CMIP6 模式 8 个代表模式和（j）多模式集合平均模拟的
1990～2014 年夏季最高气温气候态的空间分布

秋季（图 5.2.15），所有模式和多模式集合平均都能模拟出最高气温自西北向东南增温的特征，以及低值区在青海和西藏北部，但 EC-Earth3、EC-Earth3-Veg 和 EC-Earth3-Veg-LR 等模式低估青海等的最高气温，尤其是青海三江源，这 3 个模式最高气温的模拟结果都低于 0℃。各模式和多模式集合平均对最高气温高值区的模拟效果较好，只是 INM-CM4-8 和 INM-CM5-0 模式对四川东部和重庆的高值区模拟效果较差。

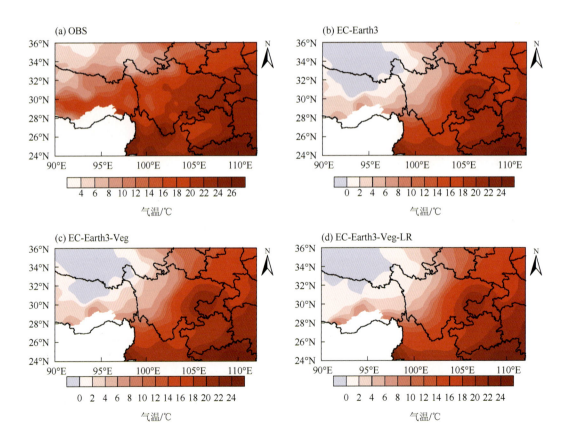

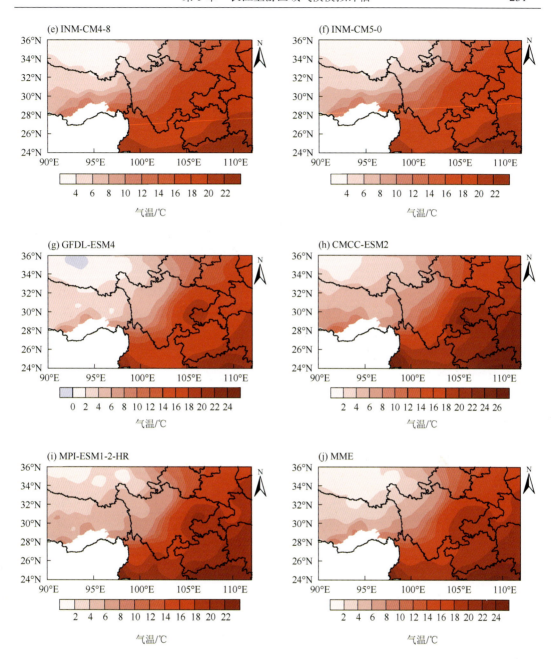

图 5.2.15　长江上游观测（a）OBS（b～i）与 CMIP6 模式 8 个代表模式和（j）多模式集合平均模拟的
1990～2014 年秋季最高气温气候态的空间分布

　　冬季（图 5.2.16），所有模式和多模式集合平均能很好地模拟长江上游最高气温由西北向东南增温的空间分布，以及最高气温高值区和低值区位置的模拟也较好，如都能模拟出云南北部的高值区，青海三江源的低值区，但西藏和川西高原的模拟都低于 0℃，低估了该区域的最高气温。总体上，所有模式四个季节都能很好地模拟长江上游最高气温的空间分布特征。

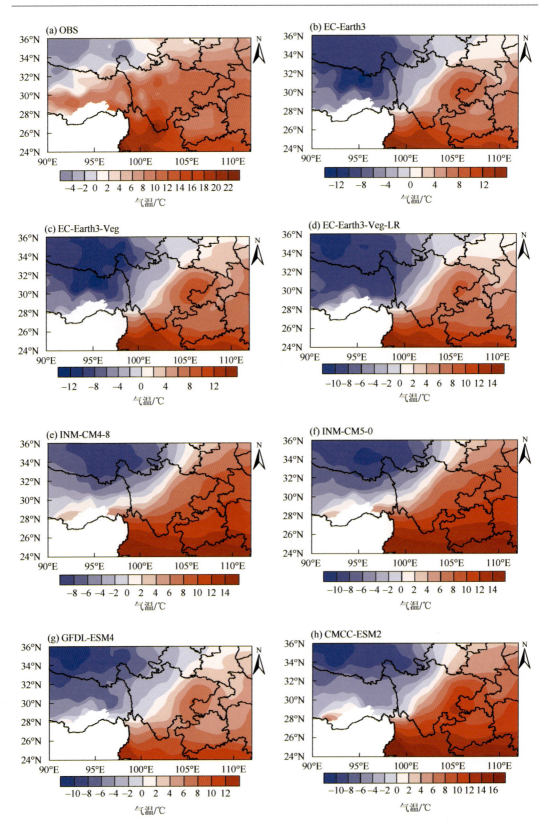

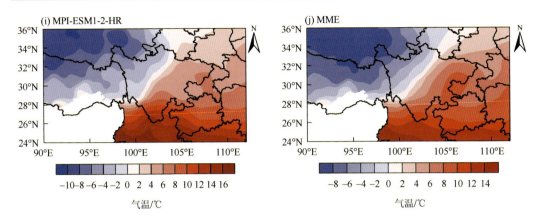

图 5.2.16　长江上游观测（a）OBS 与（b～i）CMIP6 模式 8 个代表模式和（j）多模式集合平均模拟的 1990～2014 年冬季最高气温气候态的空间分布

3. 优选气候模式的年平均最低气温模拟效果

图 5.2.17 是台站观测值、8 个模式模拟和多模式集合平均的长江上游年平均最低气温的空间分布。各模式和多模式集合平均都能很好地模拟长江上游最低气温由西北向东南增温的空间分布，也能模拟出最低气温低值区位于青海三江源，高值区位于广西北部，但不能很好地模拟出四川东部到重庆的高值区。此外，所有模式都低估了西藏的最低气温，模拟值都低于 0℃，而观测值高于 0℃。

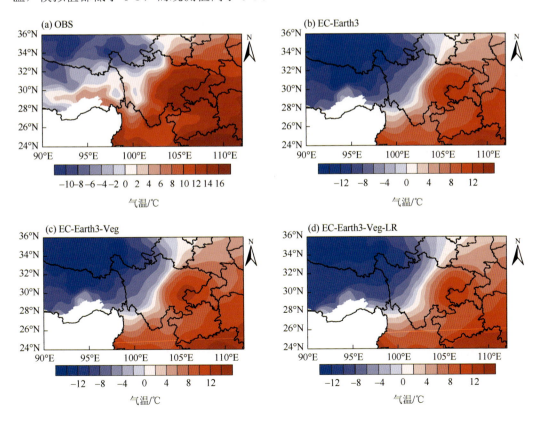

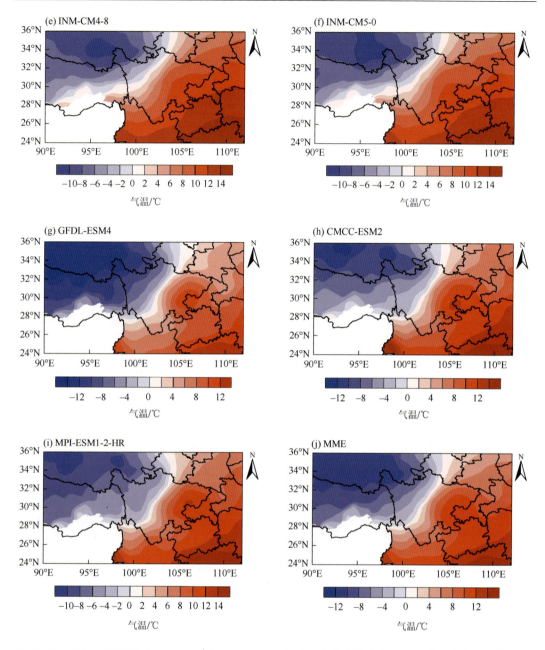

图 5.2.17　长江上游观测（a）OBS 与（b~i）CMIP6 模式 8 个代表模式和（j）多模式集合平均模拟的
1990~2014 年平均最低气温气候态的空间分布

　　春季（图 5.2.18），所有模式和多模式集合平均能很好地模拟长江上游最低气温由西北向东南增温的空间分布，都模拟出低值区在青海三江源，高值区在广西北部。除 INM-CM4-8 和 INM-CM5-0 以外，其余模式能模拟出四川东部到重庆附近的高值区。此外，所有模式模拟的最低气温负值区范围较观测值有所扩大，主要是川西高原和西藏南部为最低气温观测正值区，但模拟为负值区。

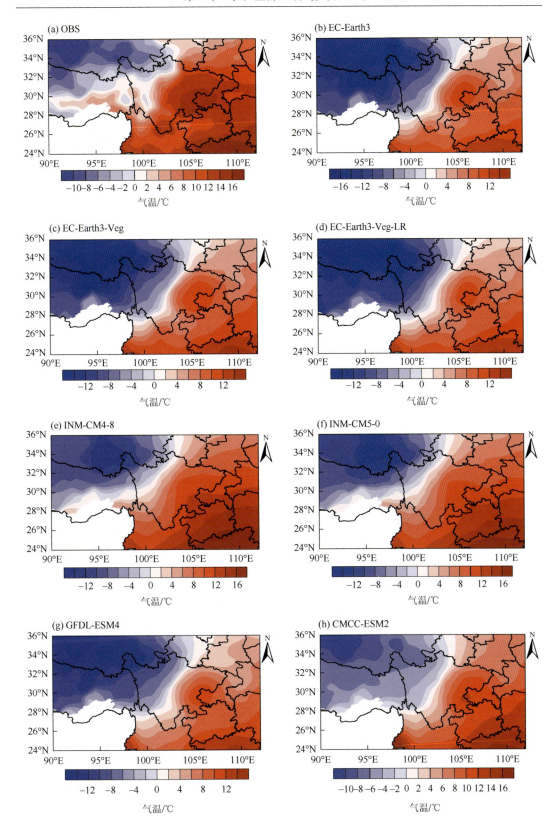

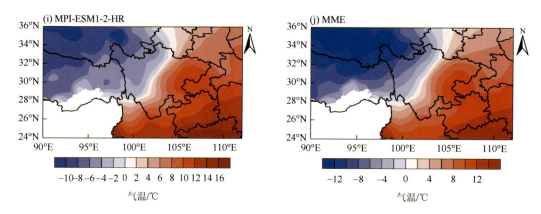

图 5.2.18　长江上游观测（a）OBS 与（b~i）CMIP6 模式 8 个代表模式和（j）多模式集合平均模拟的 1990~2014 年春季最低气温气候态的空间分布

　　夏季（图 5.2.19），所有模式和多模式集合平均能很好地模拟长江上游最低气温的空间分布，包括低值区在青海三江源。但除 INM-CM4-8、INM-CM5-0 和 CMCC-ESM2 以外，其余模式对青海三江源的模拟偏低，即最低气温都低于 0℃。各模式模拟的最低气温高值区都主要出现在广西北部和四川东部到重庆附近区域，与观测值一致。

　　秋季（图 5.2.20），所有模式和多模式集合平均都能模拟出长江上游最低气温自西部向东南增温的空间分布。所有模式模拟的最低气温低值区在青海三江源附近，但除 NM-CM4-8

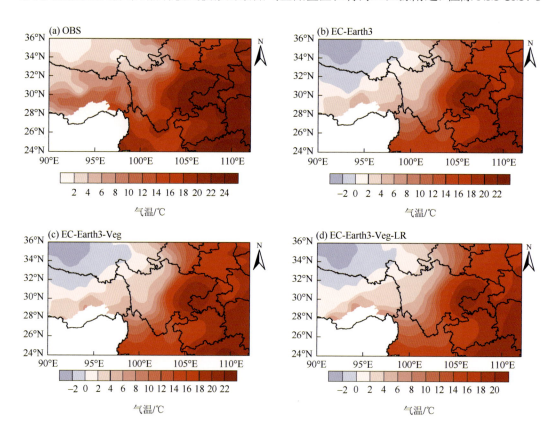

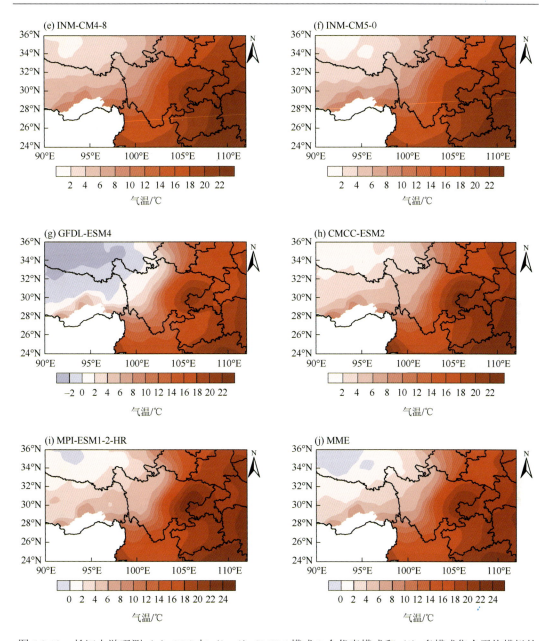

图 5.2.19　长江上游观测（a）OBS 与（b～i）CMIP6 模式 8 个代表模式和（j）多模式集合平均模拟的
1990～2014 年夏季最低气温气候态的空间分布

和 INM-CM5-0 以外，大多数模式对最低气温负值区范围有所高估，主要是西藏南部和川西高原的模拟值低于 0℃；所有模式模拟的最低气温高值区在广西北部和四川东部到重庆，只有 NM-CM4-8 和 INM-CM5-0 模式对四川东部到重庆高值区的模拟较差。总体上，各模式和多模式集合平均能很好地模拟长江上游的最低气温状况。

　　冬季（图 5.2.21），所有模式和多模式集合平均能模拟出长江上游最低气温的主要空间分布。但所有模式都整体上低估最低气温，尤其是 0℃以上的最低气温范围和强度。除

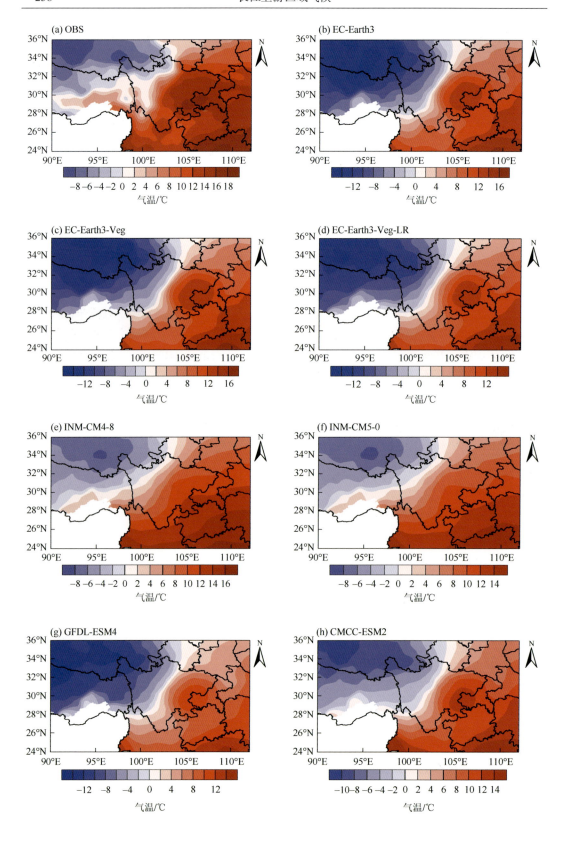

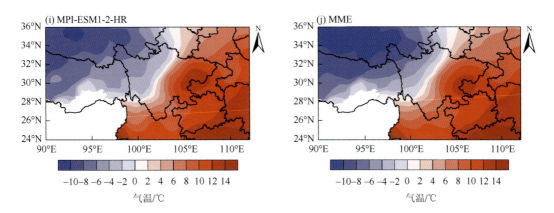

图 5.2.20 长江上游观测（a）OBS 与（b～i）CMIP6 模式 8 个代表模式和（j）多模式集合平均模拟的1990～2014 年秋季最低气温气候态的空间分布

INM-CM4-8 和 INM-CM5-0 以外，其余模式都高估最低气温 0℃以下的负值区，严重低估最低气温 0℃以上的正值区，其中川西南山地、四川东北部、贵州北部、重庆东部和湖北西部等模拟的最低气温低于 0℃，且 GFDL-ESM4 模式模拟出云南的最低气温还低于 0℃，弱于实际观测。由此可知，代表模式和多模式集合平均都能较好地模拟长江上游最低气温的分布，但对于 0℃以上的最低气温模拟普遍偏弱，效果不理想。

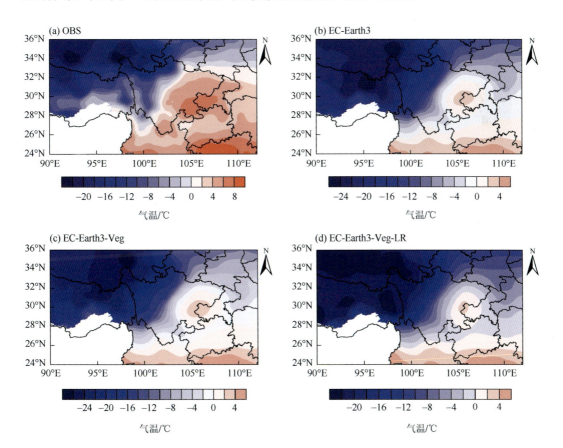

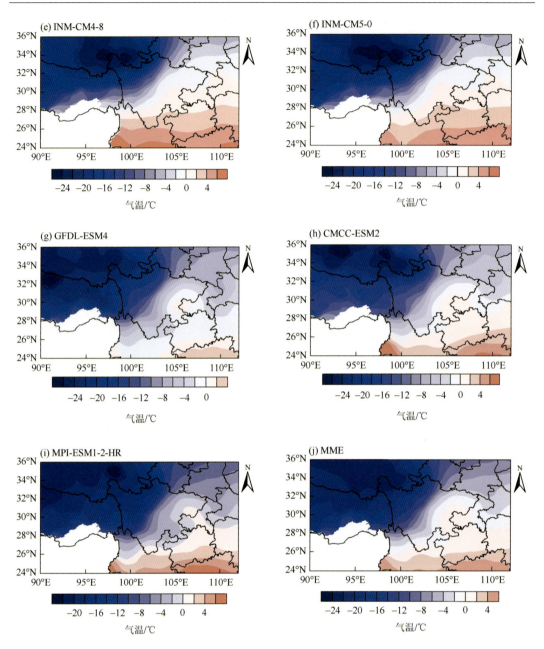

图 5.2.21　长江上游观测（a）OBS 与（b～i）CMIP6 模式 8 个代表模式和（j）多模式集合平均模拟的 1990～2014 年冬季最低气温气候态的空间分布

5.3　小　　结

5.3.1　降水气候模拟能力

基于模式模拟值与站台观测值的相关系数和标准差比值，评估了 CMIP6 的 26 个模式对长江上游不同量级降水强度和降水次数的模拟能力。结果表明：①大部分模式对长江上游暴雨强度模拟较好；部分模式对暴雨次数有较好模拟能力。②部分模式对大雨强度模拟较好；大部分模式对大雨次数有较好模拟能力。③部分模式对中雨强度模拟较好；部分模式对中雨次数有较好模拟能力。④绝大部分模式对小雨强度模拟较好；部分模式对小雨次数有较好模拟能力。

通过对 26 个模式不同量级降水强度和降水次数模拟能力的评分排序得到：①长江上游暴雨强度的模拟差距较大，只有部分模式有较好模拟能力；暴雨次数的评分总体不高，仅少部分模式模拟效果较好。②大雨强度模拟差异明显，部分模式有较好模拟能力；大雨次数模拟差距较大，部分模式模拟效果较好。③中雨强度模拟效果不好，仅少部分模式有一定模拟能力；部分模式对中雨次数模拟效果较好。④小雨强度大部分模式模拟效果不好，只有少部分模式有一定模拟能力；部分模式对小雨次数模拟效果较好。

综合考虑各个模式对长江上游不同量级降水强度和降水次数的模拟能力，通过比较和筛选，优选 ACCESS-ESM1-5、IITM-ESM、KACE-1-0-G、MIROC6、MRI-ESM2-0、NorESM2-MM 共 6 个代表模式，进行长江上游区域降水气候的未来情景预估。对比表明：①所选模式和多模式集合平均都能较好模拟长江上游暴雨强度的基本分布特征；都对暴雨次数有好的模拟效果。②所选模式和多模式集合平均都能较好或很好模拟大雨强度的空间分布；都能较好或很好模拟大雨次数的基本特征。③所选模式和多模式集合平均都对中雨强度分布有好的模拟能力；都能较好模拟中雨次数的区域分布。④所选模式和多模式集合平均都能较好反映小雨强度的基本特征，但对西藏模拟效果不好；都能较好模拟小雨次数的空间分布，但同样对西藏模拟效果欠佳。

5.3.2　气温气候模拟能力

基于模式模拟值与站台观测值的相关系数和标准差比值，评估了 CMIP6 的 33 个模式对长江上游年、季节平均气温的模拟能力。结果表明：①所有模式对长江上游年平均气温有好的模拟能力；大多数模式对春季气温模拟效果好；绝大多数模式对夏季、秋季和冬季气温模拟效果好。

基于 CMIP6 的 26 个模式，对年、季节最高气温和最低气温的模拟评估得到：①大多数模式对长江上游年最高气温有较好模拟能力；所有模式对长江上游年最低气温有好的模拟能力。②大多数模式对春季最高气温有较好模拟能力，但个别差异较大；所有模式对春季最低气温模拟效果好。③大多数模式对夏季最高气温模拟效果好；所有模式对夏季最低气温有好的模拟能力。④绝大多数模式对秋季最高气温模拟效果好；所有模式对秋季最低气温有好的模拟能力。⑤绝大多数模式对冬季最高气温有较好模拟能力，部分模式能力更好；绝大多数模式对冬季最低气温模拟效果好。

通过对 33 个模式年、季节平均气温模拟能力的评分排序可知：33 个模式对长江上游年平均气温模拟能力的评分在 0.64~0.79，28 个模式在 0.72 以上，有较好模拟能力；春季评分在 0.58~0.76，16 个模式在 0.7 以上，绝大多数模拟效果较好；夏季评分在 0.61~0.81，31 个模式在 0.7 以上，模拟效果较好；秋季评分在 0.68~0.81，11 个模式在 0.8 以上，具有好的模拟能力；冬季评分在 0.64～0.81，30 个模式在 0.7 以上，模拟效果较好。总体上，EC-Earth3 和 EC-Earth3-Veg 模式对长江上游各季节气温具有稳定、持续的相对较好的模拟能力。

通过对 26 个模式年平均最高气温、最低气温模拟能力的评分排序可知：26 个模式对长江上游年平均最高气温模拟能力的评分在 0.45～0.66，16 个模式大于 0.6，有较好模拟能力；26 个模式对最低气温模拟能力的评分在 0.7～0.85，16 个模式大于 0.8，模拟效果好。春季最高气温评分在 0.37～0.64，8 个模式大于 0.6，多数模拟效果一般；最低气温评分在 0.64～0.82，23 个模式大于 0.7，有较好模拟能力。夏季最高气温评分在 0.4～0.69，19 个模式大于 0.6，模拟效果较好；最低气温评分在 0.69～0.86，19 个模式大于 0.8，有好的模拟能力。秋季最高气温评分在 0.53～0.74，20 个模式大于 0.6，其中 INM-CM4-8 和 INM-CM5-0 模式模拟效果相对更好；最低气温评分在 0.7～0.85，23 个模式大于 0.8，模拟效果好。冬季最高气温评分在 0.47～0.75，17 个模式大于 0.6，尤其是 BCC-ESM1 和 AWI-ESM-1-1-LR 模式评分更高；最低气温评分在 0.69～0.84，9 个模式大于 0.8，有好的模拟能力。

综合考虑各个模式对长江上游年、季节平均气温的模拟能力，通过比较和筛选，优选了 INM-CM4-8、INM-CM5-0、EC-Earth3、EC-Earth3-Veg、CMCC-CM2-SR5、CESM2-WACCM、GFDL-ESM4、CAMS-CSM1-0、NorESM2-MM、EC-Earth3-Veg-LR、CESM2、ACCESS-CM2 和 ACCESS-ESM1-5 共 13 个代表模式，进行长江上游区域年、季节平均气温气候的未来情景预估。对比表明：①所选模式和多模式集合平均都对长江上游年平均气温有好的模拟能力，但对西藏模拟效果不好；②都对春季气温有好的模拟，但同样对西藏模拟效果较差；③都能较好模拟夏季气温的分布特征；④都对秋季气温模拟效果好，但多数对西藏模拟效果欠佳；⑤都对冬季气温有好的模拟效果。总体上看，所选模式和多模式集合平均都对长江上游季节气温有好的模拟能力。

综合考虑各个模式对长江上游最高气温、最低气温的模拟能力，通过比较和筛选，优选了 EC-Earth3、EC-Earth3-Veg、EC-Earth3-Veg-LR、INM-CM4-8、INM-CM5-0、GFDL-ESM4、CMCC-ESM2 和 MPI-ESM1-2-HR 共 8 个代表模式，进行长江上游区域最高气温、最低气温气候的未来情景预估。对比表明：①多数模式和多模式集合平均都对长江上游年平均最高气温有好的模拟能力；所选模式和多模式集合平均都对年平均最低气温模拟效果好，但低估了西藏的最低气温。②都对春季最高气温模拟好；都对春季最低气温有好的模拟效果，但高原部分区域低估。③都对夏季最高气温有好的模拟能力；都对夏季最低气温模拟好，但多数三江源偏高。④都能较好模拟秋季最高气温的分布特征，但高值区更好；都对秋季最低气温有好的模拟效果，但多数高原区域低估。⑤都对冬季最高气温有好的模拟能力；都能较好模拟冬季最低气温，但 0℃以上区域普遍偏弱。总体上，所选模式和多模式集合平均都能对长江上游季节最高气温、最低气温做出较好或好的模拟。

第6章　长江上游区域气候变化预估

6.1　降水气候变化预估

国际耦合模式比较计划（CMIP）之 CMIP6 计划，关于未来情景预估采用了共享社会经济路径（shared socioeconomic pathways，SSPs），即同一个未来情景，可以通过不同的共享社会经济路径（SSPs）达到。因此，CMIP6 计划未来预估情景模式比较计划（ScenarioMIP）的气候预估情景是不同 SSPs（SSP1、SSP2、SSP3、SSP4 和 SSP5）和不同辐射强迫（1.9、2.6、3.4、4.5、6.0、8.5 等）的矩阵组合。SSPs 是不同社会经济假设驱动的排放情景，CMIP6 计划中包括 5 种未来社会的可能发展路径：SSP1、SSP2、SSP3、SSP4 和 SSP5，分别代表可持续发展、中度发展、局部发展、不均衡发展和常规发展（化石燃料途径）。辐射强迫则是指 21 世纪末，即到 2100 年，增加的温室气体所导致的辐射强迫水平（单位：W/m^2）。本书未来预估采用 SSP1-2.6、SSP2-4.5 和 SSP5-8.5（即到 2100 年，温室气体浓度对应的辐射强迫分别达到 2.6W/m^2、4.5W/m^2 和 8.5W/m^2），分别代表低、中和高排放情景下的数值试验。第 5 章的模式评估表明，CMIP6 的 ACCESS-ESM1-5、IITM-ESM、KACE-1-0-G、MIROC6、MRI-ESM2-0 和 NorESM2-MM 共 6 个代表模式都能较好地模拟长江上游不同量级的降水变化；CMIP6 的 INM-CM4-8、INM-CM5-0、EC-Earth3、EC-Earth3-Veg、CMCC-CM2-SR5、CESM2-WACCM、GFDL-ESM4、CAMS-CSM1-0、NorESM2-MM、EC-Earth3-Veg-LR、CESM2、ACCESS-CM2 和 ACCESS-ESM1-5 共 13 个代表模式也能很好地模拟长江上游年、季节平均气温变化；CMIP6 的 EC-Earth3、EC-Earth3-Veg、EC-Earth3-Veg-LR、INM-CM4-8、INM-CM5-0、GFDL-ESM4、CMCC-ESM2 和 MPI-ESM1-2-HR 共 8 个代表模式同样能很好地模拟长江上游的年、季节平均最高气温和最低气温变化。因此，本章主要采用以上多模式集合平均结果预估 2023～2082 年这 60 年长江上游的降水和气温变化，选择的参照时段为 1990～2014 年，由此讨论 SSP1-2.6、SSP2-4.5 和 SSP5-8.5 情景下长江上游区域气候变化及其可能影响的应对措施。

6.1.1　暴雨未来变化预估

图 6.1.1 是在 SSP1-2.6、SSP2-4.5 和 SSP5-8.5 情景下，年平均暴雨强度 2023～2082 年这 60 年变化趋势的空间分布。在 3 种情景下，长江上游暴雨强度变化趋势的空间分布基本相似，大部分区域都呈增强趋势，其中四川西北部及南部、陕西南部、甘肃南部、青海三江源和西藏东部暴雨强度增幅较明显。此外，在 SSP1-2.6 和 SSP2-4.5 情景下，暴雨强度减弱的区域主要出现在西藏东部部分区域。

在 SSP1-2.6 情景下[图 6.1.1（a）]，四川西北部及南部、陕西南部、甘肃南部、青海和西藏东部大部分区域暴雨强度增幅较大，大部分区域的增幅达到 10mm/d 以上，其中青海久治县附近增幅最强，超过 25mm/d。西藏左贡县和四川德荣县附近暴雨强度减弱，有减幅超过 2mm/d 的中心。

在 SSP2-4.5 情景下[图 6.1.1（b）]，暴雨强度增幅较 SSP1-2.6 情景下有所增加。四川北部及南部、陕西南部、甘肃南部、云南西北部、青海和西藏东部大部分地区暴雨强度增幅较大，大部分区域增幅在 10mm/d 以上，青海囊谦县到西藏类乌齐县一带增幅最大，超过 25mm/d。西藏东部拉萨市和芒康县等暴雨强度出现减弱趋势，减幅都超过 1mm/d，拉萨市附近减幅最大，超过 2mm/d。

在 SSP5-8.5 情景下[图 6.1.1（c）]，四川西北部及南部、甘肃西南部、青海和西藏东部等暴雨强度增幅明显，其中大部分区域增幅达到 15mm/d 以上，尤其是四川德格县至新龙县一带增幅最大，超过 28mm/d。

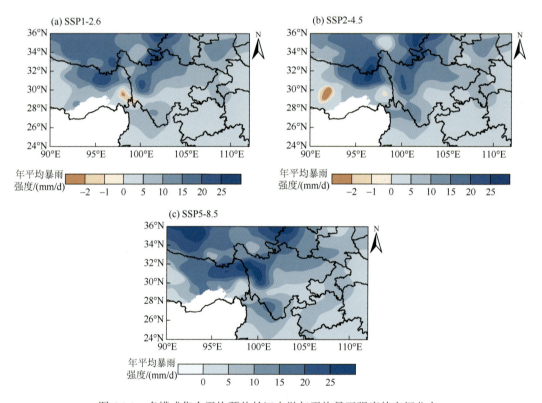

图 6.1.1　多模式集合平均预估长江上游年平均暴雨强度的空间分布

图 6.1.2 是在 SSP1-2.6、SSP2-4.5 和 SSP5-8.5 情景下，长江上游年平均暴雨次数在 2023～2082 年这 60 年变化趋势的空间分布。在 3 种情景下，长江上游暴雨次数在 2023～2082 年这 60 年整体呈增多趋势，其变化趋势的空间分布也基本相同，四川东部、云南北部、重庆、贵州、湖北西部、湖南西部和广西北部等暴雨次数增幅较大，其次西藏东部错那市、林芝市和察隅县等暴雨次数增幅也较明显。

在 SSP1-2.6 情景下［图 6.1.2（a）］，贵州东部、湖南西部和广西北部等暴雨次数增幅最明显，大部分区域达到 0.9 次以上，其中贵州榕江县附近增幅最大，超过 1.2 次。云南德宏州和保山市等增幅也较明显，达到 0.6 次以上。西藏东部错那市、林芝市和察隅县等暴雨次数增幅在 0.3 次以上，其中错那市附近增幅最大，达到 0.9 次以上。

在 SSP2-4.5 情景下［图 6.1.2（b）］，长江上游暴雨次数有小幅度增加，贵州东部、湖南西南部和广西北部等增幅最大，大部分区域增幅超过 1 次，其中贵州、湖南和广西交界处增幅最大，超过 1.2 次。云南德宏州和保山市等暴雨次数增幅也较明显，达到 0.8 次以上，腾冲市附近还超过 1 次。西藏察隅县、林芝市和错那市等暴雨次数增幅也较大，大部分区域在 0.4 次以上，其中错那市附近增幅最大，超过 0.8 次。

在 SSP5-8.5 情景下［图 6.1.2（c）］，长江上游暴雨次数增幅高于前两种情景。贵州东部、湖南西部和广西东北部等暴雨次数增幅达到 1.2 次以上，其中湖南西部还超过 1.4 次。云南德宏州和保山市等增幅也超过 1.2 次，腾冲市附近还超过 1.4 次。西藏东部察隅县、林芝市和错那市等暴雨次数增幅在 1 次以上，尤其是错那市和察隅县等增幅更明显，超过 1.4 次。

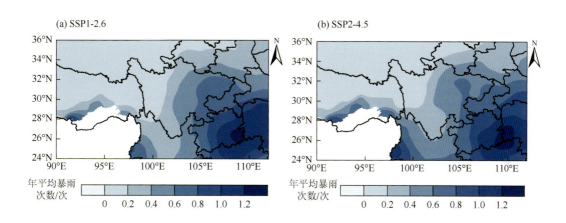

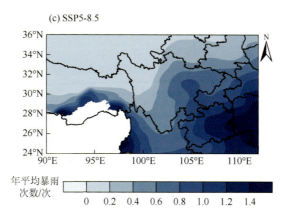

图 6.1.2　多模式集合平均预估 2023～2082 年长江上游年平均暴雨次数的空间分布

图 6.1.3 是在 SSP1-2.6、SSP2-4.5 和 SSP5-8.5 情景下，6 个模式集合平均模拟的
2023～2082 年长江上游年平均暴雨强度的时间序列。相对于 1990～2014 年，2023～
2082 年这 60 年长江上游年平均暴雨强度在 SSP1-2.6、SSP2-4.5 和 SSP5-8.5 情景下，
增幅分别为 6.36mm/d、6.84mm/d 和 8.74mm/d，都显著增强。SSP1-2.6 情景下的暴雨
强度增强趋势最小，为 0.7(mm/d)/10a；其次为 SSP2-4.5 情景下的 1.12(mm/d)/10a；最
强的是 SSP5-8.5 情景下，达到 1.97(mm/d)/10a，都通过 99%信度检验。同时，2023～
2052 年前 30 年，在 SSP1-2.6、SSP2-4.5 和 SSP5-8.5 情景下，年平均暴雨强度分别以
1.05(mm/d)/10a、1.17(mm/d)/10a 和 2.08(mm/d)/10a 的幅度增强，分别通过 95%、99%
和 99%信度检验。2053～2082 年后 30 年，在 SSP1-2.6 情景下，年平均暴雨强度变化
不显著；而在 SSP2-4.5 和 SSP5-8.5 情景下，分别以 1.27(mm/d)/10a 和 1.99(mm/d)/10a
的幅度增强，都通过 95%信度检验。可见，在 SSP1-2.6 情景下，暴雨强度增强主要在
前 30 年，后 30 年变化不显著；在 SSP2-4.5 和 SSP5-8.5 两种情景下，暴雨强度前后 30
年都呈增强趋势。

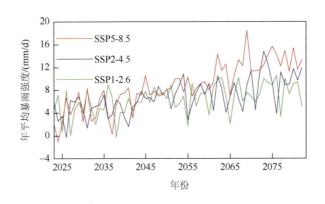

图 6.1.3　多模式集合平均预估 2023～2082 年年平均暴雨强度的时间变化

图 6.1.4 是在 SSP1-2.6、SSP2-4.5 和 SSP5-8.5 情景下，6 个模式集合平均模拟的 2023～
2082 年长江上游年平均暴雨次数的时间序列。相对于 1990～2014 年，2023～2082 年
这 60 年长江上游年平均暴雨次数在 SSP1-2.6、SSP2-4.5 和 SSP5-8.5 情景下的增幅分
别为 0.55 次、0.58 次和 0.75 次，都显著增加。SSP1-2.6 情景下的暴雨次数这 60 年增幅
最小，为 0.09 次/10a；SSP2-4.5 情景下的年平均暴雨次数增幅为 0.11 次/10a；SSP5-8.5
情景下的暴雨次数增幅最大，达到 0.18 次/10a，都通过 99%信度检验。2023～2052 年前
30 年，在 SSP1-2.6、SSP2-4.5 和 SSP5-8.5 情景下，暴雨次数分别以 0.17 次/10a、0.1 次/10a
和 0.18 次/10a 的趋势增多，都通过 99%信度检验。2053～2082 年后 30 年，在 SSP1-2.6
情景下的暴雨次数变化不显著；SSP2-4.5 和 SSP5-8.5 两种情景下的暴雨次数还是显著
增多，其趋势分别为 0.11 次/10a 和 0.25 次/10a，都通过 95%信度检验。因此，在 SSP2-4.5
和 SSP5-8.5 情景下，暴雨次数前后 30 年都显著增多，并且后 30 年增幅大于前 30 年；在
SSP1-2.6 情景下，暴雨次数增多主要在前 30 年。

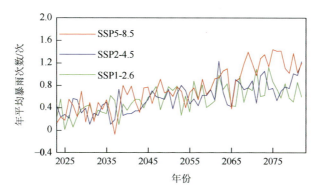

图 6.1.4　多模式集合平均预估 2023～2082 年年平均暴雨次数的时间变化

6.1.2　大雨变化预估

图 6.1.5 是在 SSP1-2.6、SSP2-4.5 和 SSP5-8.5 情景下，长江上游年平均大雨强度在 2023～2082 年变化趋势的空间分布。在 3 种情景下，青海三江源大雨强度增幅都是最强的，广西北部部分地区呈减弱趋势，另外，在不同情景下，西藏东部、重庆和贵州等部分区域大雨强度也减弱。

在 SSP1-2.6 情景下［图 6.1.5（a）］，除广西东北部、贵州西南部、重庆中部、西藏波密县和芒康县等大雨强度减弱外，长江上游其他大部分区域大雨强度都增强，青海大雨强度增强最显著，其中青海三江源增幅超过 0.5mm/d，部分地区还超过 3.0mm/d。广西东北部大雨强度减弱最明显，减幅超过 0.1mm/d。

在 SSP2-4.5 情景下［图 6.1.5（b）］，大雨强度除广西北部部分地区减弱以外，其余区域都是增强，其中青海、四川西南部和云南北部等地区大雨强度增幅较强，尤其是青海三江源最强，增幅超过 3.5mm/d。西藏班戈县附近大雨强度增幅也较明显，达到 2.5mm/d 以上。

在 SSP5-8.5 情景下［图 6.1.5（c）］，长江上游大雨强度都增强，西藏、青海、四川西部及南部和云南北部等增幅较大，大部分区域超过 0.5mm/d，尤其是青海三江源增幅还超过 3.5mm/d。

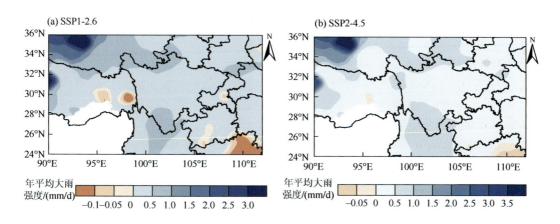

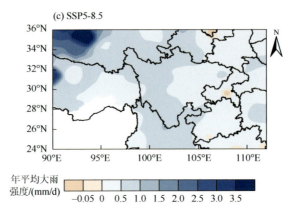

图 6.1.5　多模式集合平均预估长江上游年平均大雨强度的空间分布

图 6.1.6 是在 SSP1-2.6、SSP2-4.5 和 SSP5-8.5 情景下，长江上游年平均大雨次数 2023～2082 年变化趋势的空间分布。在 3 种情景下，长江上游大雨次数这 60 年都呈增多趋势，其变化趋势的空间分布也大致相同。

在 SSP1-2.6 情景下 [图 6.1.6（a）]，四川大部分地区、云南北部、重庆、湖北西南部、湖南西部和西藏东南部等大雨次数增幅较大，大部分区域超过 1.2 次，其中四川中部和西南部增幅最明显，达到 2.1 次以上。青海三江源大雨次数增幅较小，大部分区域仅在0.3 次左右，少部分区域增幅最低。

在 SSP2-4.5 情景下 [图 6.1.6（b）]，四川大部分地区、云南北部、甘肃西南部、重庆、贵州北部、湖南西部和西藏东南部大部分地区大雨次数增幅超过 1.2 次，四川西南部还超过 1.8 次，增幅最大。青海三江源大部分区域大雨次数增幅在 0.3 次以上，但少部分区域还是增幅最低。

在 SSP5-8.5 情景下 [图 6.1.6（c）]，长江上游大雨次数增幅较前两种情景下明显增强，西藏东部、四川中西部、云南北部、重庆、贵州东部、湖北西南部、湖南西部和广西北部等大雨次数增幅较大，大部分区域超过 1.5 次，尤其是西藏察隅县、云南西北部、四川西南部等最大，达到 2.4 次以上。此外，湖北西南部和湖南西北部等大雨次数增幅也

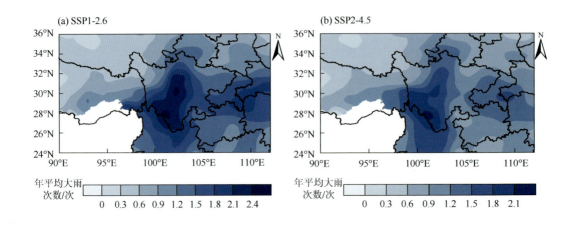

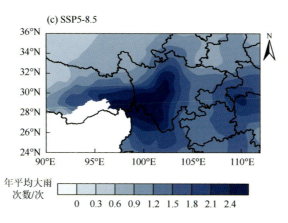

图 6.1.6　多模式集合平均预估长江上游年平均大雨次数的空间分布

达到 1.8 次以上。青海三江源大雨次数增幅比在前两种情景下有所增大，达到 0.3 次以上，但部分区域增幅还是最低。

图 6.1.7 是在 SSP1-2.6、SSP2-4.5 和 SSP5-8.5 情景下，6 个模式集合平均模拟的 2023～2082 年长江上游年平均大雨强度的时间序列。相对于 1990～2014 年，2023～2082 年这 60 年长江上游年平均大雨强度在 SSP1-2.6、SSP2-4.5 和 SSP5-8.5 情景下，增幅分别为 0.85mm/d、0.87mm/d 和 1.03mm/d，都显著增强。SSP1-2.6 情景下的大雨强度增强幅度最小，为 0.082(mm/d)/10a；其次是 SSP2-4.5 情景下的 0.15(mm/d)/10a；SSP5-8.5 情景下的增幅最大，达到 0.19(mm/d)/10a，3 种变化趋势都通过 95%信度检验。2023～2052 年前 30 年，在 SSP1-2.6 情景下，年平均大雨强度显著增强，趋势为 0.17(mm/d)/10a，通过 95%信度检验；在 SSP2-4.5 和 SSP5-8.5 两种情景下，变化趋势不显著。2053～2082 年后 30 年，大雨强度变化与前 30 年相反，在 SSP1-2.6 情景下，年平均大雨强度的变化不显著；在 SSP2-4.5 和 SSP5-8.5 两种情景下，分别以 0.23(mm/d)/10a 和 0.15(mm/d)/10a 的趋势增强，两种变化趋势都通过 95%信度检验。在 SSP2-4.5 和 SSP5-8.5 两种情景下，大雨强度增强都主要在后 30 年，在 SSP1-2.6 情景下主要在前 30 年。

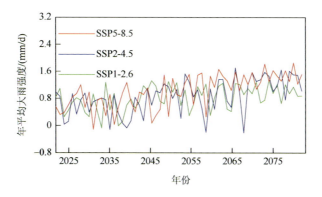

图 6.1.7　多模式集合平均预估 2023～2082 年年平均大雨强度的时间变化

　　图 6.1.8 是在 SSP1-2.6、SSP2-4.5 和 SSP5-8.5 情景下，6 个模式集合平均模拟的
2023～2082 年长江上游年平均大雨次数的时间序列。相对于 1990～2014 年，2023～
2082 年这 60 年长江上游年平均大雨次数在 SSP1-2.6、SSP2-4.5 和 SSP5-8.5 情景下，
增幅分别为 1.35 次、1.1 次和 1.46 次，都显著增加。2023～2082 年大雨次数在 SSP1-2.6
情景下增幅最小，趋势值为 0.2 次/10a；在 SSP2-4.5 情景下增幅次之，为 0.23 次/10a；
在 SSP5-8.5 情景下增幅最大，达到 0.34 次/10a，都通过 99%信度检验。2023～2052 年
前 30 年，在 SSP1-2.6、SSP2-4.5 和 SSP5-8.5 情景下，大雨次数分别以 0.5 次/10a、
0.16 次/10a 和 0.29 次/10a 的幅度显著增多，都通过 95%信度检验；2053～2082 年后
30 年，在 SSP1-2.6、SSP2-4.5 和 SSP5-8.5 情景下，平均大雨次数也显著增多，趋势值
分别为 0.19 次/10a、0.23 次/10a 和 0.46 次/10a，都通过 90%信度检验。平均大雨次数
在 SSP2-4.5 和 SSP5-8.5 两种情景下都是后 30 年增幅大于前 30 年，在 SSP1-2.6 情景
下是后 30 年增幅相比前 30 年有所减小。

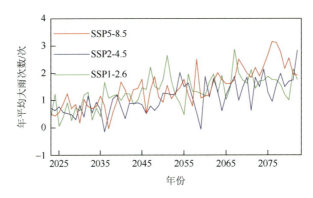

图 6.1.8　多模式集合平均预估 2023～2082 年年平均大雨次数的时间变化

6.1.3　中雨变化预估

　　图 6.1.9 是在 SSP1-2.6、SSP2-4.5 和 SSP5-8.5 情景下，长江上游年平均中雨强度 2023～
2082 年变化趋势的空间分布。

　　在 SSP1-2.6 情景下[图 6.1.9（a）]，长江上游中雨强度基本都增强，青海、西藏东
部、甘肃南部、四川、云南西北部和重庆中西部等增幅较明显，达到 0.1mm/d 以上，其
中青海曲麻莱县五道梁至西藏贡嘎县、四川色达县至稻城县一带和重庆沙坪坝区附近还
超过 0.2mm/d，增幅最大在西藏拉萨市附近区域。

　　在 SSP2-4.5 情景下[图 6.1.9（b）]，云南东北部中雨强度减弱，长江上游其余区域
增强。青海、西藏、甘肃南部、陕西南部、四川、云南西北部、重庆和湖北西部等中雨
强度增幅最明显，大部分区域超过 0.1mm/d，其中，青海玉树市东北部至果洛州北部一带、
西藏班戈县至贡嘎县、波密县至昌都市一带、四川西南部稻城县至九龙县一带和四川内
江市至重庆沙坪坝区一带增幅还超过 0.2mm/d。

　　在 SSP5-8.5 情景下[图 6.1.9（c）]，云南东北部中雨强度减弱，长江上游其余区域

增强。长江上游大部分区域中雨强度增幅超过 0.1mm/d，其中西藏东部、青海、四川西部高原、四川东南部到重庆西部等还超过 0.2mm/d，尤其是西藏洛隆县附近和尼木县至当雄县一带中雨强度增幅还在 0.3mm/d 以上。

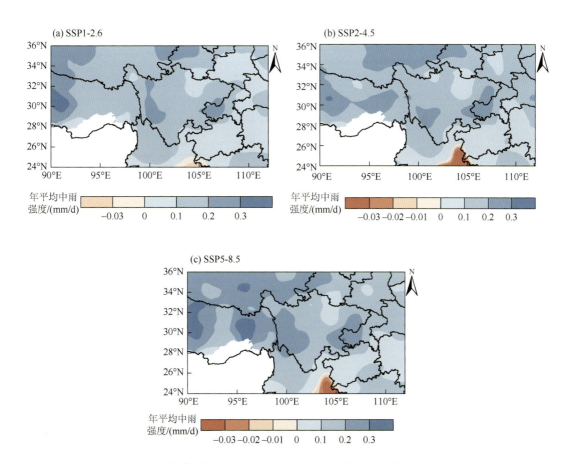

图 6.1.9　多模式集合平均预估长江上游年平均中雨强度的空间分布

图 6.1.10 是在 SSP1-2.6、SSP2-4.5 和 SSP5-8.5 情景下，长江上游年平均中雨次数未来 60 年变化趋势的空间分布。

在 SSP1-2.6 情景下［图 6.1.10（a）］，长江上游大部分区域中雨次数都呈增多趋势，其中西藏东部和四川中西部增幅最明显，大部分达到 3 次以上，尤其是四川阿坝州部分地区增幅还超过 5 次；云南德宏州和保山市等中雨次数减少。

在 SSP2-4.5 情况下［图 6.1.10（b）］，长江上游中雨次数减少区域显著增多，主要在西藏山南市及林芝市、云南北部和四川西南部等，其中云南西北部减少最多，超过 2 次；长江上游其余区域中雨次数增多，其中青海、西藏东北部、四川大部分地区、甘肃南部和重庆等增幅达到 1 次以上，尤其是西藏昌都市到四川阿坝州等增幅还超过 2 次，中雨次数增加最多。

在 SSP5-8.5 情景下［图 6.1.10（c）］，云南北部和四川西南部等中雨次数减少，尤其

是云南大理市、临沧市北部和普洱市北部等减少幅度还超过 2 次；长江上游其余区域中
雨次数都增加，其中青海、西藏东北部、四川中北部及东南部和重庆西南部等增幅较大，
大部分区域达到 2 次以上，尤其是西藏昌都市向东到四川阿坝州等还有中雨次数增幅超
过 3 次的高值区。

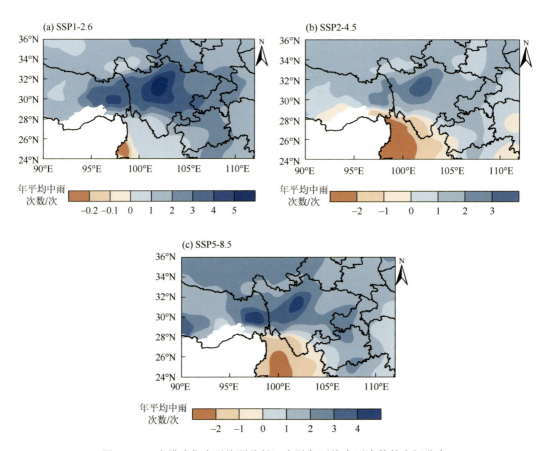

图 6.1.10　多模式集合平均预估长江上游年平均中雨次数的空间分布

　　图 6.1.11 是在 SSP1-2.6、SSP2-4.5 和 SSP5-8.5 情景下，6 个模式集合平均模拟的
2023～2082 年长江上游年平均中雨强度的时间序列。相对于 1990～2014 年，2023～
2082 年这 60 年长江上游年平均中雨强度在 SSP1-2.6、SSP2-4.5 和 SSP5-8.5 情景下，
增幅分别为 0.12mm/d、0.13mm/d 和 0.13mm/d，都是显著增强。2023～2082 年，在
SSP1-2.6 情景下，中雨强度增强趋势最小，为 0.012(mm/d)/10a；在 SSP2-4.5 情景下次
之，以 0.015(mm/d)/10a 的趋势增强；在 SSP5-8.5 情景下，中雨强度增强最快，达到
0.026(mm/d)/10a，3 种情景下变化都通过 95%信度检验。2023～2052 年前 30 年，在
SSP1-2.6 和 SSP2-4.5 两种情景下，中雨强度都显著增强，趋势值分别为 0.019(mm/d)/10a
和 0.022(mm/d)/10a，分别通过 90%和 95%信度检验；在 SSP5-8.5 情景下，中雨强度变
化不显著。2053～2082 年后 30 年，在 SSP1-2.6 和 SSP5-8.5 两种情景下，中雨强度分
别以 0.019(mm/d)/10a 和 0.02(mm/d)/10a 的幅度显著增强，都通过 90%信度检验；在

SSP2-4.5 情景下，中雨强度没有显著变化。可见，中雨强度在 SSP1-2.6 情景下，未来前后 30 年都显著增强；在 SSP5-8.5 情景下，后 30 年显著增强，前 30 年变化不显著；在 SSP2-4.5 情景下，后 30 年变化不显著，增强主要发生在前 30 年。

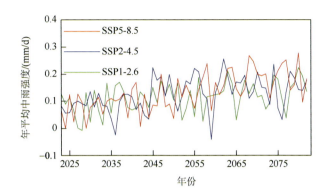

图 6.1.11　多模式集合平均预估 2023～2082 年年平均中雨强度的时间变化

　　图 6.1.12 是在 SSP1-2.6、SSP2-4.5 和 SSP5-8.5 情景下，6 个模式集合平均模拟的 2023～2082 年长江上游年平均中雨次数的时间序列。相对于 1990～2014 年，2023～2082 年这 60 年长江上游年平均中雨次数在 SSP1-2.6、SSP2-4.5 和 SSP5-8.5 情景下，增幅分别为 1.99 次、0.67 次和 1.24 次，都显著增加。2023～2082 年，中雨次数在 SSP1-2.6 情景下增幅最小，趋势值为 0.28 次/10a；其次在 SSP2-4.5 情景下，增幅为 0.29 次/10a；在 SSP5-8.5 情景下增幅最大，达到 0.3 次/10a，3 种情景下变化都通过 95%信度检验。2023～2052 年前 30 年，在 SSP1-2.6 情景下，中雨次数显著增多，趋势值为 0.94 次/10a，通过 99%信度检验；在 SSP2-4.5 和 SSP5-8.5 两种情景下，有增多的趋势，但不显著。2053～2082 年后 30 年，在 SSP2-4.5 和 SSP5-8.5 两种情景下，中雨次数有增多的趋势；在 SSP1-2.6 情景下，有减少趋势，3 种情景下变化都未通过信度检验。可见，在 SSP2-4.5 和 SSP5-8.5 两种情景下，中雨次数都是后 30 年增幅大于前 30 年；在 SSP1-2.6 情景下，中雨次数增多主要发生在前 30 年。

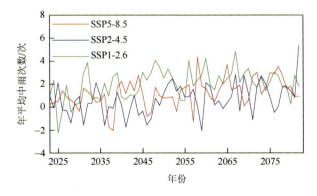

图 6.1.12　多模式集合平均预估 2023～2082 年年平均中雨次数的时间变化

6.1.4　小雨变化预估

图 6.1.13 是在 SSP1-2.6、SSP2-4.5 和 SSP5-8.5 情景下，长江上游年平均小雨强度 2023～2082 年变化趋势的空间分布。

在 SSP1-2.6 情景下［图 6.1.13（a）］，长江上游青海、西藏那曲市到山南市、甘肃南部、陕西南部、四川、重庆、贵州、湖北西部、湖南西部和广西北部等小雨强度都增强，其中四川中东部、贵州中北部、湖南西南部和广西东北部等增幅达到 0.08mm/d 以上，尤其是四川北部绵阳市等超过 0.1mm/d，增幅最明显。西藏昌都市、林芝市和云南北部等小雨强度减弱，其中云南怒江州北部和保山市等减幅超过 0.04mm/d，小雨强度减弱最大。

在 SSP2-4.5 情景下［图 6.1.13（b）］，长江上游小雨强度减弱区域扩大，包括西藏东部除那曲市以外区域、云南北部和四川西南部等，其中西藏波密县至察隅县一带和云南怒江州北部等小雨强度减弱幅度最大，超过 0.08mm/d。长江上游其余区域小雨强度增强，其中青海、四川西北部及东北部、陕西南部、重庆、贵州、湖北西部、湖南西部和广西北部等显著增强，大部分区域增幅超过 0.04mm/d，其中青海果洛州南部、四川西北部及东北部阆中市一带和湖南西南部邵阳市至通道县一带还超过 0.06mm/d，小雨强度增幅最大。

在 SSP5-8.5 情景下［图 6.1.13（c）］，小雨强度变化的空间分布与 SSP2-4.5 情景下非常相似，只是变化幅度有差异。西藏东部除那曲市以外区域、云南北部和四川西南部等小雨强度减弱，其中西藏波密县至察隅县和云南西北部减幅超过 0.08mm/d，尤其西藏察隅县至云南德钦县还超过 0.1mm/d。长江上游其余区域小雨强度显著增强，青海、四川西北部及东北部、重庆东部、贵州东部、湖北西南部、湖南西部和广西东北部等增幅较明显，大部分区域超过 0.06mm/d，尤其是湖南西南部增幅最大，超过 0.1mm/d，小雨强度增强最多。

图 6.1.14 是在 SSP1-2.6、SSP2-4.5 和 SSP5-8.5 情景下，长江上游年平均小雨次数 2023～2082 年变化趋势的空间分布。

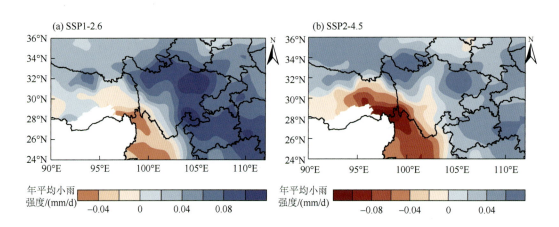

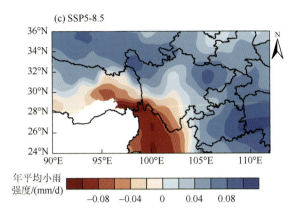

图 6.1.13　多模式集合平均预估长江上游年平均小雨强度的空间分布

在 SSP1-2.6 情景下 [图 6.1.14（a）]，长江上游除甘肃东南部、陕西南部附近小雨次数增加外，其余区域小雨次数都减少，大部分区域减少幅度超过 2 次，其中青海三江源、西藏昌都市和四川西部高原等大部分区域小雨次数减幅在 8 次以上，小雨次数减少最多。

在 SSP2-4.5 情景下 [图 6.1.14（b）]，长江上游小雨次数都减少，青海、西藏东部、四川西部及南部、云南北部、重庆南部、贵州、湖南西部和广西北部等减少较多，大部分区域减幅超过 6 次，尤其是贵州中东部、西藏昌都市、四川西部高原和云南迪庆州等减幅还超过 9 次，小雨次数减少最多。

在 SSP5-8.5 情景下 [图 6.1.14（c）]，长江上游小雨次数变化的空间分布与 SSP2-4.5 情景相似，只是变化幅度不同。青海、西藏东部、四川西部市、重庆南部、贵州、湖南西部和广西西北部等小雨次数减幅达到 9 次以上，其中西藏昌都市、四川甘孜州西部和贵州中东部等减幅还超过 12 次，尤其是西藏昌都市东部部分区域小雨次数减幅还超过 15 次，小雨次数减少最多。

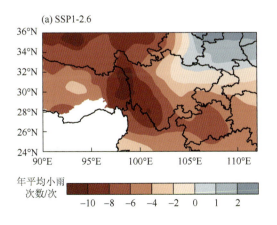

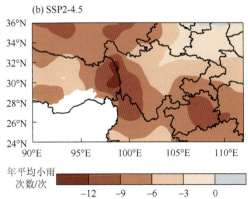

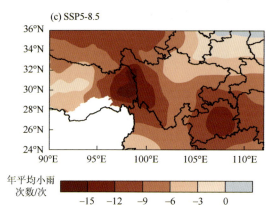

图 6.1.14　多模式集合平均预估长江上游年平均小雨次数的空间分布

图 6.1.15 是在 SSP1-2.6、SSP2-4.5 和 SSP5-8.5 情景下，6 个模式集合平均模拟的 2023～2082 年长江上游年平均小雨强度的时间序列。相对于 1990～2014 年，2023～2082 年这 60 年长江上游年平均小雨强度在 SSP1-2.6、SSP2-4.5 和 SSP5-8.5 情景下，增幅分别为 0.057mm/d、0.023mm/d 和 0.035mm/d，都是显著增强。2023～2082 年，在 SSP5-8.5 情景下，小雨强度增强趋势最小，为 0.0062(mm/d)/10a；在 SSP2-4.5 情景下次之，以 0.0068(mm/d)/10a 的趋势增强；在 SSP1-2.6 情景下小雨强度增强趋势最强，达到 0.01(mm/d)/10a，3 种情景下变化分别通过 99%、90% 和 90% 信度检验。2023～2052 年前 30 年，在 SSP1-2.6 情景下，小雨强度显著增强，趋势值为 0.019(mm/d)/10a，通过 95% 信度检验；在 SSP2-4.5 和 SSP5-8.5 两种情景下，小雨强度有增强趋势，但都不显著。2053～2082 年后 30 年，在 SSP1-2.6 情景下，小雨强度有减弱的趋势，通过 99% 信度检验；在 SSP2-4.5 情景下，有显著增强的趋势，为 0.015(mm/d)/10a，通过 95% 信度检验；在 SSP5-8.5 情景下，小雨强度的变化不显著。可见，在 SSP1-2.6 情景下，未来小雨强度增强主要在前 30 年；在 SSP2-4.5 和 SSP5-8.5 两种情景下，后 30 年增强趋势大于前 30 年。

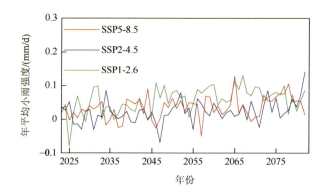

图 6.1.15　多模式集合平均预估 2023～2082 年年平均小雨强度的时间变化

　　图 6.1.16 是在 SSP1-2.6、SSP2-4.5 和 SSP5-8.5 情景下，6 个模式集合平均模拟的 2023～2082 年长江上游年平均小雨次数的时间序列。相对于 1990～2014 年，2023～ 2082 年长江上游年平均小雨次数在 SSP1-2.6、SSP2-4.5 和 SSP5-8.5 情景下都减少，其幅度分别为–3.6 次、–5.8 次和–7.19 次。2023～2082 年这 60 年在 SSP1-2.6 情景下，小雨次数变化趋势不显著；在 SSP2-4.5 和 SSP5-8.5 两种情景下，小雨次数都显著减少，趋势值分别为 0.64 次/10a 和 1.39 次/10a，都通过 95%信度检验。2023～2052 年前 30 年，在 SSP1-2.6 和 SSP2-4.5 两种情景下，小雨次数有减少的趋势，但不显著；在 SSP5-8.5 情景下，小雨次数显著减少，趋势值为 2.26 次/10a，通过 99%信度检验。2053～2082 年后 30 年，在 SSP1-2.6、SSP2-4.5 和 SSP5-8.5 情景下，小雨次数都有减少的趋势，但都不显著。可见，在 SSP1-2.6 情景下，小雨次数未来前后 30 年的变化幅度相当；在 SSP2-4.5 和 SSP5-8.5 两种情景下，小雨次数减少都主要发生在前 30 年。

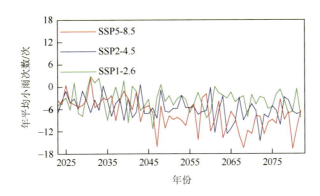

图 6.1.16　多模式集合平均预估 2023～2082 年年平均小雨次数的时间变化

6.2　温度气候变化预估

6.2.1　平均气温变化预估

　　图 6.2.1 是在 SSP1-2.6、SSP2-4.5 和 SSP5-8.5 情景下，长江上游 2023～2082 年年平均气温增幅的空间分布。长江上游平均气温 2023～2082 年都上升，在 3 种情景下，增幅的空间分布基本相似，只是增幅不同。西藏、青海和川西高原等平均气温在 3 种情景下增幅都较高，中心都在青海三江源，在 SSP1-2.6、SSP2-4.5 和 SSP5-8.5 情景下，增幅高值中心分别高于 1.56℃、1.92℃和 2.7℃。四川东部、重庆、贵州东部、陕西、湖南和湖北西部等在 SS1-2.6 情景下是升温的高值区，尤其是湖南西部有高于 1.62℃ 的中心，但随着温室气体排放量增加，在 SSP2-4.5 和 SSP5-8.5 情景下，升温高值区只在陕西南部等地区。云南西部在 3 种情景下平均气温增加都较低，增温分别低于 1.16℃、1.4℃和 2.0℃。

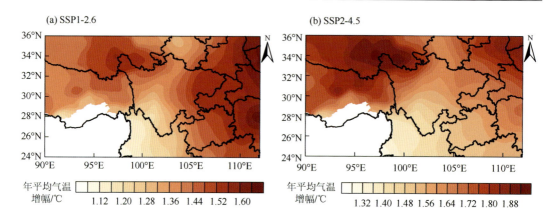

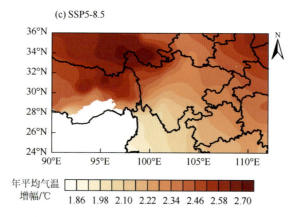

图 6.2.1　多模式集合平均预估长江上游年平均气温增幅的空间分布

春季（图 6.2.2），在 SSP1-2.6 情景下青藏高原平均气温增温变化表现为从西藏山南市向东北到青海增加，其中青海三江源出现增幅最大区，中心值超过 1.38℃。长江上游其余区域平均气温增幅表现为由西向东增加，增幅最小主要在云南西北部，低于 1.08℃，最高在湖南西部和广西北部等，增幅超过 1.5℃。在 SSP2-4.5 情景下，增幅的

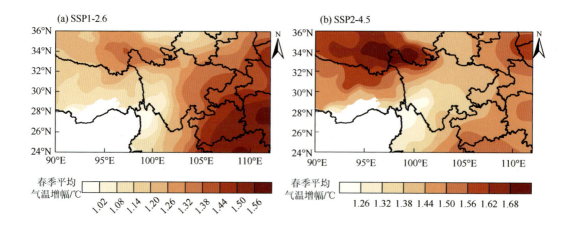

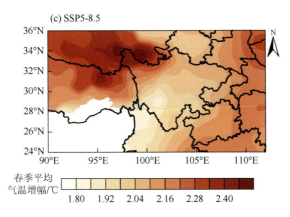

图 6.2.2　多模式集合平均预估长江上游春季平均气温增幅的空间分布

空间分布类似于在 SSP1-2.6 情景下，只是增幅有所加大，如青海三江源增幅高值区增温高于 1.72℃，云南西北部增幅低值区低于 1.26℃。值得注意的是，贵州、广西北部、湖南西部等平均气温增幅较在 SSP1-2.6 情景下有所降低，其中湖南西部和广西北部增幅高于 1.5℃。在 SSP5-8.5 情景下，平均气温增幅的空间分布与在 SSP1-2.6 和 SSP2-4.5 情景下类似，但增幅显著加大，青海三江源增幅高于 2.48℃，湖南西部和广西北部增幅为 2.16℃，云南西北部增幅低值区低于 1.84℃。

　　夏季（图 6.2.3），在 SSP1-2.6、SSP2-4.5 和 SSP5-8.5 情景下，长江上游平均气温 2023～2082 年这 60 年都显著上升，增幅的空间分布非常相似，且在 SSP1-2.6、SSP2-4.5 和 SSP5-8.5 情景下，增幅逐渐升高。云南北部和广西北部是增幅低值区，3 种情景下的增幅分别低于 1.2℃、1.38℃ 和 2.04℃，平均气温增幅由东北到陕西北部逐渐增加，陕西北部等出现增幅高值区，在 3 种情景下中心分别高于 1.56℃、1.92℃ 和 2.76℃。青海和西藏平均气温增幅由西藏山南市向东北往青海东北部增加，增幅高值区主要在青海三江源，3 种情景下增幅分别高于 1.38℃、1.62℃ 和 2.4℃。

　　秋季（图 6.2.4），在 SSP1-2.6、SSP2-4.5 和 SSP5-8.5 情景下，长江上游平均气温 2023～2082 年这 60 年都升高，增温的空间分布相似。西藏、青海和四川西部高原平均气温增幅表现为从西藏山南市向东北到青海增加，其中增幅低值区主要在西藏山南市，3 种情景下

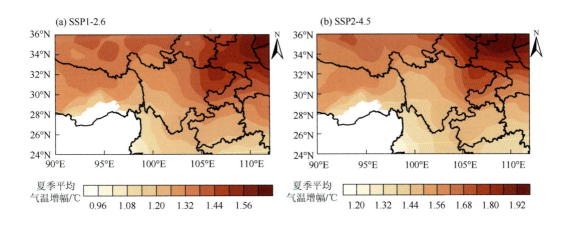

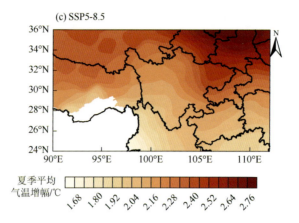

图 6.2.3　多模式集合平均预估长江上游夏季平均气温增幅的空间分布

的增温分别低于 1.32℃、1.62℃和 2.34℃；增幅高值区在青海三江源，3 种情景下的增温分别高于 1.62℃、1.98℃和 2.88℃。长江上游其余区域平均气温增幅主要呈自西南向东北增加的空间分布，增幅低值区在云南北部附近，3 种情景下的增温分别低于 1.26℃、1.5℃和 2.16℃，增温高值区在陕西南部附近。

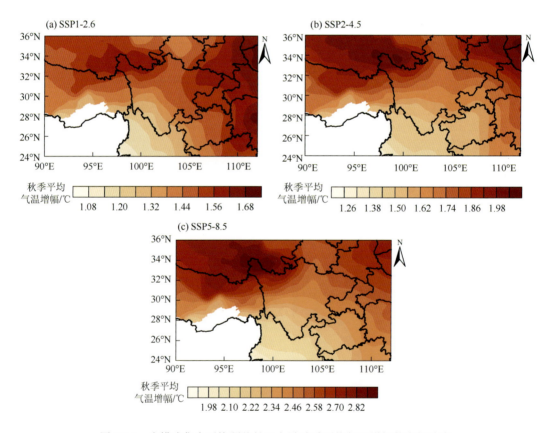

图 6.2.4　多模式集合平均预估长江上游秋季平均气温增幅的空间分布

冬季（图 6.2.5），在 SSP1-2.6、SSP2-4.5 和 SSP5-8.5 情景下，西藏、青海和四川西部高原平均气温增幅高于其他区域，其中西藏东部和青海三江源增幅最高，3 种情景下的增幅分别高于 1.92℃、2.34℃和 3.12℃，增幅以此为中心向四周减小，西藏山南市是增幅低值区。长江上游其余区域增幅的空间分布主要表现为自西向东递增，低值区在云南北部，3 种情景下的增幅分别低于 1.32℃、1.5℃和 2.12℃；高值区在湖南西部等，增幅分别高于 1.86℃、1.92℃和 2.64℃。

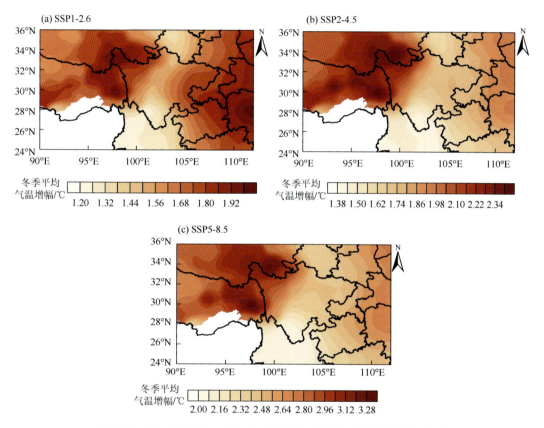

图 6.2.5　多模式集合平均预估长江上游冬季平均气温增幅的空间分布

图 6.2.6 是在 SSP1-2.6、SSP2-4.5 和 SSP5-8.5 情景下，13 个模式集合平均模拟的 2023～2082 年长江上游年平均气温增幅的时间序列。相对于 1990～2014 年，2023～2082 年这 60 年长江上游年平均气温在 SSP1-2.6、SSP2-4.5 和 SSP5-8.5 情景下，增幅分别为 1.45℃、1.62℃和 2.32℃，都呈显著升高的趋势，其中在 SSP1-2.6 情景下，升温趋势最小，为 0.14℃/10a；其次在 SSP2-4.5 情景下，为 0.34℃/10a；最大在 SSP5-8.5 情景下，升温趋势达到 0.66℃/10a，都通过 99%信度检验。2023～2052 年前 30 年，3 种情景下的年平均气温都显著升高，升温趋势分别为 0.27℃/10a、0.34℃/10a 和 0.52℃/10a，都通过 99%信度检验。2053～2082 年后 30 年，只有 SSP2-4.5 和 SSP5-8.5 情景下显著升高，升温趋势分别达到 0.27℃/10a 和 0.66℃/10a，通过 95%信度检验；SSP1-2.6 情景下的温度变化不显著。因此，SSP1-2.6 和 SSP2-4.5 情景下都是前 30 年升温趋势高于后 30 年，SSP5-8.5

情景下是后 30 年升温更加迅速。值得注意的是，大约 2045 年之前，SSP2-4.5 情景下的年平均气温低于 SSP1-2.6 情景下的年平均气温。

图 6.2.6　多模式集合平均预估 2023～2082 年年平均气温增幅的时间变化

春季(图 6.2.7)，长江上游 2023～2082 年平均气温显著升高，在 SSP1-2.6、SSP2-4.5和 SSP5-8.5 情景下，平均气温增幅分别为 1.35℃、1.45℃和 2.1℃，增温趋势分别达到 0.14℃/10a、0.3℃/10a 和 0.54℃/10a，都通过 99%信度检验。在 SSP1-2.6 情景下，2023～2052 年前 30 年，增温趋势达到 0.25℃/10a，通过 99%信度检验；2053～2082 年后 30 年，增温趋势不显著。在 SSP2-4.5 情景下，2023～2052 年前 30 年，平均气温增温幅度达到 0.29℃/10a，2053～2082 年后 30 年，趋势有所降低，也达到 0.26℃/10a。在 SSP5-8.5情景下，2053～2082 年后 30 年，增温较 2023～2052 年前 30 年更加迅速，前 30 年趋势为 0.5℃/10a，后 30 年达到 0.66℃/10a。大约 2045 年以前，春季平均气温在 SSP1-2.6 情景下的增幅较 SSP2-4.5 情景下低。

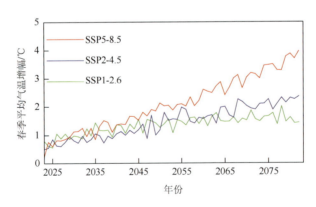

图 6.2.7　多模式集合平均预估 2023～2082 年春季平均气温增幅的时间变化

夏季(图 6.2.8)，长江上游 2023～2082 年平均气温在 SSP1-2.6、SSP2-4.5 和 SSP5-8.5情景下显著升高，升温趋势分别达到 0.13℃/10a、0.31℃/10a 和 0.58℃/10a，都通过 99%信度检验，60 年平均增幅分别为 1.34℃、1.58℃和 2.28℃，在 SSP5-8.5 情景下的增幅

远大于其余两种情景下。在 SSP1-2.6 情景下，平均气温增温主要在 2023～2052 年前 30 年，趋势达到 0.23℃/10a，通过 99%信度检验；2053～2082 年后 30 年增温不显著。在 SSP2-4.5 情景下，2023～2052 年前 30 年，增温更加迅速，趋势为 0.34℃/10a；2053～2082 年后 30 年，降到 0.24℃/10a，都通过 99%信度检验。在 SSP5-8.5 情景下，平均气温增温趋势都较高，2023～2052 年前 30 年为 0.5℃/10a；2053～2082 年后 30 年升到 0.66℃/10a，可见后 30 年增温更加迅速。此外，2035 年以前，平均气温在 3 种情景下的增幅相似。

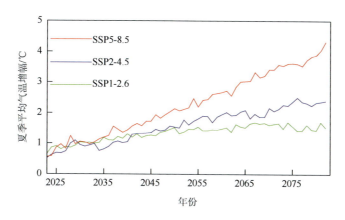

图 6.2.8　多模式集合平均预估 2023～2082 年夏季平均气温增幅的时间变化

秋季（图 6.2.9），在 SSP1-2.6、SSP2-4.5 和 SSP5-8.5 情景下，长江上游平均气温 2023～2082 年的增幅分别为 1.48℃、1.7℃和 2.44℃，都是明显增温，且在 SSP5-8.5 情景下远高于在其余两种情景下。在 3 种情景下，平均气温分别以 0.14℃/10a、0.33℃/10a 和 0.6℃/10a 的趋势显著升高，都通过 99%信度检验。在不同时段的增温趋势也有所不同，在 SSP1-2.6 情景下，增温主要在 2023～2052 年前 30 年，趋势为 0.3℃/10a；2053～2082 年后 30 年变化不显著。在 SSP2-4.5 情景下，2023～2052 年前 30

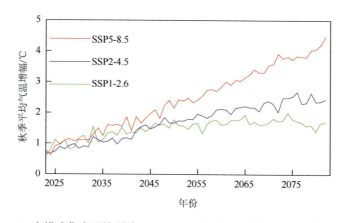

图 6.2.9　多模式集合平均预估 2023～2082 年秋季平均气温增幅的时间变化

年平均气温增温更加迅速，达到 0.39℃/10a；2053～2082 年后 30 年降到 0.24℃/10a。在 SSP5-8.5 情景下，2053～2082 年后 30 年增温速度明显，达到 0.66℃/10a，超过 2023～2052 年前 30 年的 0.5℃/10a。此外，大约 2040 年以前，平均气温增幅在 SSP1-2.6 情景下高于 SSP2-4.5 情景下，与 SSP5-8.5 情景下相当。

冬季（图 6.2.10），在 SSP1-2.6、SSP2-4.5 和 SSP5-8.5 情景下，长江上游平均气温 2023～2052 年的平均增幅分别为 1.66℃、1.75℃ 和 2.45℃，都是明显增温，且在 SSP5-8.5 情景下高于在其他两种情景下。平均气温在 SSP1-2.6、SSP2-4.5 和 SSP5-8.5 3 种情景下的增温趋势分别为 0.17℃/10a、0.33℃/10a 和 0.61℃/10a。在 SSP1-2.6 情景下，2023～2082 年增温主要在 2023～2052 年前 30 年，趋势为 0.33℃/10a，之后平均气温变化不显著。在 SSP2-4.5 情景下，2023～2052 年前 30 年增温更加迅速，趋势为 0.37℃/10a，之后降到 0.33℃/10a。在 SSP5-5.8 情景下，2023～2052 年前 30 年增温趋势为 0.5℃/10a，低于 2053～2082 年后 30 年的 0.66℃/10a，后期增温更强。此外，大约 2045 年以前，平均气温在 3 种情景下的增幅相似，一直到大约 2070 年，平均气温在 SSP1-2.6 和 SSP2-4.5 情景下的差距也不大，但 SSP5-8.5 情景下的增幅明显升高。

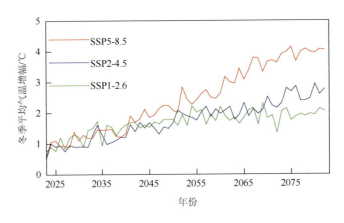

图 6.2.10　多模式集合平均预估 2023～2082 年冬季平均气温增幅的时间变化

6.2.2　最高气温变化预估

图 6.2.11 是在 SSP1-2.6、SSP2-4.5 和 SSP5-8.5 情景下，2023～2082 年年平均最高气温增幅的空间分布。由此看到，长江上游最高气温在 SSP1-2.6、SSP2-4.5 和 SSP5-8.5 情景下，2023～2082 年平均增幅整个区域都是显著升高，空间分布形式也基本相似。西藏、青海和四川西部高原最高气温增幅相对较高，其中西藏那曲市和四川阿坝州存在增幅高值区，在 3 种情景下，增温分别高于 1.38℃、1.68℃ 和 2.4℃，并以此为中心向四周降低，西藏山南市是增幅低值区。长江上游其余区域最高气温增幅相对于青藏高原有所降低，主要由云南北部向陕西等递增，其中云南北部等是增幅低值区，3 种情景下的增温分别低于 1.2℃、1.32℃ 和 1.92℃，增幅高值区在陕西南部等。

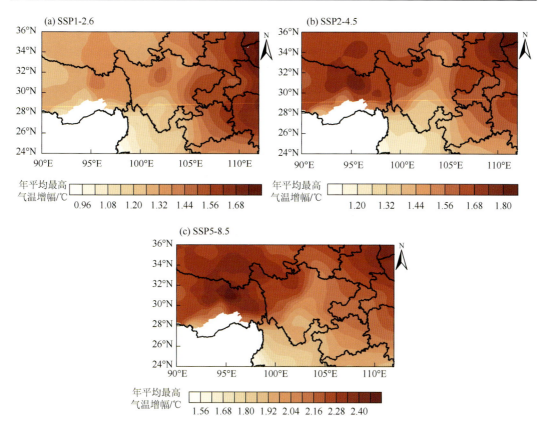

图 6.2.11　多模式集合平均预估长江上游年平均最高气温增幅的空间分布

　　春季（图 6.2.12），在 SSP1-2.6 情景下，西藏和青海青藏高原最高气温 2023～2082 年的平均增幅相对较低，其中西藏山南市是增幅低值区，四川西部高原阿坝州是增幅高值区，增温高于 1.32℃。长江上游其余区域最高气温增幅表现为由西向东递增，低值区在云南西北部，增温低于 1.14℃，高值区在湖南西部和广西北部等，增温高于 1.5℃。在 SSP2-4.5 和 SSP5-8.5 情景下的最高气温增幅空间分布类似，青藏高原在这两种情景下的

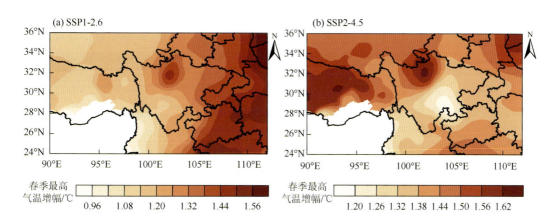

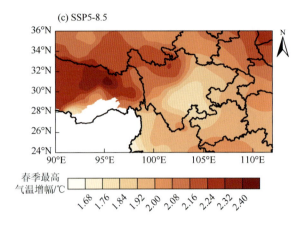

(c) SSP5-8.5

春季最高
气温增幅/℃　　1.68 1.76 1.84 1.92 2.00 2.08 2.16 2.24 2.32 2.40

图 6.2.12　多模式集合平均预估长江上游春季最高气温增幅的空间分布

最高气温增幅都高于其余区域，并且西藏那曲市和四川阿坝州附近存在增幅高值区，以此为中心向四周减弱，西藏山南市是增幅低值区。在 SSP2-4.5 和 SSP5-8.5 情景下，四川盆地出现最高气温增幅低值区，增温分别低于 1.2℃和 1.74℃，并由此向四周增加，广西北部和陕西等出现增幅高值区。

　　夏季（图 6.2.13），长江上游最高气温 2023～2082 年平均增幅的空间分布在 SSP1-2.6、SSP2-4.5 和 SSP5-8.5 情景下都非常相似，青藏高原最高气温增幅主要以西藏那曲市和青海三江源为中心向四周降低，西藏山南市是增幅低值区。长江上游其余区域最高气温增幅主要由南向北递增，其中广西北部和云南北部是相对低值区，在 3 种情景下的增温分别低于 1.08℃、1.24℃和 1.72℃，高值区主要在陕西南部等。此外，在 3 种情景下，川西南山地南部都出现最高气温增幅的高值中心。

　　秋季（图 6.2.14），在 SSP1-2.6、SSP2-4.5 和 SSP5-8.5 情景下，长江上游最高气温 2023～2082 年都显著升高，增幅的空间分布非常相似。青藏高原从西藏那曲市向东到四川阿坝州附近是增幅高值区，在 3 种情景下，最高气温增温分别高于 1.44℃、1.8℃和 2.56℃，四周增幅显著降低，西藏山南市还存在增幅低值区。长江上游其余区域最高气温增幅主要表现为由云南北部向东北方向逐渐升高，其中云南北部是增幅

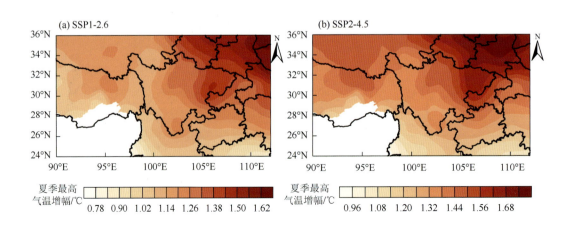

(a) SSP1-2.6　　　　　　　　　　　　　　　　　　(b) SSP2-4.5

夏季最高
气温增幅/℃　　0.78 0.90 1.02 1.14 1.26 1.38 1.50 1.62　　　夏季最高
气温增幅/℃　　0.96 1.08 1.20 1.32 1.44 1.56 1.68

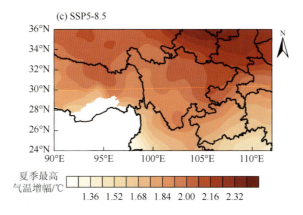

图 6.2.13　多模式集合平均预估长江上游夏季最高气温增幅的空间分布

低值区，在 3 种情景下的增温分别低于 1.2℃、1.32℃和 1.92℃，高值区主要在湖南西部和陕西南部等。

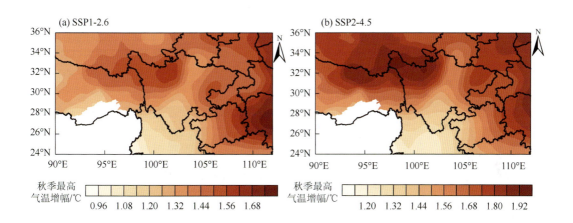

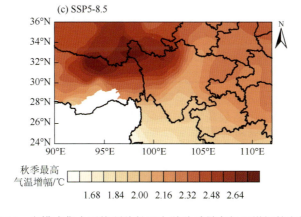

图 6.2.14　多模式集合平均预估长江上游秋季最高气温增幅的空间分布

　　冬季(图 6.2.15),在 SSP1-2.6、SSP2-4.5 和 SSP5-8.5 情景下,长江上游最高气温 2023~2082 年平均增幅都升高,并具有类似的空间分布。青藏高原最高气温增幅高值区在西藏东部,在 3 种情景下的增温分别高于 1.62℃、2.04℃和 2.64℃,低值区在西藏山南市。长江上游其余区域最高气温增幅自云南北部向东北方向逐渐升高,增幅最低在云南北部,在 3 种情景下的增温分别低于 1.2℃、1.32℃和 1.84℃;高值区主要在湖南西部,增温分别高于 2.04℃、1.98℃和 2.56℃。此外,四川中东部、重庆、贵州东部和湖南西部等最高气温增幅在 SSP1-2.6 情景下高于 SSP2-4.5 情景下。

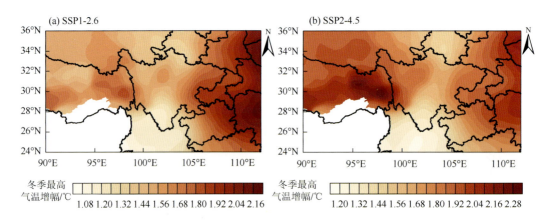

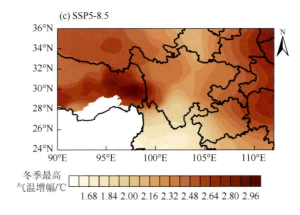

图 6.2.15　多模式集合平均预估长江上游冬季最高气温增幅的空间分布

　　图 6.2.16 是在 SSP1-2.6、SSP2-4.5 和 SSP5-8.5 情景下,13 个模式集合平均模拟的 2023~2082 年长江上游年平均最高气温增幅的时间序列。2023~2082 年,长江上游最高气温在 3 种情景下的平均增幅分别达到 1.43℃、1.54℃和 2.11℃。在 SSP1-2.6 情景下,以 0.16℃/10a 的趋势显著增温,增温主要在 2023~2052 年前 30 年,达到 0.28℃/10a,2053~2082 年后 30 年最高气温变化不显著。在 SSP2-4.5 和 SSP5-8.5 情景下,最高气温分别以 0.33℃/10a 和 0.54℃/10a 的趋势明显增温,且整个时期都显著,其中在 SSP2-4.5 情景下的最高气温 2023~2052 年前 30 年增温更加迅速,趋势为 0.29℃/10a,之后降到 0.27℃/10a;在 SSP5-8.5 情景下 2053~2082 年后 30 年升温更加迅速,2023~2052 年前 30 年为

0.51℃/10a，2053～2082 年后 30 年上升到 0.55℃/10a。此外，大约在 2045 年之前，最高
气温在 3 种情景下的增幅相似，大约在 2055 年之前，最高气温在 SSP1-2.6 和 SSP2-4.5
情景下的增幅接近。

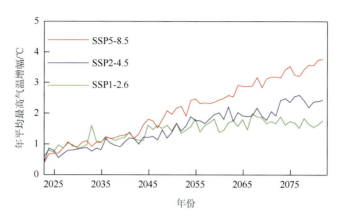

图 6.2.16　多模式集合平均预估 2023～2082 年年平均最高气温增幅的时间变化

春季（图 6.2.17），在 SSP1-2.6、SSP2-4.5 和 SSP5-8.5 情景下，长江上游 2023～2082 年
未来 60 年最高气温的平均增幅分别为 1.36℃、1.39℃和 2.07℃，在 SSP5-8.5 情景下的增幅
显著高于其他两种情景下。在 SSP1-2.6 情景下，最高气温以 0.17℃/10a 的趋势升高，2023～
2052 年前 30 年，增温达到 0.23℃/10a，2053～2082 年后 30 年，降到 0.13℃/10a。在 SSP2-4.5
和 SSP5-8.5 情景下，最高温度分别以 0.32℃/10a 和 0.51℃/10a 的趋势显著升温，在这两种
情景下后 30 年增温更加迅速，其中前 30 年分别为 0.24℃/10a 和 0.48℃/10a，后 30 年都有
所升高，分别达到 0.33℃/10a 和 0.6℃/10a。大约在 2065 年以前，SSP1-2.6 和 SSP2-4.5 情景
下的最高气温增幅接近，之后 SSP2-4.5 情景下的最高气温增幅略大于 SSP1-2.6 情景下。

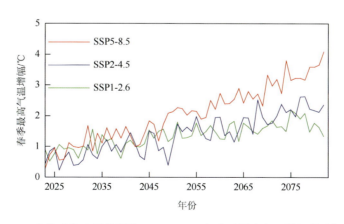

图 6.2.17　多模式集合平均预估 2023～2082 年春季最高气温增幅的时间变化

夏季（图 6.2.18），在 SSP1-2.6、SSP2-4.5 和 SSP5-8.5 情景下，长江上游最高气
温 2023～2082 年的平均增幅分别达到 1.26℃、1.43℃和 2.01℃。在 3 种情景下最高气

温分别以 0.17℃/10a、0.31℃/10a 和 0.55℃/10a 的趋势显著增温，但不同时期在不同情景下的变化又有所差异。在 SSP1-2.6 情景下，2023～2052 年前 30 年，最高气温以 0.22℃/10a 显著升高，2053～2082 年后 30 年，最高气温趋势变化不显著，甚至大约在 2070 年之后还有降温的趋势。在 SSP2-4.5 情景下，2023～2052 年前 30 年，升温速度最大，达到 0.27℃/10a，2053～2082 年后 30 年，降到 0.25℃/10a，2060～2070 年还有降温的趋势。在 SSP5-8.5 情景下，最高气温后期升温更加迅速，其中前 30 年为 0.5℃/10a，后 30 年增到 0.59℃/10a。值得注意的是，大约在 2040 年以前，最高气温在 3 种情景下的增幅接近，其中在 SSP1-2.6 和 SP2-4.5 情景下，大约在 2055 年之前最高气温的增幅也接近。

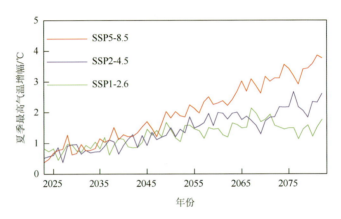

图 6.2.18　多模式集合平均预估 2023～2082 年夏季最高气温增幅的时间变化

秋季（图 6.2.19），在 SSP1-2.6、SSP2-4.5 和 SSP5-8.5 情景下，长江上游 2023～2082 年最高气温的平均增幅分别为 1.44℃、1.63℃ 和 2.28℃，且在 SSP5-8.5 情景下的增幅明显高于其他两种情景下。在 SSP1-2.6 情景下的最高气温以 0.15℃/10a 的趋势升高，升温主要在 2023～2052 年前 30 年，增温趋势为 0.3℃/10a，2053～2082 年后 30 年，变化不显著。在 SSP2-4.5 和 SSP5-8.5 情景下，最高气温分别以 0.37℃/10a 和 0.62℃/10a 的趋势显著升高，2023～2052 年前 30 年，升温速度快，分别达到 0.34℃/10a 和 0.64℃/10a，

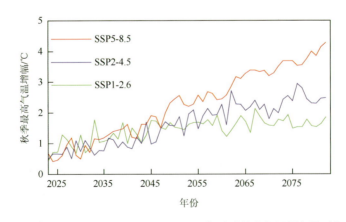

图 6.2.19　多模式集合平均预估 2023～2082 年秋季最高气温增幅的时间变化

2053～2082 年后 30 年，分别降到 0.22℃/10a 和 0.63℃/10a，值得注意的是，2060～2070 年，在 SSP2-4.5 情景下的最高气温存在降低的趋势。大约在 2045 年以前，最高气温在 3 种情景下的增幅差距不大，甚至 2030～2040 年，在 SSP1-2.6 情景下的增幅还略高于 SSP2-4.5 情景下。

冬季（图 6.2.20），在 SSP1-2.6、SSP2-4.5 和 SSP5-8.5 情景下，长江上游 2023～2082 年最高气温的平均增幅分别为 1.68℃、1.73℃ 和 2.4℃。在 SSP1-2.6、SSP2-4.5 和 SSP5-8.5 3 种情景下的最高气温分别以 0.17℃/10a、0.35℃/10a 和 0.63℃/10a 的趋势显著上升，但不同时段不同情景下最高气温增温趋势又有所不同。在 SSP1-2.6 情景下，最高气温增温主要在 2023～2052 年前 30 年，趋势为 0.39℃/10a，2053～2082 年后 30 年，变化不显著。在 SSP2-4.5 情景下，最高气温 2023～2052 年前 30 年，增温趋势为 0.31℃/10a，2053～2082 年后 30 年有所降低，但也达到 0.29℃/10a，2060～2070 年和 2075 年以后还存在降温的趋势。在 SSP5-8.5 情景下，最高气温后 30 年增温更加迅速，前 30 年以 0.49℃/10a 的趋势显著升高，后 30 年又上升到 0.69℃/10a。此外，大约在 2045 年以前，在 3 种情景下的最高气温增幅接近，大约在 2060 年以前，最高气温在 SSP1-2.6 情景下的增幅与 SSP2-4.5 情景下接近。

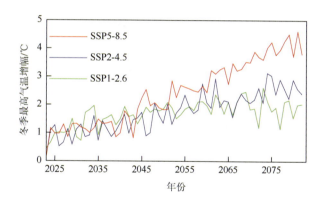

图 6.2.20　多模式集合平均预估 2023～2082 年冬季最高气温增幅的时间变化

6.2.3　最低气温变化预估

图 6.2.21 是在 SSP1-2.6、SSP2-4.5 和 SSP5-8.5 情景下，长江上游 2023～2082 年年平均最低气温增幅的空间分布。年平均最低气温在 3 种情景下未来都升高，空间分布也非常相似。青藏高原最低气温增幅较高，其中高值区主要在青海三江源，在 SSP1-2.6、SSP2-4.5 和 SSP5-8.5 情景下的增幅分别高于 1.44℃、1.8℃ 和 2.64℃，西藏昌都市增幅也较高，在 SSP2-4.5 和 SSP5-8.5 情景下分别出现高于 1.8℃ 和 2.64℃ 的高值区。在 3 种情景下，青藏高原最低气温增幅低值区都在西藏山南市。长江上游其余区域最低气温增幅都是由云南北部向东北方到陕西南部等逐渐升高，云南北部是最低气温增幅低值区，在 SSP1-2.6、SSP2-4.5 和 SSP5-8.5 情景下的增幅分别低于 1.14℃、1.32℃ 和 1.86℃，高值区主要在陕西南部等，尤其是在 SSP2-4.5 和 SSP5-8.5 情景下。

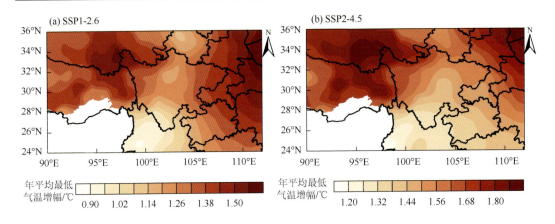

图 6.2.21　多模式集合平均预估长江上游年平均最低气温增幅的空间分布

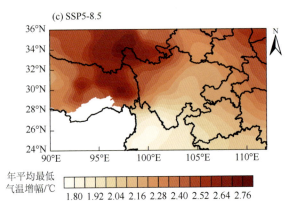

春季（图 6.2.22），2023～2082 年长江上游最低气温在 3 种情景下都升高，增幅的空间分布也类似。青藏高原最低气温的升温幅度高于其他区域，增幅高值区在青海南部，在 SSP1-2.6、SSP2-4.5 和 SSP5-8.5 情景下的增幅分别高于 1.38℃、1.74℃和 2.56℃。西藏北部最低气温增幅高于南部，如昌都市是增幅高值区，山南市和林芝市是增幅低值区。

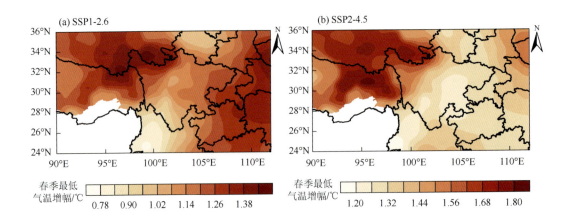

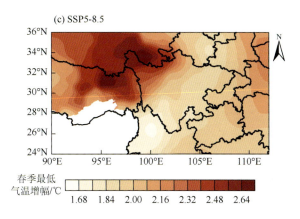

图 6.2.22　多模式集合平均预估长江上游春季最低气温增幅的空间分布

在 SSP1-2.6 情景下，长江上游其余区域最低气温增幅主要表现为由云南北部向东北方向逐渐增大，其中云南北部和西部是增幅低值区，增温低于 0.9℃；高值区主要在湖南和湖北西部等，增温高于 1.32℃。在 SSP2-4.5 情景下，最低气温增幅低值区在四川中南部，低于 1.26℃，向四周增幅逐渐升高，尤其是东北方向，陕西和湖北西部等有高于 1.38℃ 的增幅高值区。在 SSP5-8.5 情景下，增幅低值区在云南西北部，低于 1.76℃，向东北方增幅逐渐增加，湖南和湖北西部附近出现高于 2.08℃ 的高值区。此外，云南昭通市附近还存在一小范围增幅低值区。

夏季（图 6.2.23），2023～2082 年长江上游最低气温显著上升，空间分布在 3 种情景下也基本相似。青藏高原西藏林芝市到四川甘孜州附近是最低气温增幅低值区，在 SSP1-2.6、SSP2-4.5 和 SSP5-8.5 情景下，增幅分别低于 0.9℃、1.14℃ 和 1.76℃，西藏那曲市和青海三江源增幅相对较高。长江上游其余区域最低气温增幅主要表现为由广西北部向北逐渐增加，广西北部是增幅低值区，在 3 种情景下增幅分别低于 1.02℃、1.2℃ 和 1.84℃，高值区在陕西南部等，增幅分别高于 1.32℃、1.68℃ 和 2.4℃。

秋季（图 6.2.24），2023～2082 年长江上游最低气温都显著升高，增幅的空间分布在 3 种情景下非常相似。青藏高原最低气温增幅高于其余区域，增幅高值区在青海南部，在

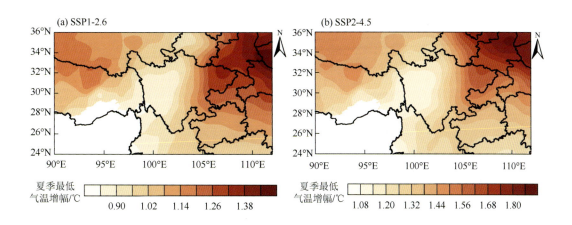

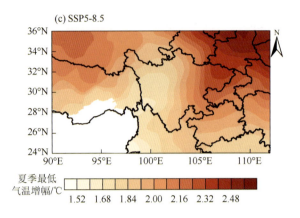

图 6.2.23　多模式集合平均预估长江上游夏季最低气温增幅的空间分布

SSP1-2.6、SSP2-4.5 和 SSP5-8.5 情景下，增幅分别高于 1.62℃、2.08℃和 3.04℃，且增幅向四周迅速减小，增幅低值区在西藏山南市。长江上游其余区域最低气温增幅主要由云南北部向东北方向逐渐增加，其中云南北部增幅低值区在 3 种情景下分别低于 1.08℃、1.36℃和 2.0℃，增幅最高值在湖南和湖北西部等。

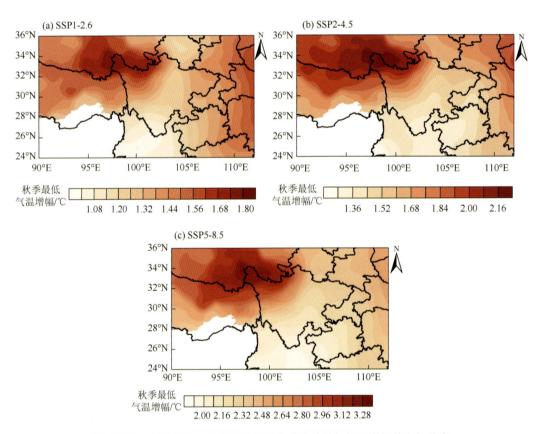

图 6.2.24　多模式集合平均预估长江上游秋季最低气温增幅的空间分布

冬季（图 6.2.25），2023～2082 年长江上游最低气温在 3 种情景下都显著上升，空间分布也非常相似。青藏高原最低气温增幅明显高于其余区域，西藏中东部向北到青海三江源是最低气温增幅高值区，尤其是西藏东部，在 SSP1-2.6、SSP2-4.5 和 SSP5-8.5 情景下的增幅分别高于 1.92℃、2.4℃ 和 3.36℃，也是长江上游最低气温增幅最大区域，西藏那曲市和山南市是增幅低值区。长江上游其余区域最低气温增幅由云南北部向东部方向逐渐增加，云南北部是增幅低值区，在 3 种情景下的增幅分别低于 1.2℃、1.36℃ 和 1.96℃；高值区主要在湖北西部和陕西等，在 3 种情景下的增幅分别高于 1.92℃、2.0℃ 和 2.66℃。

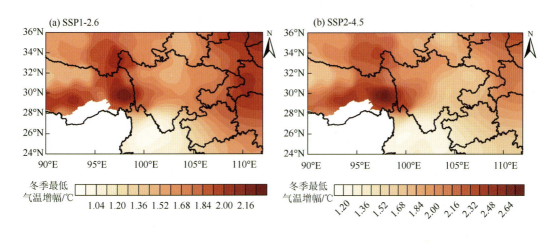

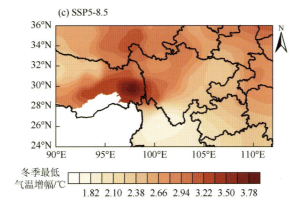

图 6.2.25　多模式集合平均预估长江上游冬季最低气温增幅的空间分布

图 6.2.26 是在 SSP1-2.6、SSP2-4.5 和 SSP5-8.5 情景下，13 个模式集合平均模拟的 2023～2082 年长江上游年平均最低气温增幅的时间序列。相对于 1990～2014 年，长江上游 2023～2082 年最低气温在 3 种情景下的年平均增幅分别为 1.31℃、1.52℃ 和 2.2℃，都呈明显增温趋势。在 SSP1-2.6、SSP2-4.5 和 SSP5-8.5 3 种情景下，增温趋势分别为 0.13℃/10a、0.31℃/10a 和 0.57℃/10a，但不同时期在不同情景下的增温趋势又不同。在

SSP1-2.6 情景下，最低气温增温主要在 2023～2052 前 30 年，趋势为 0.25℃/10a，2053～2082 后 30 年变化不显著。在 SSP2-4.5 情景下，最低气温 2023～2052 年前 30 年增温更加迅速，趋势为 0.34℃/10a，2053～2082 年后 30 年降到 0.27℃/10a。在 SSP5-8.5 情景下，最低气温后 30 年增温更加迅速，其趋势为 0.64℃/10a，明显高于前 30 年的 0.51℃/10a。此外，大约在 2050 年以前，最低气温在 SSP1-2.6 和 SSP2-4.5 情景下的增幅接近。

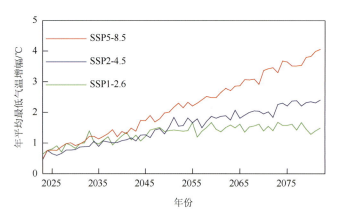

图 6.2.26　多模式集合平均预估 2023～2082 年年平均最低气温增幅的时间变化

春季（图 6.2.27），长江上游最低气温 2023～2082 年这 60 年在 SSP1-2.6、SSP2-4.5 和 SSP5-8.5 情景下的平均增幅分别为 1.18℃、1.35℃和 1.99℃。最低气温在 3 种情景下，分别以 0.13℃/10a、0.29℃/10a 和 0.5℃/10a 的趋势上升，但不同时期在不同情景下的上升趋势不同。在 SSP1-2.6 情景下，2023～2052 年前 30 年，最低气温增温趋势为 0.2℃/10a，2053～2082 年后 30 年变化不显著。在 SSP2-4.5 和 SSP5-8.5 情景下，最低气温后 30 年增温速度高，前 30 年增温趋势分别为 0.26℃/10a 和 0.46℃/10a，后 30 年分别上升到 0.3℃/10a 和 0.57℃/10a。此外，大约 2050 年以前，最低气温在 SSP1-2.6 和 SSP2-4.5 情景下的增幅接近，大约 2040 年以前，3 种情景下的增幅也相差不大，只是 SSP5-8.5 情景下的增幅略高。

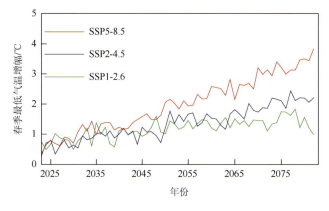

图 6.2.27　多模式集合平均预估 2023～2082 年春季最低气温增幅的时间变化

夏季（图 6.2.28），长江上游最低气温 2023～2082 年这 60 年在 SSP1-2.6、SSP2-4.5
和 SSP5-8.5 情景下的平均增幅分别为 1.12℃、1.42℃和 2.07℃。最低气温在 3 种情景下，
分别以 0.11℃/10a、0.3℃/10a 和 0.57℃/10a 的趋势升高，但不同时期在不同情景下的升
温趋势有所差异。在 SSP1-2.6 情景下，最低气温显著升温主要在 2023～2052 年前 30 年，
趋势为 0.2℃/10a，2053～2082 年后 30 年变化不显著。在 SSP2-4.5 情景下，最低气温在
2023～2052 年前 30 年增温更加迅速，趋势为 0.35℃/10a，在 2053～2082 年后 30 年降到
0.24℃/10a。在 SSP5-8.5 情景下，后 30 年增温速度更快，前 30 年趋势为 0.46℃/10a，后
30 年上升到 0.63℃/10a。此外，大约在 2050 年以前，SSP1-2.6 和 SSP2-4.5 情景下的最低
气温增幅接近，大约在 2035 年以前，3 种情景下的增幅也接近。

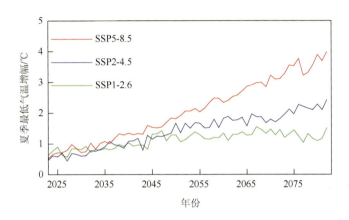

图 6.2.28　多模式集合平均预估 2023～2082 年夏季最低气温增幅的时间变化

秋季（图 6.2.29），长江上游最低气温 2023～2082 年在 SSP1-2.6、SSP2-4.5 和 SSP5-8.5
情景下的平均增幅分别为 1.33℃、1.57℃和 2.29℃，在 SSP5-8.5 情景下增幅远高于另外两
种情景下。最低气温在 3 种情景下都呈显著增温趋势，增温速度分别为 0.13℃/10a、
0.33℃/10a 和 0.61℃/10a。在 SSP1-2.6 和 SSP2-4.5 情景下，最低气温都是在 2023～2052 年
前 30 年增温更快，趋势分别为 0.25℃/10a 和 0.39℃/10a，2053～2082 年后 30 年分别降

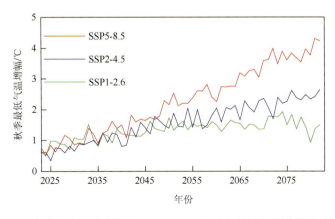

图 6.2.29　多模式集合平均预估 2023～2082 年秋季最低气温增幅的时间变化

低到 0.24℃/10a 和 0.32℃/10a。在 SSP5-8.5 情景下，最低气温在 2053～2082 年后 30 年增温更加迅速，在 2023～2052 年前 30 年趋势为 0.54℃/10a，后 30 年又上升到 0.68℃/10a。此外，大约在 2040 年以前，最低气温在 3 种情景下的增幅接近，大约在 2050 年以前，SSP1-2.6 和 SSP2-4.5 情景下的增幅接近。

冬季（图 6.2.30），长江上游 2023～2082 年这 60 年最低气温在 SSP1-2.6、SSP2-4.5 和 SSP5-8.5 情景下的平均增幅分别达到 1.63℃、1.78℃ 和 2.48℃，是增幅最大的季节。在 SSP1-2.6 情景下，最低气温以 0.14℃/10a 的趋势升高，增温主要在 2023～2052 年前 30 年，达到 0.36℃/10a，2053～2082 年后 30 年不显著。在 SSP2-4.5 情景下，最低气温以 0.34℃/10a 的速率显著升高，前 30 年增温速度快，达到 0.37℃/10a，后 30 年降到 0.24℃/10a。在 SSP5-8.5 情景下，最低气温后 30 年增温速度加快，前 30 年趋势为 0.59℃/10a，后 30 年升到 0.66℃/10a。此外，大约在 2040 年以前，最低气温 3 种情景下的增幅相似，而在 SSP1-2.6 和 SSP2-4.5 情景下的增幅大约在 2055 年以前也接近。

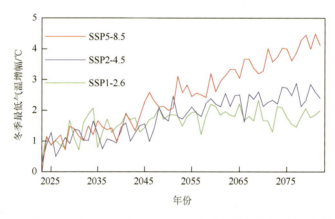

图 6.2.30　多模式集合平均预估 2023～2082 年冬季最低气温增幅的时间变化

6.3　长江上游气候变化应对

由前文可知，在全球气候变化下，随着人类活动的加剧，长江上游未来气候区域响应特征呈显著变暖趋势，因此，长江上游气象、地质等自然灾害的现实影响和未来风险都急剧加大。那么，在前文分析结果的基础上，长江上游区域，尤其是青藏高原主体、高原周边邻近及其下游关键敏感区域，如何基于现实气候变化和未来气候状况，科学有效地应对、防御气象、地质灾害频发及其影响，是摆在政府和群众面前的一项事关现实和未来的重大任务。

长江上游面积辽阔，地形变化剧烈，地质条件复杂，环境状况多样，未来随着气候显著变暖，极端天气气候事件增多带来的灾害及其影响更加突出。因此，长江上游应对气候变化，首先必须在全球和国家统一行动的整体框架下，开展好降水、气温等未来气候变化及其伴随灾害的全局应对；其次必须结合长江上游特点和实际，多层次、多方面地做好减缓、适应气候变化的区域应对措施，实现有序、有利和有效地应对。通过努力，实现长江上游区域气候变化应对效益的最大化，为国家和全球应对气候变化的神圣使命做出应有的贡献。

6.3.1　降水变化应对

研究表明，在全球气候变暖情况下，降水天气气候发生显著的变化，降水区域响应表现出时空变化的差异性，一些地方降水增多，另一些地方降水减少，一段时期降水增多，另一段时期降水减少，并具有多种组合形式，小雨、中雨、大雨和暴雨等不同量级降水日数和强度也呈不同的变化。但是，不管降水格局未来如何变化，其极端性加剧是一个共同的基本特征。事实上，长江上游 2023～2082 年这 60 年暴雨强度增强，暴雨次数也增多，暴雨洪涝及其相关灾害不断发生，影响严重。因此，在降水变化应对中，长江上游应注意加强汛期暴雨洪涝灾害及其风险的防控。最基本的要从以下几点入手。

（1）植树造林，增加植被覆盖率，绿化荒山，恢复植被，改善生态环境，这是治理长江洪水的根本措施，同时严禁乱砍滥伐，在保护好现有植被的基础上，尽快提高植被覆盖率，改善长江流域生态环境。

（2）加固江防大堤，沿江流域一定要下功夫加固河堤。

（3）兴建一批分洪、蓄洪拦水坝工程，修建水库，建设一些大型的水利枢纽工程。

（4）禁止围湖造田，推行平垸行洪政策，落实移民建镇计划，帮助农民发展替代产业，减小抗洪压力，教育人们退耕还林还草还湖。

此外，还要防范暴雨天气增多带来的诸多不便甚至伤害。除以上提到的应对措施外，还需要注意做好以下防护。

（1）减少外出防意外。在暴雨多发季节，注意随时收听收看天气预报预警信息，合理安排生产活动和出行计划，尽量减少外出。

（2）修好屋顶防漏雨。暴雨来临前，城乡居民应仔细检查房屋，尤其是提前及时抢修房顶，预防雨水淋坏家具或冲灌房屋；预防雨水造成房屋倾斜、倒塌，导致无处安身。

（3）畅通水道防堵塞。暴雨持续过程中，应确保各种水道畅通，防止垃圾杂物堵塞水道，造成积水、漫涌和淹没。

（4）关闭电源防伤人。暴雨来势凶猛，一旦家中进水，应当立即切断家用电器的电源，防止积水带电伤人。

（5）远离山体坡面防不测。山区强降水也会引发山洪、泥石流和滑坡等水文、地质灾害，附近居民或行人需尽量远离危险地带，避免事故发生。

虽然长江上游未来强降水频发，但在未来高温高湿的区域气候下，由于天气气候变化的突发性、局地性、转换性和交互性等特征，极易引起旱涝的交错、共生、急转、持续等，造成极端异常、复杂多样的自然灾害。因此，2023～2082 年这 60 年在防御暴雨洪涝及其相关灾害的同时，也应加强对干旱灾害及其重大影响的防御与应对。需重点从以下几个方面采取应对措施。

（1）加强全民水危机意识的教育，牢固树立长期抗旱思想，把节水作为一项长期的基本国策，建立节水型农业、工业和社会。全社会的每个人都树立起强烈的水危机意识，彻底改变水是"取之不尽，用之不竭"的传统观念。把保护水资源、合理开发利用水资源提到重要日程，这是做好抗旱减灾的基本前提。

（2）加强水源工程建设，大力推广旱作农业技术，提高抗旱节水的科技含量。倡导因地制宜加强抗旱水源工程建设，积极推广使用"旱地龙"等抗旱剂、种子包衣，以及其他一些生物和化学抗旱措施。

（3）推行抗旱预案制度，建立抗旱信息系统和抗旱物资储备制度，提高对干旱灾害的应急响应能力。加快建立面向全国的抗旱信息系统，形成由中央、省、市和县组成的抗旱信息管理网络，集旱情监测、传输、分析和决策支持于一体，涵盖水情、雨情和工情变化的各种相关因素，做到及时准确地收集旱情和抗旱信息，准确评价干旱对经济社会发展的影响；建立抗旱物资储备制度，避免抗旱经费下拨过程缓慢和挪用等弊端，满足"一旦需要，随时调用"的抗旱要求。

（4）加快抗旱救灾立法，依法规范抗旱行为；探索旱灾保险机制，保障农业持续稳定发展。近几年的抗旱实践表明，单纯依靠行政手段解决水量分配、规范用水秩序、经济补偿等各种水事问题难度越来越大，已经很难满足现实抗旱的需要，迫切需要将这些矛盾问题纳入法治轨道，使抗旱工作更为规范和高效。

6.3.2　气温变化应对

2015 年通过的《巴黎协定》，确定了 2020 年后全球应对气候变化国际合作的制度框架，规定了全球升温幅度的限制和温室气体减排的长期目标，提出全球平均气温较工业化前水平升高幅度控制在 2℃之内、力争把升温控制在 1.5℃之内的新目标。长江上游是我国天气气候和环境变化的上游区、敏感区和信号区，在我国自然、经济和社会发展中具有不可替代的重要地位，其综合影响广泛而深远。由于长江上游温度变化对温室气体排放较为敏感，未来随着温室气体释放增加，长江上游的温度上升更加显著，尤其是青藏高原及其周边区域。因此，在气温变化应对中，长江上游必须有效控制温度的上升，从根源上积极采取措施，努力降低温室气体浓度，实现减缓温度上升的目标。

经济和人口增长是温室气体释放的主要驱动因子，其中人口增长的贡献大致保持整体稳定，经济增长的贡献则大幅度上升。由于经济增长带来的人为温室气体排放仍然不断增加，因此，科学应对经济增长带来的温室气体排放对减缓长江上游温度上升有着重要的作用，主要集中在以下几个方面：一是调整产业结构。推进传统产业转型升级，加快推动节能环保等战略性新兴产业发展，提高产业绿色低碳发展水平。二是优化能源结构。大力发展核能、风能和太阳能等清洁可再生能源，加快清洁可再生能源和新能源对化石能源的替代，使用碳捕获与封存技术的化石能源，以及采用生物质联合碳捕获与封存技术的零碳或低碳能源，从而建立合理的能源消费模式。三是加强科技研发，强化自主创新。加快非化石能源开发和装备制造技术与化石能源清洁开发利用技术的应用推广。其中化石能源开发利用技术包括煤炭清洁开发利用技术、油气开发利用技术等；非化石能源技术和装备制造技术包括可再生能源技术及装备、先进核能技术及装备等。四是推进建筑与交通方面节能减排。建筑的低碳发展，首先要重视对建筑规模的控制；其次，应当以实际能耗数据为导向，在能耗总量和强度双控目标的要求下，重视各类建筑用能的需求差异，倡导绿色生活方式，推动节能市场化发展，鼓励推进近零能耗等技术、楼宇精细化运维、直流建筑和柔性供电技术创新。交通的低碳发展，则是使用低碳燃料组合，发展改进型车辆，提升发动机性能，鼓励从小汽车出行转向低碳交通方式（步行、自行车、公共汽车和轨道交通）出行，建立完善的城市公共交通体系和发达的慢行交通体系。五是开展国际合作，形成共同行动。通过建立原则、规范和规则，形成具有制度化和法律化的渠道，实现有效的全球气候变化应对集体行动，使气候治理效率最大化。

利用生态系统固碳，增加碳汇也是减少温室气体的重要途径。森林是陆地生态系统的主体，在全球碳循环和调节气候变化中具有显著的作用，通过植物的光合作用，可以提高生态系统的碳吸收和储存能力，从而降低大气中二氧化碳的浓度。因此，增加森林总量、提高森林质量、增强森林生态服务功能等都能有效降低大气中的温室气体浓度。此外，草地、湿地和农田等有关类型土壤也是重要的碳汇，因此，通过荒漠化治理、推动湿地保护和恢复、保护耕地行动等计划措施的实施，增加草原、湿地和农田等陆地碳汇能力，也能减缓长江上游区域未来温度的上升趋势。

开展节能减排的同时，也必须增强对长江上游区域气候变化趋利避害的适应性。长江上游是全国重要的农区，也是水资源最丰富的地区。应推进高标准农田建设，加强土壤平整、土壤改良、优化农业灌溉排水设施，推广旱作节水农业技术，增强农业应对气候变暖的能力。应加强水利基础设施建设，完善水资源配置，加强水生态环境保护，减弱和避免自然灾害及其影响，增强长江上游应对气候变暖下重大旱涝灾害和区域性缺水等问题的能力。开展长江上游整体保护、系统修复、综合治理，提高生态系统的质量和稳定性，由此推动长江上游湿地保护和恢复，提升区域生态系统服务功能。提升综合防灾减灾体系，健全气候变化风险管理机制。完善极端灾害多发区和高影响行业气象、水文、地质等防灾减灾基础监测体系，加强极端天气气候事件影响机理深入研究，提高预报预测和风险预警服务能力；完善防灾减灾防御机制、防灾减灾救灾组织体系和制度体系，建立自然灾害风险普查和风险区划制度，扎实做好自然灾害风险动态普查；完善综合防灾减灾应急预案，建立灾害风险管理制度，推动建立巨灾保险制度；增强航空应急救援、应急物资储备、避难场所建设等应急处置能力；做到工程措施与非工程措施并重，完善应急机制，包括灾前预警系统、灾中反应系统、灾后恢复系统的建立与发展，由此切实应对长江上游区域气候响应，确保自然与人类和谐友好共存发展。

6.3.3　重点区域应对

做好长江上游气候变化区域应对，必须认真贯彻落实习近平总书记关于"山水林田湖草沙是生命共同体"的生态文明理念，围绕重点区域，突出因地制宜，加强协同应对，通过科学有序的政策措施，达到长江上游区域整体保护、系统修复、综合治理的目的，繁荣地方经济，改善人民生活，确保区域高质量发展。

长江上游重点区域青藏高原主体，尤其是青海南部、西藏和四川西北部等地处高原特殊环境，地质构造复杂，地质环境脆弱，虽然历史降水量稀少，但气候变暖导致该区域未来气温增加最多，大雨和暴雨等强降水事件也显著增多，因此是灾害多发地。强降水事件的发生容易带来严重的滑坡、山洪、泥石流等灾害。因此，为了应对地质灾害加重带来的影响，这些区域一方面需要根据气候变化影响，扩大适宜的树草品种，通过植树造林，增加植被覆盖率，绿化荒山，恢复被破坏的植被，严禁乱砍滥伐，增加森林总量，提高森林质量，加强荒漠化治理，推动湿地保护和恢复，维护好现有植被，尽快提升植被覆盖率，从而改善区域生态环境。森林、草地、湿地等都是重要的碳汇，生态环境的改善也会提高生态系统的碳吸收和储存能力，从而降低大气中二氧化碳的浓度，减缓大气温度上升趋势，减少强降水事件的发生。另一方面，通过多方式的地质调查，查清相关区域遭受地质灾害的威胁程度，分区评价地质灾害危险性，划定不同地质灾害防治区，根据分区制定区域地质灾害防治措施和防灾预案，达到防灾减灾的目的。此外，加强地质灾害的动态监测和预报，健全完善的预警系统，加强地质灾害防治宣传，提高全民的防灾减灾意识。随着未来气温升高，长江上游高原区域草原及森林火灾概率增加，这些区域必须继续严控火源，如不放野火烧山；不在林区烧柴取暖、烘烤食物和烧饭；不在林区吸烟、乱丢烟头；不在林区烧香、烧纸、放鞭炮；不携带火种进入山林等。必须继续深化火灾预警系统的建设，促使有关部门及时采取相应行动，组织调动力量，遏制火灾蔓延。同时加强防火体系的构建，形成可行的火灾应急预案，加强宣传教育，定期演练，树立防火意识。

长江上游重点区域青藏高原东南侧邻近，包括四川中东部、云南北部、重庆、贵州、湖南西部和广西北部等未来温度明显升高，大雨和暴雨次数也明显增多，极端天气气候事件频发。这些区域以平原和丘陵为主，是长江上游经济最发达、人口最密集的区域，也是重要的农区，一旦发生灾害会带来严重的影响。一方面，气温升高带来的高温干旱等极端天气气候对该区域人民的生产生活有着重要的影响，如 2022 年夏季长江流域遭受严重的高温干旱，四川、重庆、湖南和湖北等尤为严重，其中四川夏季降水量较常年同期减少 35%，是 1961 年有完整气象观测记录以来历史同期最少，共计 143 站发生伏旱，重旱有 17 站，特旱达到 64 站，降水减少导致四川主要流域来水严重偏枯，如 7 月偏枯 40%，8 月偏枯 50%，汛期发电及其输电能力遭受严重打击，对区域及全国其他省/市的人民生产生活、经济发展都造成巨大的负面影响。因此，为了应对未来该区域极端高温干旱事件频发，需要加强水利基础设施建设和修复，完善水资源配置，加强水生态环境保护，增强应对气候变暖带来的高温干旱灾害和区域性缺水等问题的能力。加大对江、河、湖以及农田水利设施的修缮和完善力度，对现有水库、塘坝、水池等蓄水工程进行整修，增加有效的蓄水能力。该区域作为主要的农区，应该根据未来气候状况，优化农业生产布局，改进生产技术，选育和种植耐旱品种，深耕覆盖，在易旱区推行旱作农业。同时，该区域未来大雨和暴雨也明显增多，降水不稳定性加大，发生暴雨洪涝灾害的概率增大，另外，强降水事件还会造成严重的城市内涝，以及山洪、泥石流等灾害。2013 年 6 月 29 日至 7 月 2 日长江上游的特大暴雨、2020 年 8 月中旬长江上游的持续大暴雨天气等都造成了极其严重的损失。针对未来强降水事件增多带来的灾害，这些区域首先要做好抗洪工程和防洪堤坝，修建具有抗洪和蓄水功能的大型水利设施，如水库和防洪堤坝，有效地控制洪峰流量和减轻洪水泛滥的影响。建设有效的排水系统，改善城市排水设施，确保水流顺畅，减少城市内涝；以及植树造林，提高植被覆盖率，绿化荒山荒坡，增加土地的保水能力，提高水源涵养能力，减缓减少山洪、泥石流等灾害。同时，加强预警体系建设是降低强降水相关各种灾害风险的重要措施。利用气象预警、水文预警和地质灾害预警等手段，及时发布预警信息，采取相应应对措施，通过科学合理的措施，减小强降水事件带来的各种灾害影响。

长江上游重点区域高原下游区域，主要是广西北部和湖南西部等未来随着气温升高，大雨和暴雨等强降水事件增多。由于该区域以山地和丘陵为主，并且是喀斯特地貌分布区，山洪、泥石流、滑坡、崩塌等灾害也将频发。因此，需要通过植树造林等措施加大植被覆盖率，从而改善生态环境，减少山洪、泥石流的发生。另一方面，特殊的地质特征，强降水事件引发的滑坡和崩塌会成为重要灾害。滑坡的发生常与强降水带来的地表水和地下水密切联系，通过各种技术手段减轻和消除地表水和地下水的危害，对滑坡的防治有显著效果，如修筑不同的防渗工程、修建排水沟、竖井抽水、垂直孔排水或水平钻孔疏干等措施，由此缓解地表水和地下水带来的危害。同时通过削坡减载，修建抗滑片、抗滑挡墙、抗滑桩和锚固体等手段加固边坡，从而减少滑坡的发生。对于崩塌的防治，需要遵循小规模灾害"以防治为主，大规模灾害以避绕为主"的原则，根据实地情况，通过削坡、清除危岩，对岩体结构裂隙进行胶结处理，以及对水流进行引流等方式减小崩塌的危害。此外，宣传和普及地质灾害防治知识，提高大众防灾意识，实现群测群防；加强山洪、泥石流、滑坡和崩塌的监测和预报，做好突发地质灾害应急处置等，对应对气候变化引起的各种区域灾害及其严重影响有重要作用。

6.4　小　　结

6.4.1　未来降水变化

2023～2082 年长江上游各类降水在空间和时间上都有明显变化，并且在 SSP1-2.6、SSP2-4.5 和 SSP5-8.5 情景下，变化的强度和频次等也不尽相同。就暴雨而言，在空间范围上，3 种情景下的长江上游大部分区域暴雨强度都增强，增幅较大区域集中在青海南部、西藏东北部和四川西北部等，西藏东部部分区域减弱。在 3 种情景下，2023～2082 年长江上游整体暴雨次数都增多，四川东部、云南北部、西藏东南部、贵州、湖南西部和广西北部等增幅最大。在时间尺度上，整个长江上游 2023～2082 年暴雨强度呈显著增强趋势，其中 SSP5-8.5 情景下增幅最大。在 SP1-2.6 和 SSP5-8.5 情景下，暴雨强度 2023～2052 年前 30 年增强趋势高于 2053～2082 年后 30 年，在 SSP2-4.5 情景下暴雨强度 2053～2082 年后 30 年增幅更大。长江上游暴雨次数也呈显著增多趋势，在 SSP5-8.5 情景下增幅最多，在 SSP2-4.5 和 SSP5-8.5 情景下都是 2053～2082 年后 30 年增幅大于 2023～2052 年前 30 年，而在 SSP1-2.6 情景下后 30 年增幅有所减小。

2023～2082 年长江上游大雨在 SSP1-2.6、SSP2-4.5 和 SSP5-8.5 情景下的变化也较相似。在空间范围上，3 种情景下的长江上游绝大部分区域大雨强度都增强，青海三江源增幅最大，在 SSP1-2.6 和 SSP2-4.5 情景下，广西东部及北部、西藏东部等部分区域减弱。在 3 种情景下，长江上游大雨次数都呈增多趋势，尤其是云南东南部、四川西南部、四川中部、云南北部、重庆、湖北西部和湖南西部等增幅明显。在时间尺度上，2023～2082 年长江上游大雨强度呈显著增强趋势，在 SSP5-8.5 情景下大雨强度增幅最大，同时 SSP2-4.5 和 SSP5-8.5 情景下大雨强度都是 2053～2082 年后 30 年增强趋势高于 2023～2052 年前 30 年，而在 SSP1-2.6 情景下 2023～2052 年前 30 年增强趋势更大。长江上游 2023～2082 年大雨次数呈显著增多趋势，在 SSP5-8.5 情景下大雨次数增幅最大，同时在 SSP2-4.5 和 SSP5-8.5 情景下都是 2053～2082 年后 30 年大雨次数增幅大于 2023～2052 年前 30 年，而在 SSP1-2.6 情景下大雨次数 2053～2082 年后 30 年增幅有所减小。

2023～2082 年这 60 年长江上游中雨在 SSP1-2.6、SSP2-4.5 和 SSP5-8.5 情景下的变化大致相似。在空间范围上，3 种情景下长江上游中雨强度基本都增强，西藏东部、青海南部、四川西南部、四川东部和云南西北部等增强明显，云南东北部有所减弱。在 SSP5-8.5 情景下，长江上游中雨强度增幅更加明显。在 3 种情景下，长江上游中雨次数变化表现出区域差异性，西藏东北部、青海南部、四川北部、重庆和贵州北部等增幅较大，西藏东部八宿县附近和四川西北部增加最多，云南北部和四川西南部等减少。在 SSP1-2.6 情景下，主要在云南腾冲市附近中雨次数减少；在 SSP2-4.5 情景下，减少区域增多，包括云南北部和四川南部，以及广西及湖南部分、西藏错那市、林芝市、察隅县等。在 SSP5-8.5 情景下，中雨次数减少主要集中在云南。在时间尺度上，2023～2082 年长江上游中雨强度小幅度增强，中雨次数也小幅度增加。在 SSP5-8.5 情景下，长江上游中雨强度增强趋势最大，中雨次数增多趋势最明显。在 SSP1-2.6 情景下，中雨强度前后 30 年增幅相当，中雨次数 2053～2082 年后 30 年显著减少；在 SSP5-8.5 情景下，中雨强度增强趋势和中雨次数增多趋势都是 2053～2082 年后 30 年大于 2023～2052 年前 30 年；而在 SSP2-4.5 情景下的中雨强度 2053～2082 年后 30 年减少，中雨次数后 30 年增幅大于前 30 年。

2023～2082 年在 SSP1-2.6、SSP2-4.5 和 SSP5-8.5 情景下，长江上游小雨强度表现出东北—西南相反的区域变化。青海南部、四川北部、重庆、湖北西部、湖南西部、贵州和广西北部小雨强度都呈增强趋势，西藏东南部、四川南部和云南北部等小雨强度呈减弱趋势。2023～2082 年在 3 种情景下长江上游小雨次数表现出以长江上游东北部为中心向四周减少的趋势，三江源、四川西部和贵州大部分区域小雨次数减少明显，在 SSP5-8.5 情景下的小雨次数减少更多。在时间尺度上，2023～2082 年长江上游小雨强度有很小幅度的增强，在 SSP1-2.6 情景下的小雨强度增强趋势最大。同时在 SSP1-2.6 情景下，小雨强度前 30 年增幅明显大于后 30 年；而在 SSP2-4.5 和 SSP5-8.5 两种情景下，小雨强度后 30 年增强趋势大于前 30 年。2023～2082 年长江上游小雨次数在 SSP1-2.6 情景下减少趋势不显著，在 SSP2-4.5 和 SSP5-8.5 情景下显著减少。在 SSP1-2.6 情景下，小雨次数前后 30 年变化幅度相当；在 SSP2-4.5 和 SSP5-8.5 情景下，小雨次数都是前 30 年减少幅度更大。

6.4.2　未来气温变化

2023～2082 年长江上游不同气温在空间和时间上都有明显变化，并且在 SSP1-2.6、

SSP2-4.5 和 SSP5-8.5 情景下，变化的强度和频次等也有差异。在空间范围上，年平均气温、最高气温和最低气温在 SSP1-2.6、SSP2-4.5 和 SSP5-8.5 情景下的增幅空间分布相似，长江上游全域都显著升温。随着温室气体排放量增加，青藏高原最高气温增幅明显增大，升温速度高于长江上游其余区域，在 SSP2-4.5 和 SSP5-8.5 情景下青藏高原成为增幅最高区域，最高气温增幅最低区域在 3 种情景下都在云南北部。

在季节空间分布上，2023～2082 年在 3 种情景下的长江上游全域各个季节平均气温都显著上升。青藏高原在春、夏、秋和冬四个季节都是平均气温增幅高值区，其中冬、秋和春三个季节是平均温度增幅最高区域。随着温室气体排放量增加，青藏高原增幅较其余区域更加迅速，表明青藏高原平均气温对温室气体释放更加敏感。长江上游其余区域平均气温增幅随温室气体释放也都升高，但春季贵州、广西北部和湖南西部等增温幅度在 SSP2-4.5 情景下降低，在 SSP5-8.5 情景下又显著升高。各个季节平均气温增幅最低都在云南北部。

在季节空间分布上，2023～2082 年在 3 种情景下的长江上游全域各个季节最高气温都显著升高。随着温室气体排放量增加，青藏高原在春、秋和冬三个季节最高气温增幅都较其余区域明显偏高，在 SSP2-4.5 和 SSP5-8.5 情景下的青藏高原成为最高气温增幅最大区域。春季在 SSP2-4.5 和 SSP5-8.5 情景下，四川盆地出现最高气温增幅低值区，秋季和冬季云南北部是增幅低值区。夏季随着温室气体释放量增加，长江上游最高气温增幅明显增大，青藏高原和陕西南部等是增幅高值区，广西北部和云南北部等是增幅低值区。

在季节空间分布上，2023～2082 年在 3 种情景下的长江上游全域各个季节最低气温都显著升高。春、秋和冬三个季节，青藏高原最低气温在 3 种情景下都是增幅高值区，随着温室气体排放量增加，青藏高原最低气温增幅明显增大，升高速度高于其余区域，尤其是在 SSP2-4.5 和 SSP5-8.5 情景下的青藏高原是增幅最高区域。春季，在 SSP1-2.6 和 SSP5-8.5 情景下的最低气温增幅低值区在云南北部，在 SSP2-4.5 情景下在四川中南部。秋季和冬季，云南北部在 3 种情景下都是最低气温增幅低值区。夏季，长江上游最低气温增幅最高在四川东部、甘肃和陕西南部等，增幅较低在广西北部。

在时间尺度上，2023～2082 年长江上游年平均气温、最高气温和最低气温在 SSP1-2.6、SSP2-4.5 和 SSP5-8.5 情景下都显著升高，其中在 SSP5-8.5 情景下最高，SSP1-2.6 情景下最低。在 SSP1-2.6 情景下，年平均气温、最高气温和最低气温增温主要在 2023～2052 年前 30 年，在 SSP2-4.5 和 SSP5-8.5 情景下，2023～2082 年整个 60 年都是显著增温。大约在 2045 年之前，3 种情景下的年平均气温、最高气温和最低气温增幅差距不明显。

在平均气温季节时间变化上，2023～2082 年在 3 种情景下的长江上游各个季节都显著增加，冬季增幅最高，秋季次之，然后夏季，春季最低。在 SSP1-2.6 情景下，平均气温增幅主要在前 30 年，后 30 年不显著；在 SSP2-4.5 和 SSP5-8.5 情景下，2023～2082 年整个 60 年都是显著增温，尤其是在 SSP5-8.5 情景下增温更加迅速。大约在 2045 年以前，3 种情景下的平均气温增幅差距不大。

在最高气温季节时间变化上，2023～2082 年在 3 种情景下的长江上游各个季节都显著增加，冬季升温最高，秋季次之，夏季在 SSP1-2.6 和 SSP5-8.5 情景下增幅最小，春季在 SSP2-4.5 情景下升幅最小。春季，最高气温在 3 种情景下 2023～2082 年整个 60 年都是显著增温；夏、秋和冬季，在 SSP1-2.6 情景下显著增温主要在前 30 年，后 30 年变化不显著，在 SSP2-4.5 和 SSP5-8.5 情景下整个 60 年都是显著增温。大约在 2045 年以前，3 种情景下的最高气温增幅差距不大。

在最低气温季节时间变化上，2023～2082 年在 3 种情景下的长江上游各个季节都显著增加，冬季增幅最大，秋季次之，夏季在 SSP1-2.6 情景下增幅最小，春季在 SSP2-4.5 和 SSP5-8.5 情景下增幅最小。在 SSP1-2.6 情景下，春、夏和冬季最低温度显著升温主要在前 30 年，后 30 年变化不显著，秋季整个 60 年都是显著升温。在 SSP2-4.5 和 SSP5-8.5 情景下，各个季节最低温度整个 60 年都是显著升温。大约在 2040 年以前，3 种情景下的增幅差距不显著。

6.4.3　气候变化应对

在全球变暖背景下，长江上游的降水和温度都发生了显著变化，未来长江上游极端降水显著增加，气温明显升高，由此带来气象、地质等自然灾害的现实影响和未来风险都急剧加大。因此，未来如何科学有效地应对长江上游区域气候的不利影响，最大限度地减轻、防御各种灾害影响，是面临的一项重大现实和战略问题。

长江上游 2023～2082 年暴雨强度增强，暴雨次数增多，暴雨洪涝及其相关灾害不断发生，影响严重。因此，长江上游需要加强汛期暴雨洪涝灾害及其风险的重点防御。一是通过植树造林，增加植被覆盖率，改善长江流域生态环境；修建水利设施，加固江防大堤，禁止围湖造田，推行实施平垸行洪等措施减少抗洪压力。此外，也应加强人类居住及其自然环境的安全保障措施建设，努力减少人民生命财产损失。二是要加强对干旱灾害及其重大影响的防御与应对，加强全民水危机意识的教育，牢固树立长期抗旱思想；加强水源工程建设，大力推广旱作农业技术，提高抗旱节水的科技含量；推行抗旱预案制度，建立抗旱信息系统和抗旱物资储备制度，提高对干旱灾害的应急响应能力；加快抗旱救灾立法，依法依规开展抗旱活动。

长江上游温度变化对温室气体排放非常敏感，未来随着温室气体排放量增加，长江上游的温度上升更加显著，尤其是青藏高原及其周边区域。因此，需要从根源上积极采取措施应对气温的变化，切实降低温室气体浓度，有效控制区域温度，从而减缓气候变化，实现可持续发展。由于经济和人口增长是温室气体释放的主要驱动因子，且经济增长的贡献在大幅度上升，所以，科学应对经济增长带来的温室气体排放对减缓长江上游温度上升非常重要。首先，要通过调整产业布局，优化能源结构，加强科技研发，强化自主创新，推进建筑与交通等方面节能减排以及开展国际合作，形成共同行动，由此使气候治理效率最大化。同时，利用生态系统固碳、增加碳汇也是减少温室气体的重要途径。通过增加森林总量、提高森林质量、增强森林生态服务功能，推动湿地保护和恢复、保护耕地行动等措施，增加草原、湿地和农田等陆地碳汇，有效减少大气中的温室气体浓度，以此减缓长江上游区域未来温度的上升趋势。

长江上游重点区域青藏高原主体，尤其是青海南部、西藏和四川西北部等区域未来气温增加最多，大雨和暴雨等强降水也显著增多，以及滑坡、山洪、泥石流等灾害也更加严重。为了应对这些问题，一方面，通过植树造林，绿化荒山，恢复植被，加强荒漠化治理，推动湿地保护和恢复等措施，提高植被覆盖率，改善区域生态环境，从而减少滑坡、山洪、泥石流等灾害。另一方面，通过多方式的地质调查，分区评价地质灾害危险性，制定不同区域地质灾害防治措施和防灾预案。此外，加强地质灾害的动态监测和预报，健全完善的预警系统，加强地质灾害防治宣传普及，提高全民防灾减灾意识。并且，未来气温升高造成长江上游高原区域草原和森林火灾发生概率增加，必须严控火源，强化火灾预警系统，加强组织领导，快速调动力量，及时采取行动，遏制火灾蔓延；推进防火体系的构建，形成可行的火灾应急预案，加强宣传教育，定期演练，树立必要的防火意识。

长江上游重点区域青藏高原东南侧邻近地区，包括四川中东部、云南北部、重庆、贵州、湖南西部和广西北部等区域未来温度明显升高，大雨和暴雨次数也明显增多，极端天气气候事件频发。一方面，需要加强应对未来温度升高带来的高温干旱等极端天气气候，尤其是频发的极端高温干旱事件对区域人民生产生活的不利影响，通过加强水利基础设施建设和修复，完善水资源配置，加强水生态环境保护，增强应对气候变暖带来的高温干旱灾害和区域性缺水等问题。并且，该区域作为主要的农区，应根据未来气候状况，优化农业生产布局，改进生产技术，选育和种植耐旱品种，在易旱区推行旱作农业。同时，未来大雨和暴雨增多，导致暴雨洪涝灾害的概率增大，需要做好抗洪工程和防洪堤坝，修建具有抗洪和蓄水功能的大型水利设施；建设有效的排水系统，改善城市排水设施，减少城市内涝；通过植树造林，提高植被覆盖率，绿化荒山荒坡，增加土地的保水能力，提高水源涵养能力，减缓减少滑坡、山洪、泥石流等灾害。同时，进一步加强气象、地质灾害预警体系的建设。

长江上游重点区域青藏高原下游地区，主要是广西北部和湖南西部等区域，未来随着气温升高，大雨和暴雨等强降水增多，山洪、泥石流、滑坡、崩塌等灾害也会频发。因此，一方面，应通过植树造林等加大植被覆盖率，改善生态环境，减少山洪、泥石流的发生。另一方面，由于强降水事件引发滑坡和崩塌等灾害，尤其是滑坡常与强降水带来的地表水和地下水密切联系，还需依靠各种技术手段减轻和消除地表水和地下水的危害；通过削坡减载，修建抗滑片、抗滑挡墙、抗滑桩和锚固体等手段加固边坡，减少滑坡的发生。同时，需要遵循"小规模灾害以防治为主，大规模灾害以避绕为主"的原则，根据实地情况，通过削坡、清除危岩，对岩体结构裂隙进行胶结处理，对水流进行引流等方式，减小崩塌的危害。此外，宣传和普及地质灾害防治知识，提高大众防灾意识，实现群测群防；加强山洪、泥石流、滑坡和崩塌的监测和预报，做好突发地质灾害应急处置等，有效应对气候变化区域响应及其灾害影响。

需要强调的是，长江上游应在全球气候变暖背景下，在国家全局应对的基础上，结合区域响应特征，努力做好长江上游，尤其是青藏高原主体、高原周边邻近，及其下游未来气候变化的区域应对，实现减缓影响、趋利避害、最优适应，丰富气候变化应对的科学理论和应用技术。

总之，气候变化及其影响不仅是单纯的自然气象问题，更是复杂的人类社会问题。

历史表明，每一次气候的短时剧烈变化和长期趋势演变，都会在不同时空尺度上迟早引发或远或近、或多或少、或重或轻的大气响应，很多情况下，这些响应的影响及其累积影响往往是令人意想不到的，后果是巨大的。目前，气候变化已成为与自然、人类紧密联系的环境、生态、经济、政治、生存、发展的综合问题。事实上，应对气候变化已超越国家、地区、城市、区域的界限，是世界的共同责任，也是人类的共同义务。

中国位于全球著名的东亚季风区，长江上游天气气候演变及其影响显著而独特，在我国生态、环境、经济、社会中具有不可替代的重要作用。并且，长江上游气候变化应对已是一项正在面临的重大现实问题和战略挑战。因此，在全球和国家应对气候变化的整体框架下，根据区域气候响应的事实、过程、归因、预估、影响等认识，遵循率先行动，加强合作，协同努力，因势利导，化解危机，趋利避害，综合平衡，和谐共赢的原则，长江上游应通过区域气候变化应对，最大化地降低未来气候变化的负面影响，最大化地增加未来气候变化的有益效应，为当今全球化时代自然繁荣、人类兴旺、地球和谐做出自己应有的贡献。

参 考 文 献

班军梅，缪启龙，李雄，2006.西南地区近 50 年来气温变化特征研究.长江流域资源与环境,15（3）：346-351.

陈子凡，王磊，李谢辉，等，2022.西南地区极端降水时空变化特征及其与强 ENSO 事件的关系.高原气象，41（3）：604-616.

程雪蓉，2019.基于 CMIP5 模式预估长江上游流域气温及降水时空特征.水电能源科学，37（1）：13-16.

丁文荣，2014.西南地区极端降水的时空变化特征.长江流域资源与环境，23（7）：1071-1079.

冯亚文，任国玉，刘志雨，等，2013.长江上游降水变化及其对径流的影响.资源科学，35（6）：1268-1276.

黄小梅，仕仁睿，刘思佳，等，2020.西南地区夏季高温热浪时空分布特征及其成因.高原山地气象研究，40（3）：59-65.

韩兰英，张强，姚玉璧，等，2014.近 60 年中国西南地区干旱灾害规律与成因.地理学报，69（5）：632-639.

蒋兴文，李跃清，2010.西南地区冬季气候异常的时空变化特征及其影响因子.地理学报，65（11）：1325-1335.

刘晓冉，李国平，范广洲，等，2008.西南地区近 40a 气温变化的时空特征分析.气象科学，28（1）：30-36.

刘志雄，肖莺，2012.长江上游旱涝指标及其变化特征分析.长江流域资源与环境，21（3）：310-314.

卢佳玉，延军平，曹永旺，2017. 1961—2015 年西南地区降水及洪涝指数空间分布特征. 长江流域资源与环境，26（10）：1711-1720.

罗玉，范广洲，周定文，等，2016.近 41 年西南地区极端温度变化趋势.西南大学学报（自然科学版），38（5）：161-167.

潘开文，吴宁，潘开忠，等，2004.关于建设长江上游生态屏障的若干问题的讨论. 生态学报，24（3）：617-629.

秦鹏程，刘敏，杜良敏，等，2019.气候变化对长江上游径流影响预估.气候变化研究进展，15（4）：405-415.

孙甲岚，雷晓辉，蒋云钟，等，2012.长江流域上游气温、降水及径流变化趋势分析.水电能源科学，30（5）：1-4.

汪曼琳，万新宇，钟平安，等，2016.长江上游降水特征及时空演变规律.南水北调与水利科技，14（4）：65-71.

王艳君，姜彤，施雅风，2005.长江上游流域 1961—2000 年气候及径流变化趋势.冰川冻土,27（5）：709-714.

王玉宽，邓玉林，彭培好，等，2005.长江上游生态屏障建设的理论与技术研究. 成都：四川科技出版社.

王雨茜，杨肖丽，任立良，等，2017.长江上游气温、降水和干旱的变化趋势研究.人民长江，48（20）：39-44.

王遵娅，丁一汇，何金海，等，2004.近 50 年来中国气候变化特征的再分析.气象学报，62（2）：228-236.

袁文德，郑江坤，2015.1962—2012 年西南地区极端温度事件时空变化特征.长江流域资源与环境，24（7）：1246-1254.

张琪，李跃清，2014.近 48 年西南地区降水量和雨日的气候变化特征.高原气象，33（2）：372-383.

周德刚，黄荣辉，黄刚，2009.近几十年来长江上游流域气候和植被覆盖的变化.大气科学学报，32（3）：377-385.

Guan Y H，Zheng F L，Zhang X C，et al.，2017. Trends and variability of daily precipitation and extremes during 1960-2012 in the Yangtze River Basin，China. International Journal of Climatology，37：1282-1298.

Guo J L，Guo S L，Li Y，et al.，2013. Spatial and temporal variation of extreme precipitation indices in the

Yangtze River Basin, China. Stochastic Environmental Research and Risk Assessment, 27 (2): 459-475.

Li X, Zhang K, Gu P R, et al., 2021. Changes in precipitation extremes in the Yangtze River Basin during 1960-2019 and the association with global warming, ENSO, and local effects. Science of the Total Environment, 760: 144244.

Niu Z G, Wang L C, Fang L L, et al., 2020. Analysis of spatiotemporal variability in temperature extremes in the Yellow and Yangtze River Basins during 1961-2014 based on high-density gauge observations. International Journal of Climatology, 40 (1): 1-21.

Su B D, Gemmer M, Jiang T, 2008. Spatial and temporal variation of extreme precipitation over the Yangtze River Basin. Quaternary International, 186 (1): 22-31.

Tao L Z, He X G, Qin J X, 2021. Multiscale teleconnection analysis of monthly total and extreme precipitations in the Yangtze River Basin using ensemble empirical mode decomposition. International Journal of Climatology, 41 (1): 348-373.

Taylor K E, 2001.Summarizing multiple aspects of model performance in a single diagram. Journal of Geophysical Research: Atmospheres, 106 (D7): 7183-7192.

Yuan Z, Yin J, Wei M R, et al., 2021. Spatio-temporal variations in the temperature and precipitation extremes in Yangtze River Basin, China during 1961-2020. Atmosphere, 12 (11): 1423.

Yue Y L, Yan D, Yue Q, et al., 2021. Future changes in precipitation and temperature over the Yangtze River Basin in China based on CMIP6 GCMs. Atmospheric Research, 264: 10528.

Zhang Q, Xu C Y, Zhang Z X, et al., 2008. Spatial and temporal variability of precipitation maxima during 1960-2005 in the Yangtze River basin and possible association with large-scale circulation. Journal of Hydrology, 353 (3-4): 215-227.